影响世界的37项实用发明

原书修订本

HOW THINGS ARE MADE
FROM AUTOMOBILES TO ZIPPERS

[美] 安德鲁·特拉诺瓦
Andrew Terranova
[美] 莎伦·罗斯
Sharon Rose
著

丁天一 田佳灵 | 译 王雪梅 | 审译

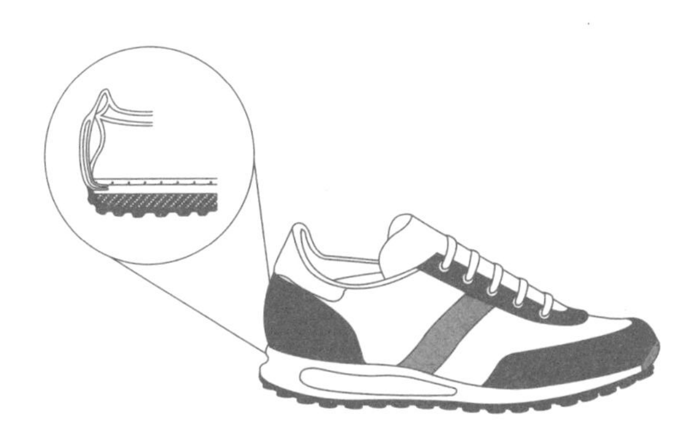

北京时代华文书局

图书在版编目（CIP）数据

影响世界的 37 项实用发明 / (美) 安德鲁 · 特拉诺瓦 , (美) 莎伦 · 罗斯著 ; 丁天一 , 田佳灵译 . -- 北京 : 北京时代华文书局 , 2024. 9. -- ISBN 978-7-5699-5654-2

Ⅰ . N19

中国国家版本馆 CIP 数据核字第 20242GG665 号

北京市版权局著作权合同登记号 图字：01-2018-3608 号

YINGXIANG SHIJIE DE 37 XIANG SHIYONG FAMING

出 版 人：陈　涛
责任编辑：余荣才
责任校对：陈冬梅
装帧设计：孙丽莉　王艾迪
责任印制：刘　银

出版发行：北京时代华文书局 http://www.bjsdsj.com.cn
北京市东城区安定门外大街 138 号皇城国际大厦 A 座 8 层
邮编：100011　电话：010-64263661　64261528
印　　刷：天津丰富彩艺印刷有限公司
开　　本：710 mm×1000 mm　1/16　　成品尺寸：170 mm×240 mm
印　　张：23　　字　　数：420 千字
版　　次：2024 年 9 月第 1 版　　印　　次：2024 年 9 月第 1 次印刷
定　　价：78.00 元

致　谢

感谢纽约黑狗和利维坦出版公司（Black Dog & Leventhal Publishers New York）的编辑戴娜（Dinah）和汉娜（Hannah），感谢她们给我策划了本书，还耐心细致地跟进并提供了宝贵的意见；感谢我的朋友阿曼达（Amanda）利用她图书管理员职业的巨大优势帮助我探究了几章内容；感谢我的连襟、条形码专家大卫（David）给“条码扫描器”一篇提供了建设性的专业指导；更要感谢我的好妻子琳达（Linda），还有我的孩子威廉（William）和安娜（Anna），在我忙于写作的时候，他们没有打搅我，让我能够专心地完成本书。谢谢你们的爱，我爱你们！

安德鲁·特拉诺瓦（Andrew Terranova）

前 言

当初出版社提出修订《影响世界的37项实用发明》一书时，我有所保留地应承下来。在这个信息爆炸的时代，介绍一个物品是如何制造出来的值得吗？但是，有两件事改变了我的想法。其一，在研究最初的章节时，我意识到了寻找准确信息的挑战。虽然互联网上充满了信息，但对其进行整理以获取核心事实可能是一个艰难的过程。其二，也许是更重要的，即人们对我修订这本书的积极反馈。特别是一位朋友的反应相当强烈，消除了我的所有顾虑。

在修订本书的过程中，我花了非常多的时间做研究，阅读网页上的“涂鸦”、从制造商的数据表中收集资料、从绝版书籍和期刊中发掘历史的宝藏、浏览谷歌图书的收藏资料和扫描件内容。由此我对熟悉的话题有了深入的了解，并大大提高了我在一些领域的熟悉程度。本次修订，更新了先前版本中的所有内容，并增加了关于邮轮、智能手机和太阳能电池板这三种物品的全新内容。之所以能够更新、修订早期版本的章节内容，是因为站在巨人的肩膀上，非常感谢上一位作者莎伦·罗斯（Sharon Rose）。

本书所选物品种类虽然涵盖了众多行业，但是无法囊括所有的产品，也不奢望成为严格意义上的产品百科全书。这些物品包括从高科技的直升机到我们生活中普普通通的糖，从隐形眼镜到大型邮轮，许多是我们日常生活中经常接触到的。

亲爱的读者，希望本书能对你有所启发，要是能开阔你的视野、触发你的灵感，那将是我莫大的成功。

目　录

交通工具及部件

机械及数码设备

服饰穿戴

生活日用

食品及美妆护肤

其他

交通工具及部件

直升机

发明者：英国人乔治·凯利（George Cayley）爵士（1843年，这位空气动力学之父、航空之父科学地阐述了直升机的基本原理）、法国人路易斯·布雷盖（Louis Breguet）和雅克·布雷盖（Jacques Bréguet）［1907年9月29日，在生理学家和航空先驱查尔斯·里歇特（Charles Richet，也译作夏尔·里歇）的指导下试飞（不受控制地飞行）旋翼飞行器］、法国人保罗·科尔尼（Paul Cornu）（1907年11月，试飞了旋翼直升机1号）、意大利人戴恩·雅各布·埃尔哈默（Dane Jacob Ellehammer，1912年，操纵了反向旋翼和周期变矩控制的直升机）、德国福克·艾彻格里斯公司［1936年，该公司设计的Fa 61直升机（Focke Achgelis Fa 61）首次飞行高度为海拔3 427米，飞行距离为230千米］、西科斯基公司（1939年，该公司设计了单引擎直升机——西科斯基 VS-300，VS-300是所有现代单旋翼直升机的模板。第二次世界大战期间，该公司生产军用直升机XR-4）、德国［第二次世界大战期间，德国批量生产了弗莱特纳蜂鸟（Flettner Kolibri）直升机］、卡曼飞机（Kaman）公司（1951年，该公司设计的HTK-1采用了喷气发动机技术）

美国商用直升机年销售额：2.14亿美元*

通用航空直升机数量：全世界近3.1万架

顶级民用直升机制造商：空中客车直升机（Airbus Helicopters）公司、意大利莱昂纳多-芬梅卡尼卡集团直升机（Leonardo-Finmeccanica Helicopters）公司、贝尔（Bell）公司、俄罗斯直升机（Russian Helicopters）公司、西科斯基公司

垂直飞行

直升机被认为是旋翼机。它的“翅膀”（旋翼桨叶）在一个轴或机动轴（桨毂）

---

* 本书中引用的数据，除特别说明外，均来自2016年12月31日以前。

上旋转，通常被称为“主旋翼”（简称“旋翼”）。不同于更为常见的固定翼飞机，直升机能垂直起飞和降落，还可以在空中悬停。正因为具有这些特性，所以在某些飞行空间受限或需要进行悬停作业的领域，直升机成为十分必要且理想的工具。

目前，直升机的用途极为广泛。它们不论在喷洒农药、施肥、传送人员到达交通不便的地区进行环境保护工作，还是在给海上钻井平台运送给养方面，以及在拍照、摄像和无法通过其他运输方式到达的地点（比如山地或水域中央）对受困人员进行施救等方面，都是最佳的工具。直升机可以快速转移和传送遇险者至医院，以及协助救火来挽救生命，也可以协助政府相关部门进行情报搜集和开展军事行动。

直升机起源

有关直升机的想法，似乎来自对槭树的双翼果翅垂直飞行的观察。

历史证据表明，有关直升机的想法已在人类的脑海中存在了数千年。早在公元前400年，一种中国风筝就有了可以旋转的翅膀，而在15世纪著名科学家列奥纳多·达·芬奇的笔记中也发现了早期直升机的草图。

许多科学家和发明家为直升机概念的形成和发展做出了贡献。有关直升机的想法，似乎源于模仿自然界的生物及其运行方式。有关直升机的设计灵感，可能来自随风飘落时旋转着的槭树的果翅（或种子）。比如，仿照槭树双翼制作的竹蜻蜓，是一种在中国和中世纪的欧洲都很流行的旋转式儿童玩具。

15世纪，著名的意大利画家、雕刻家、建筑师和工程师列奥纳多·达·芬奇（Leonardo da Vinci）可能是在这种旋转式儿童玩具的基础上绘制了直升机的草图。而下一幅可以追溯的早期幸存下来的直升机草图要等到19世纪初，当时英国科学家乔治·凯利爵士在他的笔记本上画了一架双旋翼机。

早期的飞行尝试

法国人保罗·科尔尼在20世纪初成功驾驶当时的直升机升离地

面几秒钟。短暂的几秒钟后，因为动力原因科尔尼从直升机上掉了下来。如何才能让直升机长时间地离开地面飞行呢？这个问题困扰了所有早期直升机设计者，时间长达几十年。其间，没有人发明出可以提供持续强劲垂直升力的发动机，以让直升机和它的搭载物（包括乘客）长时间地离开地面。

1909年，俄国工程师伊戈尔·西科斯基（Igor Sikorsky）研制的第一架直升机问世。次年，他研制的第二架直升机问世。可是，两架直升机在试飞时都没能成功。为此，西科斯基决定，在没有更先进的材料和充裕的资金的情况下，不再研制直升机。随后，他转向研制固定翼飞机。

在第一次世界大战期间，匈牙利工程师西奥多·冯·卡曼（Theodore von Kármán）研制了一架可以长时间悬停的直升机。

几年后，西班牙人胡安·德·拉·西尔瓦（Juan de la Cierva）研发了一种旋翼机，纠正了传统飞机在着陆时因失去引擎动力而发生坠毁的问题。西尔瓦认为，如果他能设计出一种升力和推力分离的飞机就能克服这个问题。他研发的旋翼机包含了直升机和飞机的双重特征。

这种旋翼机有一个类似于风车的水平旋翼。一旦在地面上缓慢起动，旋翼就会产生额外的升力。然而，这种旋翼机主要是由传统飞机使用的发动机提供动力。为了避免着陆时发生坠毁事故，在降落时就得关闭发动机，并借助旋翼桨叶，让机体轻轻降至地面，随后旋翼桨叶才逐渐停止旋转。这种旋翼机在20世纪20年代和30年代非常流行，直到直升机发展起来后才消失。

伊戈尔·西科斯基最终研制出了真正的直升机。自他首次研制出第一架直升机以来，人类在空气动力学和结构材料学方面取得了巨大进展。到了1939年，他成功地研制出了新的直升机，并试飞成功。两年后，经过一系列改进，他研制的直升机可以在空中停留一个半小时，创造了直升机不间断飞行的世界纪录。

直升机在可以量产后几乎立即被投入军事领域。在朝鲜战争和越南战争期间，直升机因适应在山地和丛林的复杂地形环境中工作而得到了广泛使用。从那时起，直升机被不断改进和进行技术提升，在军事行动中尤受青睐。

私营企业的使用需求可能是直升机数量增长的主要原因。比如，许多公司开始用直升机接送管理人员。此外，直升机也已经成功地在主要城市之间的航线上运营。尽管如此，相比日常载客，直升机仍然以用于医疗、营救和解围工作而闻名。

直升机的工作原理

直升机的动力来自发动机，发动机带动桨毂连着桨叶转动。当一架标准型直升机向前飞行时，通过推动机翼后面的空气来产生推力，而直升机的旋翼在旋转时通过向下推动机翼下方的空气来产生升力。升力与空气动量（空气质量乘以空气速度）的变化有关：动量越大，升力越大。

直升机旋翼系统由连接到桨毂的两到六片桨叶组成。桨叶通常又长又窄，转动得很慢，因为这样可以最大限度地减少（达到和保持升力所必需的）发动机输出功率，并且低速也使得控制直升机更加容易。轻型通用直升机通常有一个双桨叶主旋翼，较重的直升机通常采用四桨叶旋翼或两个独立的主旋翼来处理重负荷。

驾驶直升机时，飞行员必须调整桨叶的桨距和角度，可以有三种设置方式：在集控系统中，安装在桨毂上的所有桨叶的桨距都是相同的；在循环系统中，每片桨叶的桨距被设计成随着桨毂旋转而改变；在第三个系统中，采用前两个系统的组合。若要使直升机改变飞行方向，飞行员可移动控制杆来调整总桨距或调整循环桨距，同时可能还需要增加或降低直升机的飞行速度。

固定翼飞机的设计会消除额外的体积和突出物，因为这些突出物会使飞机下坠（或增大飞机下坠的趋势），并干扰飞机周围的气流。直升机不可避免地遇到很大的“阻力”。这是因为它的很多部分都是以奇怪的角度伸出来，以致在飞行过程中被空气“拖拽”，导致自身减速。

一般来说，直升机的起落架比飞机的起落架简单得多。飞机需要在长跑道上滑行来降低前行速度。直升机只需要减少垂直升力，在着陆前悬停即可。因此，它甚至不需要减震器，它的起落架通常只由滑橇（制动器或滑行器的一种）或车轮（尤其是大型直升机）组成，或者两者兼有。车轮使大型直升机在地面上更容易滑行或重新定位。尽管空气动力的增益（收起起落架可以减少飞行过程中的空气阻力）对直升机来说没有那么重要，但一些直升机还是像飞机那样配备了可伸缩的起落架。

与直升机旋翼桨叶有关的一个问题是，在直升机飞行过程中，沿着其每片桨叶的气流差异很大。这意味着在桨叶旋转的过程中，每片桨叶的升力和阻力都会发生变化，从而导致直升机的飞行不稳定。当直升机向前飞行时，首先充入气流的桨叶下方的升力很高，而桨毂另一侧叶片下方的升力较低，这时就会出现与其相关的导致直升机飞行不稳定的问题。制造商设计了铰接装置来连接桨叶和桨毂，让桨叶具有一定的灵活性，允许每片桨叶能够向上或向下移动，以适应那些不可预测的升力和阻力的变化。

扭矩是与旋翼相关的另一个问题。扭矩会导致直升机机身与水平旋翼呈相反方向的旋转，特别是当直升机在低速飞行或悬停时。为了消除这种影响，许多直升机使用尾桨——一对外露的桨叶安装在其长尾的末端。另一种纠正扭矩的方法是安装两个水平旋翼，它们连接在同一台发动机上，但旋转方向相反。更节省空间的设计是，将反向旋转的双翼组装在一起，就像打蛋器一样。下面简单介绍几种无尾旋翼机以供探究。

诺塔尔（NOTAR）直升机有特别的优势。它没有旋转的尾桨，比其他设计更安静、更安全。

倾转旋翼机的设计模糊了飞机和直升机之间的区别。它能像直升机一样垂直起飞，但随着速度增加，它的双翼会逐渐向前倾斜，直到它们基本上像飞机的螺旋桨一样运转。另一种垂直起降（VTOL）飞机具有全动机翼，顾名思义，它的整个机翼一起倾斜，而不仅仅是旋翼。

直升机材料

直升机的机架或基本构件通常由金属、有机复合材料，或两者的组合制成。在设计重载直升机时，制造商会选择特别坚固但相对较轻的材料。其中一些材料是增强环氧树脂，通常，这些材料由多层树脂组成，并添加纤维，如玻璃纤维、芳纶纤维（一种坚固且有韧性的尼龙纤维）或碳纤维，来增加强度。这些材料连接或胶合在一起可形成光滑的面板。

直升机的管状和片状金属部件通常由铝制成，在更高应力或高温区域有时采用的材料为不锈钢或钛。在制造时，为了方便弯曲金属管，通常将金属管内充满熔融的硅酸钠（也称为“水玻璃”，一种加热到熔融状态的玻璃状混合物）。直升机的旋翼桨叶通常由纤维增强树脂制成，并在外面包上一层金属板，以保护其边缘。直升机的挡风玻璃和窗户由聚碳酸酯制成，聚碳酸酯是一种耐高冲击力的塑料。

制造过程

机架：制备管件

1. 用切割机将管材切割成单个的管子，这种切割机具有快速、精确地设置待切割的各种管子的长度和数量的功能。接着，在弯管机上通过更换不同直径和尺寸的模具，将管子弯曲成所需的形状。
2. 对于重要的管子，在弯曲前先将管内充满熔融的硅酸钠，待硅酸钠冷却变硬时再进行弯曲，这样可以消除管子弯曲时的扭结，就如同弯曲钢筋一样。然后，将弯曲后的管子放入沸水中，以使管内的硅酸钠熔化并将其排出。对于必须弯曲成与舱室形状相匹配的管子，还要通过拉伸成型机拉伸成精确的形状。

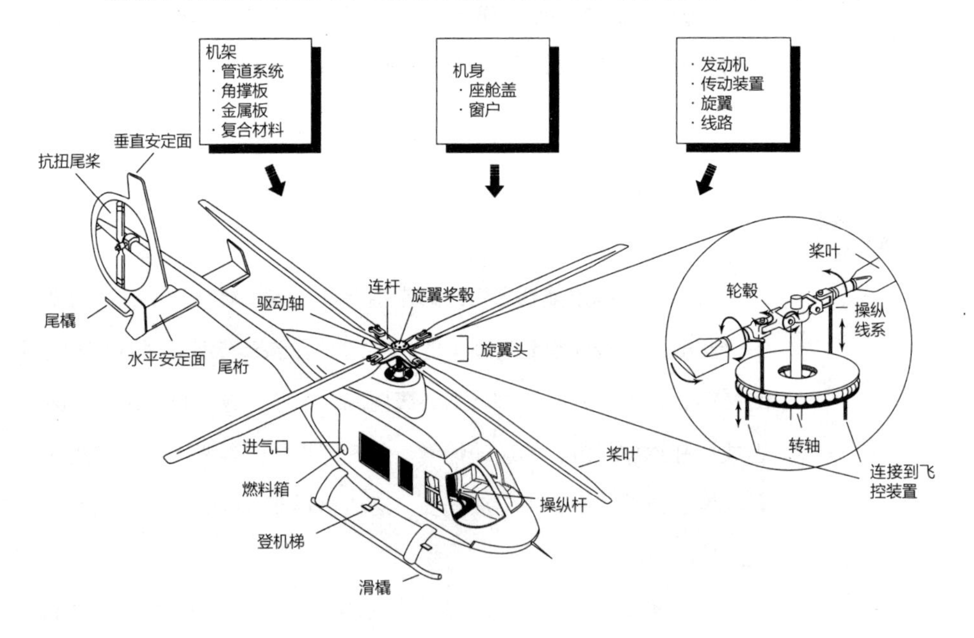

图 1 直升机构成

直升机上的关键部件大都由金属制成，并采用标准的金属成型工艺：剪切、冲裁、锻造、切割、镂铣和铸造。在裁切聚碳酸酯挡风玻璃和窗户时，先将板料放在模具上加热，然后通过空气压力的作用来成型。通常称这一过程为“自由吹制”（free blowing），吹制时不能有工具接触被吹制的部件。

3. 把加工后的管子传送到机加工车间，固定在夹具中，将其末端加工成所需的角度和形状。然后除去管子上的毛刺（任何残留的凸起或斑点都被打磨掉），并检查管子上是否有裂缝。
4. 加固管子的金属强度是由机器来完成的，如镂、铣、剪切、毛坯冲压、锯割。一些复杂的精密件可以进行锻造（加热并成型）或铸造处理，待它们冷却后再次除去毛刺。
5. 用强力化学试剂清洗管子并焊接到位。焊接完成后，对焊接件进行低温加热以消除应力，使金属能够恢复在成型过程中失去的弹性。最后，检查焊接处是否存在缺陷。

钣金精密件成型

6. 构成机架其他部分的铝板首先被切成毛坯，并经过退火处理（变得坚硬但可弯曲）。待铝坯冷却后，将其放入模具中压成合适的形状。成型后，将成型件进行时效处理，以达到最大强度，并修整至其最终的形状和尺寸。
7. 钣金件在上螺栓或胶合前要清洗干净。对铝件和焊接件可以进行阳极氧化处理（以增加铝表面的保护性氧化膜的厚度），从而提高耐腐蚀性。所有的金属件都经过化学试剂清洗并喷上底漆——大多喷上环氧树脂或其他耐用涂料。

制作复合组件的芯层

8. 直升机复合组件的芯层由诺美克斯（Nomex）或铝蜂窝（honeycomb）材料制成。其中的诺美克斯是杜邦（DuPont）公司生产的芳纶的一个品牌，指的是尼龙纤维。用带锯或刀将它们切割成一定的尺寸。有必要的话，也可以用配有类似于比萨刀或切肉刀的机床将它们的边缘修剪成一定的形状。
9. 每个复合组件的芯层都由预浸料构建而成，预浸料是树脂与增强材料的组合物。根据设计图纸，工人们在黏合模具上设置单独的板层，并遵照指导将预浸料放入板层，精心打造出“蒙皮”层压板。
10. 将预浸料黏合到模具上的操作通常被称为“铺覆”。接着是将层压板送入高压釜中进行热压处理。在高压釜中，层压板在高压蒸汽中黏合在一起，并发生硬化，由此实现固化。

11. 将固化的面板进行贴塑处理。边缘多余的部分用电锯锯除。大型面板可以采用由机器人操作的磨料水射流抛光工艺进行修整。达到要求后，再用常规的喷涂方法对修剪过的面板和复合细节处进行清洁和喷涂。表面必须用油漆密封好，以防潮、防金属腐蚀。

制作机身

12. 机顶、挡风玻璃和乘客舱的窗户通常由聚碳酸酯片材制成。前面板往往会受到飞鸟撞击或其他东西碰撞，通常由两张层压板制成，这样厚度和强度都增加了。所有这些部件，都是先制成毛坯，接着用夹具固定住进行加热，然后进行自由吹制，在气流压力作用下将它们弯曲成所需的形状。在这个过程中，为避免缺陷，没有工具接触这些部件的表面。

安装发动机、传动装置和旋翼

13. 现代直升机制造商直接从供应商那里购买发动机。至于将动力转移到旋翼的变速箱，他们或自己生产，或直接从供应商那里购买。变速箱由铝或镁合金制造。
14. 与前面的一些组件一样，主旋翼和尾桨组件也是由机器加工某些高强度金属制成的。主旋翼桨叶往往被包上一层金属板，用来保护桨叶边缘。

控制系统

15. 连接直升机控制系统的电线必须被封裹着保护起来，被封裹后称为“线束”。封裹时，将电线敷设在特殊的板上，这种板可以作为确定连接器之间的长度和路径的标准。接着，在电线上覆盖机织或针织的保护套，并通过人工将购买来的连接器焊接到位。

    直升机控制系统使用的管子，可由工匠手工切割成所需要的长度并成型，也可由弯管机测量、切割、成型。切好的管子的端部呈喇叭形，安装时要检查其尺寸是否准确及有没有裂缝。

    液压泵和执行器、仪表和电气设备通常从专业公司订购，在制造厂进行安装。

总装

16. 检查已完成的机身部件，包括钣金件、管件、机加工件和焊接件、已交货的固定连接件。将中心部件用装配夹具固定住，将连接部件要么用螺栓固定到位，要么用电钻钻孔并铆接到位。为了使空气在金属板或蒙皮板上平滑流动，部件上的孔都是下凹的，这样螺钉头就不会凸出。另外，所有的孔都除去毛刺并铆上铆钉，铆上铆钉后，通常使用密封剂密封。有些制造厂在每道工序中都使用半自动机器，工人则从预定的一个孔的位置移动到另一个孔的位置进行钻孔、铆上铆钉和完成密封。
17. 每个组件经检验员检查通过后，再传送到另一个组装处，与其他小部件（如支架）和零件进行组装。这些组装件，经检查确认为“顶尖”的才被传送到最终的组装处，在这里完成整个直升机结构的组装。
18. 整个结构组装完成后，接着安装发动机零部件，安装并测试线路和液压系统，然后安装机舱盖、窗户、门、仪器和内部元件，同时完成上漆和修饰。
19. 对所有系统进行最终检查。检查通过后，再检查整架直升机的使用材料、生产工艺、质检和返工情况，并做完整记录和归档，以备将来查考。最后完成直升机推进系统的检查，并进行飞行测试。

质量控制

管件成型后，即时检查上面是否有裂缝。工人们用荧光液涂抹管件，一旦管件上有裂缝，荧光液就会渗入裂缝。这时，清除管件上多余的荧光液，用一种与荧光液相互作用的显示粉撒在涂抹处，渗入裂缝的荧光液就会被显示粉吸出，放在暗室里的荧光灯下照射，就会看到管件的裂缝呈亮白色，十分明显。

管件焊接完成后，用X射线或荧光探伤方法对其进行检查，以发现缺陷。检查完成后，对钣金件的曲线与样板进行比对，发现不一致处通过手工修整一致。在热压处理（见步骤10）和修整完成后，检查复合板材，以确定层压板是否出现断裂或存在其他导致结构失效的缺陷。

在安装前，仔细检查发动机和变速箱组件。为每个应用项目定制设计的特殊测试设备，用于检查布线系统。其他所有部件在装配前都进行测试，组装完成的直升机通过全面检查后，再进行飞行测试。

未来的直升机

对直升机的军事需求通常比民用需求大得多。美国陆军正在开发设计新的直升机，届时这种直升机可以飞得更远、更快、更高。贝尔公司设计出一种先进的倾转旋翼直升机，这种直升机有两个大旋翼，可以在某个位置上升和悬停，或者像飞机一样前倾飞行。西科斯基—波音公司设计的一种直升机，前端有一对反向旋转的主旋翼，尾端有一个较小的螺旋桨推进器。

让直升机飞得更快、更远的愿望并不仅限于军方。空中客车直升机公司正在研发一种新的直升机，它有一个大的主旋翼和两个较小的后向式旋翼推进器，安装在箱形机翼上，有更轻的重量、更好的空气动力学布局和特殊的“节能模式”，有望提高燃油使用效率。

为降低生产成本和使用更多新材料，改进生产工艺、提升生产技术将不断持续下去。自动化和数字化可以进一步提高产品质量和降低劳动力成本。计算机在改进和变更设计以及减少对每架直升机创建、使用和存储文档的工作量方面将变得越来越重要。

此外，使用机器人来缠绕细丝、胶带和放置纤维，能让机舱结构使用的接合件更少。先进的、高强度的热塑性树脂比目前使用的材料具有更好的抗冲击性和可维修性。新型金属复合材料在保持金属的耐热性优势的同时，还有望在关键部件（如变速箱）上实现更高的强度–重量比。

警用直升机

警用直升机已经被用于空中巡逻。许多执法人员发现，直升机可以便捷地执行各种紧急任务。与巡逻车相比，直升机覆盖的区域更大，并能更快地响应求助。直升机上的巡逻警察可以监视逃犯，或者发现人群中出现的警情，并通过无线电向地面上的警察发送信息。

汽　车

发明者：尼古拉斯·奥古斯特·奥托（Nikolaus August Otto，德国机械工程师，1876年，发明了四冲程内燃机）、卡尔·本茨（Karl Benz，1885年，研制出世界上第一辆实用的内燃机汽车）、约翰·兰伯特（John Lambert，1891年，发明了汽油动力汽车）、鲁道夫·狄塞尔（Rudolf Diesel，1897年，发明了柴油动力汽车）、查尔斯·富兰克林（Charles Franklin，1915年，发明了汽车电子点火系统）

美国汽车年销量：2016年，1755万辆

发展史

1860年，比利时机械工程师艾蒂安·勒努瓦（Etienne Lenoir）发明了第一台实用内燃机。此后的数十年间，发明家们集中精力研发出使用不同类型发动机的汽车。随着汽车市场供不应求，既有的汽车产能根本满足不了市场的需要。在这个时候的众多发明家中，亨利·福特（Henry Ford）展现了他在汽车制造方面的才华，开发了世界上第一条装配生产流水线，简化了汽车生产流程，大幅度地提高了汽车的产量。

福特极其伟大的创意

1903年，福特针对A型车，开始了第一次装配尝试。他根据装配汽车需要，提供各种车体零部件，然后在一个固定的工作台上（通常由一个人）完成整车装配。

后来，经过数次建模，福特公司自主研制了T型车。T型车设计巧妙，用更少的零件

1896年，福特指导研制了第一台试验车——四轮车。

生产福特T型车的革命性创举是使用了流水生产线。福特公司使用流水生产线生产T型车，其一周的产量竟比其他汽车公司使用老工艺流程一年的产能还要多。

德国曼恩集团的鲁道夫·狄塞尔热衷于研究发动机。他发明了世界上第一台柴油发动机，还发明了太阳能空气发动机。他于1894年申请了柴油发动机的专利，但他几乎没能活着看到自己的发明成果，因为在做实验时发动机发生爆炸，他差点被炸死。然而，他发明的发动机证明，没有火花也可以点燃燃料。

和更少的熟练工人，这使它在竞争中拥有巨大的优势。装配福特T型车，使用了多个装配工作台。工人们可以从一个工作台走到另一个工作台，每个工作台都执行一项特定的任务。在此过程中，每个工人只需要掌握一种装配技能，完成一项特定的任务。这样一来，就把每个任务的装配时间从原来的8.5小时减少到仅仅2.5分钟。

福特很快意识到，工人从一个工作台走到另一个工作台还是非常消耗时间的，因为速度较快的工人停在速度较慢的工人后面，造成人员拥堵。1913年，在密歇根州底特律市，福特公司安装的第一条流水生产线解决了这个问题。汽车零部件通过传送带传送到每个工作台旁的工人身边，工人再也不用在工作台间来回走动。通过这种方式，福特公司将工人的每个任务装配时间从2.5分钟缩短为不到2分钟。

福特公司的第一条流水生产线由金属带组成，车轮放在金属带上传送到每一个工作台。这些金属带固定在皮带上，由皮带组成的传送带根据设计的长度滚动——转向地板，然后由终点回到起点，往复循环。在20世纪20年代时，福特公司每10秒就能生产一辆T型车，每天的产量超过800辆，T型车产能激增。

装配汽车所需的时间和人力成本的急剧减少引起了全世界制造商的兴趣。福特公司的大规模生产方式主导了汽车工业几十年，最终几乎为所有的制造业同行所采用。虽然现代科技已经使许多改进成为可能，但是在今天的汽车工厂，第一条流水生产线的基本概念依然没变。每个工作台装配事项固定不变，整个装配件沿着一条长长的、弯绕的生产线路输送。可喜的是，现在机器人已经取代了许多人工。

早期汽车发明者

1860年，比利时机械工程师艾蒂安·勒努瓦发明了第一台内燃机。

1876年，德国制造商尼古拉斯·奥古斯特·奥托发明了四冲程“爆炸”发动机。

1885年，德国工程师戈特利布·戴姆勒（Gottlieb Daimler）研制了第一辆由内燃机驱动的实验车。

1885年，德国制造商卡尔·本茨推出了一种三轮机动车。

1887年，“奔驰”成为第一个面向公众销售的汽车的品牌。

1895年，法国人埃米尔·莱瓦索（Emile Levassor）改变汽车老套的机械结构，将发动机置于汽车底盘的前部。

1896年，查尔斯·杜里埃（Charles Duryea）和弗兰克·杜里埃（Frank Duryea）生产了杜里埃汽车，这是美国第一种商业汽车。

钢与轻质材料比较

汽车的大部分零件由钢制成，钢一直是汽车的主要材料，即使在加大轻量化的今天，这一状况仍未发生变化。汽车所用的钢多是高强度钢，先进高强度钢（AHSS）具有比传统钢更复杂的内部结构，更能减轻车身重量。随着轻量化持续升温，传统材料将会大范围地被轻质材料替换。而轻质材料之间也将掀起新一轮的激烈竞争。在轻量化趋势的影响下，各种新型材料，如塑料、钛、铝、镁、碳纤维等复合轻质材料将越来越多地被用于现代汽车制造。采用轻质材料的汽车，重量减轻了30%。随着燃油价格持续上涨，汽车消费者开始选择购买更轻、更省油的汽车，以及混合动力汽车和纯电动汽车。

设计过程

推出一款新车一般需要经历三到五年的设计和测试过程。新车型的设计理念来自设计师对大众需求和偏好的预测。预测未来五年内大众需要什么样、想要什么样的车型可不是件容易的事。然而汽车公司依然能够成功地设计出迎合消费者喜好的汽车。

运用计算机辅助设计，设计工程师绘制基本概念图，描绘所设计的车辆的外观。然后他们根据设计图制作黏土模型，由造型专家进行评估。其他工程师根据模型，研究气流模式，并确定经得住碰撞试验的整车设计方案。一旦模型评审通过，工具设计师就开始设计用于制造新车型部件的工具。

制造过程

零部件

1. 装配是汽车制造的最后阶段。在这个阶段，汇集了4 000多家供应商供应的零部件被分发到每道工序进行装配。例如，发动机和变速箱通常在与车架制造和整车装配不同的工厂制造。

冲压车间

2. 冲压是所有工序的第一步。先用切割机把钢板切割成合适的大小，经简单地冲孔、切边，然后使用4 536吨冲压机冲压成型。冲压成型是通过冲压机和模具来实现的，每一个工件都有一个模具，只要把各种各样的模具放到冲压机上，就可以冲出各种各样的零件。汽车零件就是这样经由成千上万套不同的模具被冲压出来的。

车身车间

3. 车身由数百个单独的零部件组成。机械手操纵已经轧制成型的钢质车架到工位进行焊接。大部分焊接工作由机器人完成。工作人员进行质量控制，保持系统运转，以及执行维护任务。

4. 底盘由多个部件焊接在一起，包括前轮部分和后轮部分。底盘焊接好后，就移到下一道工序进行车身装配。

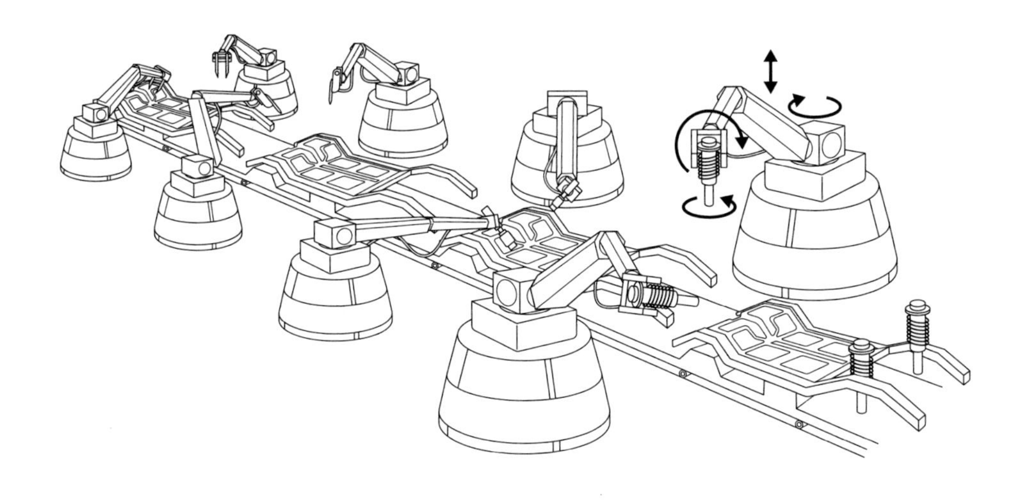

图 1　机器人装配线

汽车装配线上的大部分工作现在都由机器人来完成。在汽车制造的第一阶段，机器人将车架底部的各个部件焊接在一起，然后组装整个车架。

白车身

汽车设计师和制造商所说的“白车身”，是指汽车在完成焊接但未涂装之前的车身。这个词的起源有些模糊，有人说它可以追溯到早期制造的汽车，甚至可以追溯到马车。这时的车身通常由专门的汽车制造厂制造，上面被涂上白色底漆，各部件已固定在车架上。

5. 将垂直的厢内部件，如位于发动机舱内部的防火墙，焊接在汽车底板上。焊接时，必须与底板对齐、固定、夹紧到位。接下来，是将汽车的前后、左右的外部板件焊接到底盘上。再移动白车身到下一个工位，在这里将已位于工位上方的车顶小心放下，并焊接在车架上。

6. 将已经在各自的装配线上完成焊接的车门、发动机罩和后备箱放到合适的位置，用螺栓紧固在车架上。这是车身车间唯一使用螺栓紧固代替焊接的组装手段。紧固时，螺栓全部按技术规范设定扭矩力。

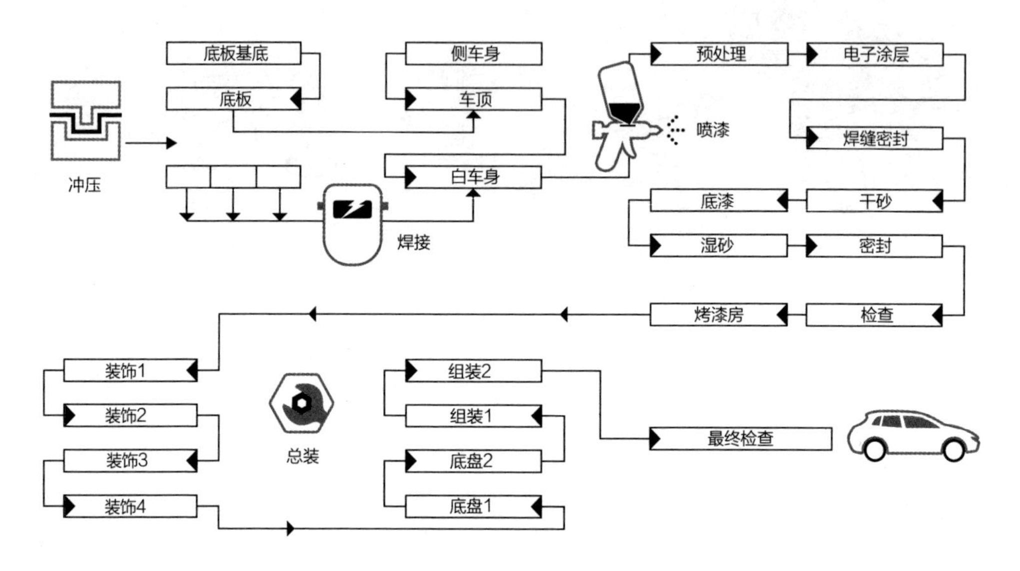

图 2 自动装配过程

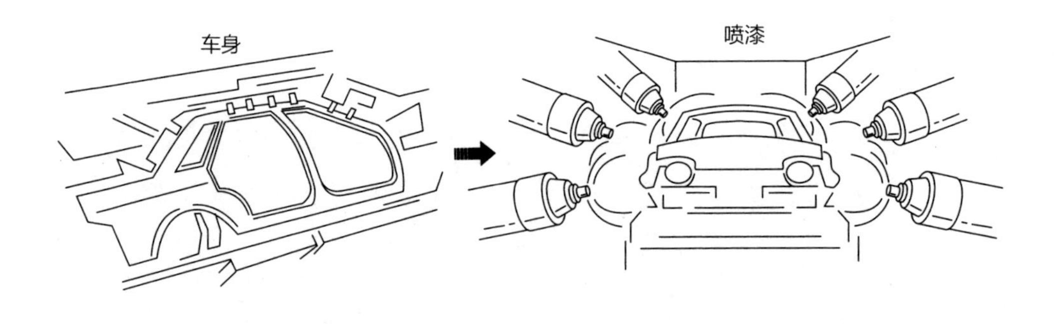

图 3 喷漆

车身各部件组装完成后，通过高架输送线传送到工艺复杂的喷漆车间。在喷漆车间，主要有以下工序：漆前检查、清洗、磷化防腐、电泳浸渍、干燥、底部密封、喷面漆和烘烤等。

7. 对已经完成焊接、紧固的车身必须进行严格的检查。传送车身来到一个明亮的通道，在这里，检查人员用浸泡过亮油的抹布将车身彻底擦干净。在灯光下，这种油可以让检查人员看到金属车身面板上的任何缺陷。钢板的弯折、凹陷和其他缺陷都由熟练的技术工人在生产线上进行修复。在对车身进行全面检查和修复后，将车身传送至清洗站，通过浸泡来清除油渍、污垢和污染物。然后，将车身传送至喷漆车间。

非承载式车身和整体式车身

多年前，大多数的汽车都是非承载式车身，具有完整的车架，在车架上组装出底盘，然后再装上其他构件。如今，大多数汽车都是整体式车身，车身由单独冲压成型的金属部件组装而成。轿车一般都是整体式车身，但卡车和一些越野车仍然是非承载式车身。

喷漆车间

8. 车身离开清洗站后，被送进干燥室进行干燥，接着用磷酸进行表面处理。磷酸在钢板表面发生化学反应，不仅形成一层防腐蚀的膜，还便于接下来要黏附的涂层的附着。
9. 将车身浸泡在由树脂、黏合剂和颜料浆混合而成的涂料槽中。涂料作一电极，车身充当另一电极，这些混合物通过流经涂料槽的电流均匀黏附在车身表面（被称为“电泳”），形成新的涂层。
10. 经过电泳工序后，车身再次被冲洗、烘干，此时车身表面形成牢固、柔韧的混合物层，有利于底漆黏附。接着密封底板，确保车底外侧不漏水。
11. 接下来，对车身进行喷漆。喷漆由机器人来完成。经过编程的机器人能够在设定的时间内将准确数量的油漆喷涂到规定的地方（见图3）。经过大量的探索，并对机器人进行仿真编程后，机器人在喷漆方面更符合动力学要求，能确保喷漆达到消费者所期待的外观闪亮光滑的效果。使用机器人喷漆，是对福特T型车生产工艺的一大改进，而在过去是由人工来刷漆的。
12. 车身外壳被喷上一层或多层底漆以及一层透明面漆后，由传送带将车身传送到

最初汽车只有黑色车身。黑色之所以成为最受欢迎的颜色，是因为黑色油漆的干燥速度比其他颜色的油漆快得多。1924年，人们发明了一种快干油漆，叫作杜克漆（duco lacquer），随后出现了五颜六色的汽车。

烘房，在烘房进行油漆固化，固化温度在135℃以上。车身完成喷漆后，就进行总装。

总装

13. 汽车工厂实行准时制生产，也就是精益生产，零部件通过供应链到达工厂，刚好满足需求。通过附在车身上的一张纸，即订购的产品清单，工人们就知道需要在车身上安装哪些部件。
14. 总装时，车身是倾斜的，这样工人可以方便地安装车身底部部件，不必弯腰或爬到车下。车身能够垂直旋转，方便工人安装其他部件。
15. 车门被卸下并悬挂在高架传送带上传送到另一个区域的装配线上。卸下车门后，在车身安装上玻璃、外密封垫、镜子、安全气囊、喇叭、手柄、装饰件和其他部件。在另一个区域的装配线上，将车门与同一辆车重新结合，用螺栓固定到车身上。
16. 电线和线束连接起整个电气系统。连接电线和线束前，先将车身内加热到38℃。在这样的温度下，线束就有了足够的柔韧性，戴着防护手套的工人在车内铺设线路时，就能够方便地将电线和线束卡位、固定。
17. 将仪表板、控制台安装到车前端，将座椅组件安装到车身上。这些组件都是在不同的生产线上生产的。接着连接仪表板与其他电气设备间的线路，并固定到位。然后安装和调试外部的灯具及其他零部件。
18. 车窗由机器人安装。安装时，一个机器人用带有吸盘的机械手吸住车窗前后，另一个机器人在车窗边缘涂抹密封胶。
19. 发动机、变速箱、排气系统及前后轴等动力系统，在各自独立的区域组装后，集中传送至同一工位组装到汽车上。在这个工位，降低车身，提升动力系统部件，机器人用螺栓将二者固定并连接起来，同时完成发动机的线束连接。

20. 借助龙门架（一种支撑起重机或其他设备的高架结构）提升车身，工人们用螺栓紧固好车轮。
21. 将车身降至地面，进入流体填充区。在这里给车辆加满燃料、冷却液、发动机油、刹车液、动力转向液。燃料里添加了特殊的添加剂和清洁剂，有助于发动机的首次起动。

终端测试

22. 首次起动发动机，对车辆进行一系列测试。在自动化检测线上，测试车辆的速度、转向、刹车、发动机马力、车轮定位等参数，还可以测试车辆的喇叭、前灯的性能，并进行必要的调整，以使车辆性能达到设计要求。
23. 运用高速摄影机来发现车辆内部和外部的任何缺陷。
24. 将室内测试合格的汽车移至室外专门的跑道上进行路试，最后进行目视检查和清洁。当一切都合格后，就可将车辆投放到市场上销售。

质量控制

汽车所使用的零部件通常都是在不同的地方生产的。这意味着需要提前生产数千个机械零部件，并进行测试、包装，然后运往装配厂，并且通常在同一天被使用。这就需要工作人员编制大量的计划，合理布置任务。为了实现这一目标，大多数汽车制造商都要求供应商对其零部件进行与装配厂相同的严格检测。通过这种方式，来保证供应商提供给装配厂的都是零缺陷的产品。

在装配之初，会为每辆新车分配一个车辆识别代码（VIN）。生产控制专家通过它能够追溯车辆及其部件的来源。在整个装配过程中的不同阶段都设置了检测点，以详细记录相关零部件的测试数据等重要信息。

如今的质量控制方法，是顺应多年来质量控制的变化发展而来的。以前，质量控制被视为最终检查，只在装配完成后才检查车辆是否存在缺陷。相比之下，今天的质量控制已然成为汽车设计和装配过程中的一个重要环节。这样一来，装配过程中一旦发现零部件存在缺陷，就能当即停止往下道工序传送，及时进行调整修复，同时可进一步追查所供应的同一批次零部件是否都存在缺陷。汽车召回成本高昂，因此，制造商们会尽一切可能确保其产品以零缺陷出厂。

在装配线的末端，对所有的质量检测进行验证。最后检测车辆是否存在其他缺陷，比如发出了“吱吱”“咔嗒”等不正常的响动，以及面板安装不当，或者电气部件存在故障等。在许多装配厂，会定期对生产线上完工的车辆进行全面的功能测试，尽一切努力确保车辆的质量和可靠性。

发展前景

随着汽车使用量不断增长及道路建设的难度和成本与日俱增，公路交通拥挤不堪，不合现实之需。自20世纪80年代以来，一些大学和制造商一直在研发自动驾驶汽车。如今，有多家公司已经在正常行驶的路面上测试这些汽车。将传感器技术和计算机视觉技术集成应用到汽车上有可能减少事故，改善交通流量，为老年人和残疾人的出行带来方便。汽车预装的“驾驶员助手”辅助功能可以帮助车辆保持在行车道行驶，并在紧急情况下及时刹车，这是启用自动化手段的最初功能。自动驾驶汽车有可能很快进入实用阶段。

油电混合动力汽车和纯电动汽车（EV）已经上市。混合动力汽车通过使用电动马达来节省燃料，先让汽车的电池充满电，然后运行汽油发动机来延长汽车的行驶距离。对于纯电动汽车，无论是在家里还是在公共充电站，都可以通过插入式外部充电器充电。对于一些混合动力车，也可以从充电桩充电。随着电池技术的进步和越来越多的充电桩被投入使用，我们将看到更多的电动车上路。

通过移动数据网络进行信息交流、接入互联网或订阅道路援助服务的汽车已经问世。我们生活在一个无处不在又让人痴迷的信息世界，让汽车以新的方式进行信息交流是不可避免的。自动驾驶汽车选择性地驶入高速公路、通过网络优化交通流量、自动绕过交通拥堵和事故多发路段，这一切皆有可能，也许就出现在不久的将来。

特斯拉（Tesla）公司推动电动车创新

特斯拉公司是一家专注于能源创新的独立汽车制造公司。2008年，特斯拉公司推出第一款纯电动跑车，这款跑车可以在3.7秒内将速度从0加速到约97千米/小时。2012年，特斯拉公司推出“Model S”，它是一款面向高端奢华客户的四门电动车。2014年，特斯拉公司推出了两款S型四轮驱动车。2018年，特斯拉公司交付使用的“Model X”是一款具有跑车性能的运动型多功能车。特斯拉公司推出的“Model 3”是一款五人座轿车，它是迄今为止该公司推出的价格最便宜的汽车。

邮　轮

第一艘邮轮：维多利亚·路易丝公主号（The Prinzessin Victoria Luise），1900年完工，它是第一艘专为游客建造的邮轮。

最大的邮轮：皇家加勒比公司海洋和谐号（Harmony of the Seas），它是目前海上最大的邮轮，载重达22.7万吨，能容纳6 000多名乘客。

造船创新史

现今的邮轮，是长期以来海军工程创新的成果。

对于长途航行的船只来说，速度一直是驱动创新的关键因素，这是由航运公司之间的竞争所致。完全依靠风力的帆船，横渡大西洋可能需要几个星期或几个月的时间。1819年，美国萨凡纳号（SS Savannah）帆船被改装成混合动力帆船和侧轮汽船，该船横渡大西洋只用了不到30天的时间。直到1838年，英国天狼星号（SS Sirius）和大西部号（SS Great Western）全程在蒸汽动力驱动下横渡大西洋，分别用了18天和15天。

对大型船只的需求是驱动创新的另一个因素。大型船只能运输更多的货物和乘客。船只的长度与船只的航速成正比。较长的船只受到波浪的阻力较小，因而速度更快。建造于1838年的大西部号是当时最大的客船，长达72米。它是第一艘专为横渡大西洋而设计的蒸汽船。大西部号为木质船体，内部用铁栅加固，足以抵挡大西洋上的巨浪。此后，于1881年下水的塞尔维亚号（SS Servia），船长为157米，它是第一艘全钢船体的大型远洋客船。

从1839年的阿基米德号（SS Archimedes）开始，明轮蒸汽船最终被更高效的由螺旋桨驱动的船只所取代。伊桑巴德·布鲁内尔（Isambard Brunel）先后研制出大西部号和大不列颠号（SS Great Britain）。大不列颠号是第一艘采用螺旋桨驱动的铁壳船身的船只，船长为98米，是当时建造的最大的船只，于1839年下水。

巨浪会导致船体左右摇摆，引起人体出现各种不适。1931年，意大利的萨伏依伯爵号（SS Contedi Savoia）客轮首次采用主动稳定控制系统。该系统使用三个巨大的陀螺仪来抵消船体的横摇。1925年，在日本长崎三菱公司工作的元良信太郎博士开发了一种新的主动稳定控制系统，在船体左右两侧各安装一个鳍板稳定器，通过自动调整它们的俯仰来控制船身的摇摆。从伊丽莎白女王号（RMS Queen Elizabeth）到今天最大的邮轮，众多邮轮都设有两个鳍板稳定器来克服航行时的颠簸。

以更小的动力获得更高的速度就能提高效率。1929年，德国远洋客轮不来梅号（SS Bremen）和欧罗巴号（SS Europa）均采用了一种新颖的船体设计，在船头吃水线下方设计了一个呈球状的突出体（其球状部分俗称“球鼻”），因在船首部位，所以被称为“球鼻艏”（bulbous bow）。船只航行时，船头水波的波峰和球鼻艏产生的波浪的波谷相抵消，船体所承受的波浪阻力减小，从而增强了船的平稳性。1934年下水的玛丽皇后号（RMS Queen Mary），是根据能取得船头产生的波峰与船尾产生的波谷相抵消的效果来设计船体长度的。由于减少了阻力，以上的设计都大大提高了速度。球鼻艏现在是高速或接近最高速航行的邮轮和大型船只的标准配置。

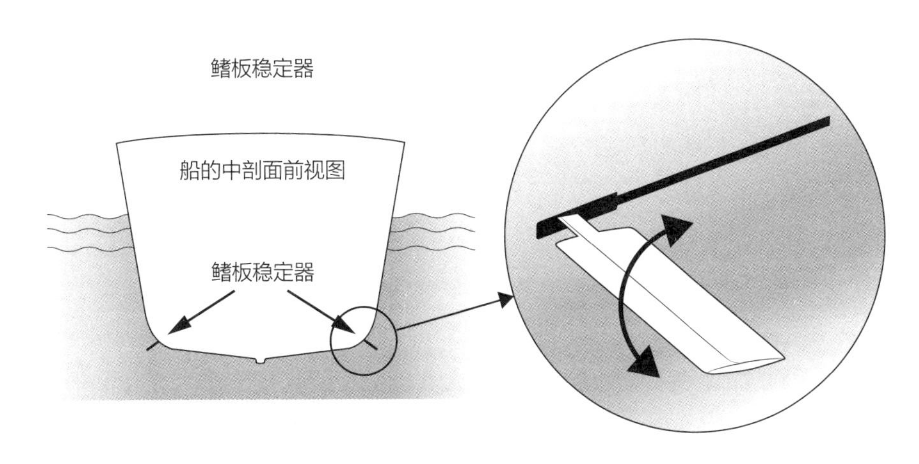

图 1　鳍板稳定器

配置鳍板稳定器，用来控制船舶的横摇。

邮轮的吃水线能降到多低?

2009年，海洋绿洲号（Oasis of the Seas）邮轮从造船厂前往位于佛罗里达州的母港，开启它的首航，中途必须经过丹麦的大贝尔特桥（Great Belt Bridge）下方。该桥距水面净高65米，而海洋绿洲号高出吃水线72米。为了能从桥下经过，邮轮上设计了一个可伸缩的烟囱。另外，当邮轮在较浅水域高速行驶时，会在船体下方形成一个低压区，能有效地吸纳船体。船长利用这种被称为“深蹲”的水动力效应，使船体再下沉30厘米。因此，当邮轮以接近最高速度通过大桥时，其顶端与桥底面存在大约为61厘米的间距，从而保证了邮轮的安全。

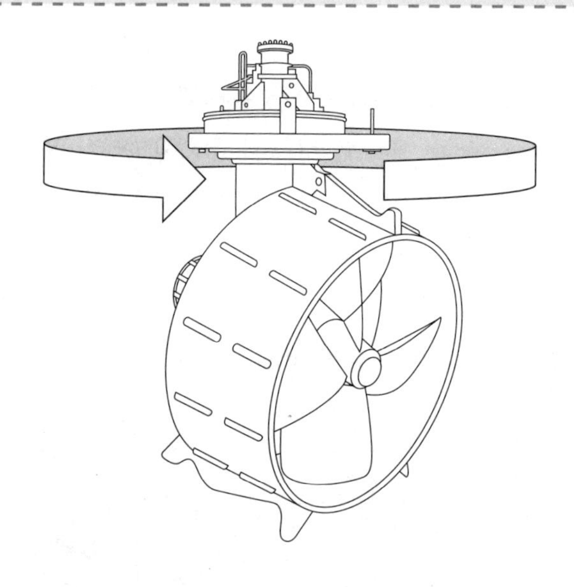

图 2 全向推进器

全向推进器能够绕竖轴360度旋转，使大型船舶具有前所未有的机动性。

传统的螺旋桨和舵的机动性有限，使得大船难以在小港口航行。早在1839年，英国工程师弗朗西斯·罗纳德（Francis Ronalds）就构想了一种组合舵和螺旋桨的系统，该系统可以围绕竖轴转动。由此，他设计了一个能360度旋转的发动机吊舱，与前面的螺旋桨组合在一起，形成被称为“全向推进器”的结构。1998年，嘉年华公司旗下的欢乐号（SS Elation）邮轮，是第一艘采用全向推进器的邮轮。全向推进器与船首推进器结合，将水从船的一侧推向靠近船头的一侧，全向推进器使大型船只能够快速调转，甚至原地转圈。现今，许多巨型邮轮都采用这种推进方式。

随着船只建造得越来越大、在结构上取得了许多进步，船只也越来越先进。1932年，远洋邮轮诺曼底号（SS Normandie）力图成为豪华的典范。设计者们设计了巨大的生活舱室，包括一流的餐厅。整个舱室长达93米，宽达14米，船板距天花板高达8.5米。设计师在设计如此巨大的舱室时遇到一个问题，即通常情况下，排气通道会直接穿过舱室的中心位置，这样就占据了舱室空间。为此，他们改进方案，将排气通道设在船的两侧，最终接入烟囱，以这样的方式排出由发动机等产生的废气。

设计一艘大型邮轮可能需要两年时间，建造完工还需要两年时间。

多年来，大型邮轮的建造发生了巨大变化。21世纪初，玛丽皇后2号（RMS Queen Mary 2）的设计初衷是取代将于2008年退役的伊丽莎白女王2号（RMS Queen Elizabeth 2）横渡大西洋。伊丽莎白女王2号船长为345米，而玛丽皇后2号比伊丽莎白女王2号几乎长52米，重量超过伊丽莎白女王2号两倍。玛丽皇后2号的船体由94块预焊钢板构成，每块预焊钢板重达数百吨。也就是从这时起，造船公司将这项技术广泛用于建造其他大型邮轮。相比而言，这种建造方式更快、更经济。

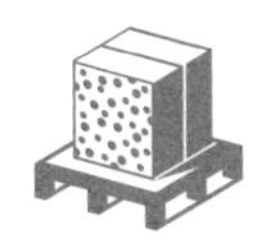

船体材料

钢材是建造邮轮的首选材料。伊丽莎白女王2号主甲板的上层结构使用了大量的铝材以降低船体的重心。然而多年后，伊丽莎白女王2号遭受维修问题困扰，因为部分铝材被腐蚀，不得不更换掉。它的替代者玛丽皇后2号的船体改由全钢建造。

如今，用于建造大型船舶的钢材已有所改进，更耐低温，不易变脆，并且更耐海水的腐蚀。邮轮的设计者规范了船体所有部分，如舱壁、甲板所用钢的厚度和等级。玛丽皇后2号所用钢板的厚度为6~30毫米，根据用途不同，它们被分为不同的等级。

制造过程

分段建造邮轮，各个分段在组装之前就预装上水管、电缆和通风口。2002年，法国大西洋造船厂（Chantiers de l' Atlantique）首先使用这种技术为英国的丘纳德公司（Cunard Line's）建造了玛丽皇后2号邮轮。

很多造船厂有个传统，即把切割的第一块钢板制作成船舶的模型。

造船厂

1. 将从供应商处采购的钢板通过一组轧辊轧制，确保其平整度，并消除钢厂在热轧和冷轧过程中残留的所有应力。采用火焰处理法或喷丸处理法去除氧化层（铁锈），然后在钢板上涂上底漆以防止生锈。
2. 为了最有效地利用钢材，所需的形状事先通过计算机设计出来，这就是所谓的“套料图”。然后通过微机控制来切割钢板，可以采用机械剪切、氧乙炔切割，以及强激光切割。这些钢板可达30米见方，厚度可超过3厘米。
3. 为了达到设计形状的要求，分切下的板材有些必须弯曲成一定的弧度或角度。造船厂采用各种工艺方法来弯曲这些板材。可采用液压机进行冷加工，也可以通过一组轧辊进行冷加工；或者采取热加工弯曲，先沿直线加热，然后沿着加热区域折弯。
4. 将切割（弯曲）好的板材焊接成部件，再将这些部件焊接组装在一起，直至构成船体。大量的焊接工作是由机器人控制完成的，但有些焊接仍然是由手工完成的。在部件焊接和焊件组装时，管道、泵和其他设备也一并安装到位。装配过程中，有时需要借助龙门起重机翻转组装焊件，这样管道等安装工人就不需要爬到高处工作了。完工的组装焊件可能重达181吨，下一步就是将它们运到船坞装配。

龙骨仪式

传统的造船过程是从铺设龙骨开始的，这仍然被认为是建造大型船舶的一个重要阶段。在铺设龙骨的过程中，通常会在船体第一部分的里面或下面放置硬币，仪式非常隆重。

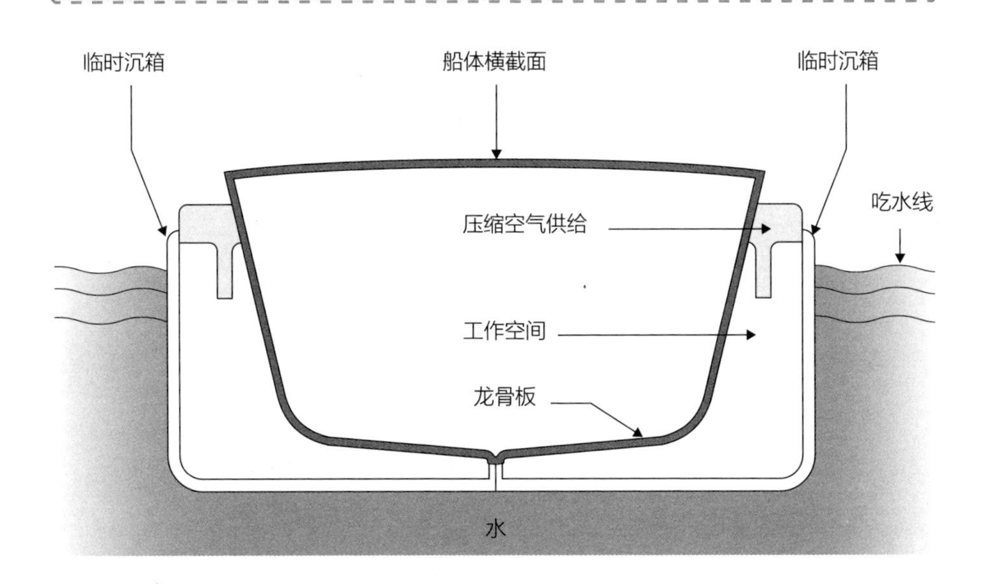

图 3 沉箱

在吃水线以下进行造船或修理作业时，必须使用的水密室被称为“沉箱”。

船坞

5. 根据设计图纸，使用液压千斤顶将各组装焊件吊起来，精确对齐后再将它们焊接在一起。因为各组装焊件是焊接式连接，所以装配工人可以在焊接前预先在它们内部安装好管道。
6. 有一些设备，如前文描述的全向推进器和船首推进器，位于吃水线以下，在船坞进行安装。其他设备多在船只出水后的下一个建造阶段进行装备。

下水或漂浮

7. 对于巨型邮轮来说，有时因船坞不够大、容纳不下整艘船只而选择在多个船坞分段建造，然后将分段建造的部分移到一起并连接起来。要做到这一点，需要将段与段仔细对齐，增加一个临时沉箱（水密室），以便吃水线以下的区域能够进行焊接操作（见图3）。
8. 船体主要结构完工后，取决于造船厂的设施，船坑有可能被水灌满，然后用拖船拖出船体，也可能让船体从一个叫作“滑道”的斜坡滑到水中。至此，船体便停驻在另一个船坞，并在这里完成其余的舾装工作。

舾装

9. 现代造船业中，大部分设备的装配是在船体建造时进行的。分段船体上预装设备后与其他分段船体焊接，也可以在分段船体彼此焊接之后再安装设备。“舾装”泛指各个制造阶段的安装工程，涵盖安装船上的锅炉、管道、电缆、通风管道、座椅等所有部件。
10. 客舱与其他套房通常是在场外预先组装好后再运到造船厂的。在造船厂，用吊车吊索穿过船体侧面的临时孔，然后将它们吊载到船体上。吊载完毕，它们即被固定到船体上，同时铺设与其相关的电线和水管。
11. 接下来需要完成更多的细节，从电子系统的安装到甲板抛光。数千名工人活跃于船上，以完成各自承担的任务。所有这些工作完成后，船就可以进入海上试航了，以确保一切正常。

质量控制

海上试航

与任何大型、复杂的制造系统一样，在建造邮轮过程中也有许多质量控制措施。船体结构所用的钢材是工厂根据规定标准生产的。每个子系统，从客舱到船桥，都必须符合设计规范，只有这样才能保证船上所有的设备协同工作，正常运转。

然而，对于邮轮或大型船舶来说，最受关注的质量控制也许是海上试航。海上试航就是在开阔水域进行一系列试验，目的是校验船舶在风浪中的航行情况，以确保其各系统和机械都能正常工作。这是建造船舶的最后阶段。海上试航合格后，才将船舶移交给新船东。

对大型船舶来说，海上试航是相当全面的。玛丽皇后2号在试航时进行了大约40种不同的测试，包括检查轮船的机动性、速度和发动机性能，以及测试锚、救援艇、通信系统、警报系统，还有许多其他项目的测试。

危机一刻

2003年，玛丽皇后2号邮轮在海上试航时，船首推进器的一扇门在推进器工作时意外关闭，并且被吹离了邮轮。再从制造这扇门的公司订购一扇新门，则需要花上很长时间。在时间紧迫的情况下，造船厂赶在进行速度测试前，设法就地制作了一扇新门。幸运的是，新门工作状况很好，玛丽皇后2号度过了此次“坠门危机”，如期通过了海上试航。

对环境的影响

邮轮行业因其对环境的负面影响而受到批评。由于邮轮大多在人口稠密的沿海地区航行，它们对环境的负面影响可能比远洋船只更大，或者说它们对环境的负面影响更显而易见。

像任何大型船只一样，邮轮的发动机也会产生大量的废水和废气。按最新的法规，船舶在近海作业时要燃烧比在远海航行时更清洁的燃料。未来的法规可能会要求使用更清洁的燃料或者升级污染控制系统来减少有害物质排放。

所有的船只都倾向于在船的最底部，即在舱底收集水。舱底水被来自发动机设备的油和其他化学物质污染，因此对环境有害。船舶使用油分离器将排放的舱底水含油量浓度限制在不超过百万分之十五。

邮轮上有大量的乘客，意味着他们会产生更多的废物，尽管这通常不是邮轮污染环境的主要因素，但这些废物包括黑水、灰水和固体废料。

黑水（black water）是污水，污水中可能含有细菌、传染病源、病毒、肠道寄生虫等有害物质。为此，不允许邮轮在海岸附近倾倒污水。在海上，污水要经过处理之后才可以排放。讲究环保的邮轮公司已经为船只配备了先进的污水处理系统，而有些公司依然使用着最低效率的系统。

灰水（gray water）是来自水槽、淋浴和其他水源的废物，这些废物可能含有细菌、清洁剂、油脂、油、食物和医疗弃物。一些邮轮将产生的灰水加入黑水中，并通过同样的处理系统进行处理。另有一些邮轮把灰水储存在船上，到达远海后直接排放掉，不过，这是完全符合国际法的。

邮轮还产生相当多的固体废料，其中一些被焚化、碾碎或在船上打成浆状，然后排放在海里。可回收材料，如玻璃和铝，通常是储存起来，到岸后由回收机构回收，以做到循环利用。

未来的邮轮

皇家加勒比邮轮公司拥有有史以来最大的三艘绿洲级邮轮。2018年，他们推出一艘新邮轮海洋交响乐号（Symphony of the Seas），取代其姐妹船的地位成为当时世界上最大的邮轮。另外一艘绿洲级邮轮海洋奇迹号（Wonder of the Seas），于2021年下水。

纵观邮轮的历史，随着时间的推移，船体越来越大，航速越来越快，装饰越来越豪华。

虽然邮轮造得越来越大，但是也有局限性。因为巨型船只进出港口往往受限，比如有些港口限制巨型船只进出。又比如，因为太大，无法在巴拿马运河航行，只得绕道合恩角（Cape Horn）才能从大西洋到达太平洋。还有，因为船体太高，受到桥梁的限制，从而减少了它可以访问的港口。大型邮轮的尺寸已经达到极限了吗？只有时间才能证明一切。

显而易见，邮轮上的豪华食宿和娱乐活动会一直持续。如今，许多邮轮上的娱乐游玩项目众多，有滑水道、攀岩墙、游泳池、溜冰场、赌场、剧院、优雅的餐厅，甚至还有碰碰车。

邮轮也有可能提高能源效率，并减少对环境的影响。

能源效率范例

皇家加勒比邮轮公司的海洋和谐号比早期的两艘绿洲级（OASIS—class）邮轮节能20%，燃料效率提高了大约7%。这得益于它光滑的船体设计和使用独特的系统减少了阻力。该系统是沿着龙骨制作了一个气幕系统。其他船舶也采用了这种气幕系统，这也有助于降低螺旋桨的噪声。更节能的LED（发光二极管）灯和荧光灯取代了传统的白炽灯。发动机也得到改进，增加了余热回收系统。

现在，许多邮轮上使用的全向推进器是将螺旋桨置于发动机吊舱的前部，这样水就被吸入螺旋桨而不受推进器结构的干扰。

安全气囊

发明者：艾伦·博里德（Allen Breed）
1968年，全球年销售额：100亿美元
全球年销售量：3.5亿个
最大经销商：奥托立夫公司

首个专利

早期的气囊系统不仅体积庞大，而且在使用过程中会产生一些有害的物质。例如，用火药加热氟利昂气体，会产生剧毒烟雾。

气囊是一种可充气的尼龙软垫，在汽车遭遇碰撞时，可保护乘客免受严重伤害。发生事故时，前气囊能将正面碰撞造成的死亡人数减少20%~25%。正确地与其他安全防护装置（安全带、安全带预紧器、安全带限力器）配合使用，前气囊能将正面碰撞造成的危及生命的伤害减少75%。侧气囊能够保护头部，将侧面撞击造成的头部伤害减少50%。

1953年，首批汽车安全气囊专利之一被授予美国工程师约翰·赫特里克（John Hetrick）。他的设计是，在发动机罩下面放置一罐压缩空气，在整个车辆相应位置放置一些气囊。一旦发生碰撞，碰撞的力量将推动一个重物向前滑行并将空气送入气囊。1968年，美国化学家约翰·皮茨（John Pietz）发明塔利防御系统，成为采用三氮化钠和金属氧化物作为固体推进剂的先驱。塔利防御系统是第一个采用固体推进剂产生氮气的安全气囊保护系统，很快就取代了旧的系统。

早期使用者

1973年，通用汽车公司率先在出售给政府的雪佛兰汽车上安装了安全气囊，不久后，通用汽车公司在其他品牌和型号的汽车上选择性地安装了安全气囊。最初，购车者并不愿意为配置能在他们面前弹开的气囊多付钱。1984年，汽车行业再次尝试，福特公司将安全气囊安装在“Ford Tempo”车型上。1988年，克莱斯勒公司将旗下所有的车型都装上安全气囊，并作为所有汽车的标准配置。然而，购车者仍然担心会遭到来自气囊本身的伤害。1991年，工程师兼企业家艾伦·博里德申请了一种安全气囊的专利，该气囊在充气时能释放空气，从而降低了气囊本身带来的伤害。

气囊工作原理

假设一辆汽车在湿滑的道路上以40千米/小时的速度行驶。突然，汽车转向失控，撞到了树上。在汽车撞到树的那一刻，气囊立即膨胀并放气。工作过程是这样的：车辆内分布的安全气囊传感器接收到车辆突然降速的撞击信号，即刻向电子控制器发送信号。由此引燃气体发生剂，充气装置内迅速发生化学反应，产生无害的氮气，使气囊迅速膨胀。当车里的人撞到袋子时，氮气从袋子后面的安全阀口逸出。最初的充气装置使用三氮化钠作为固体推进剂，现在许多制造商采用其他产生有害物较少的化学试剂。

请注意，膨胀时，氮气在不到二十分之一秒的时间内就充满前气囊，侧气囊的膨胀速度是前气囊的三倍以上，也就是不到六十分之一秒侧气囊内就充满了氮气。气囊内完全充满氮气的时间只有十分之一秒，在撞击之后它几乎在十分之三秒内就会放气缩小。这一系列过程如此之快，以至于大多数人都不记得看到过气囊膨胀。安全气囊是一次性产品，在膨胀后必须返回授权的经销商或维修厂家，并重新更换一个新的安全气囊。

设计

在检测到碰撞时，安全气囊会以209~322千米/小时的速度膨胀，成为一个充满气体的“大枕头”，以缓冲乘客所受到的冲击力。

典型的驾驶座安全气囊系统包括气体发生器、气囊、碰撞传感器、电子控制单元、方向盘连接线圈和指示灯（见图1）。各部件通过线束连接，由车辆的电池供电。控制单元配有备用电源，一旦与车辆的电池失去连接，就迅速切换至备用电源供电。安全气囊系统在蓄电池断电后，点火开关闭合，切换至备用电源，由备用电源供电，其持续供电时间为1秒~10分钟。

前方气囊分别安装于驾驶座前的方向盘中央，以及副驾驶座的储物柜上方。侧气囊通常安装在座位的靠背上。帘式安全气囊保护头部，减免侧面碰撞带来的伤害，安装在车门顶部正上方。一些汽车配有膝盖安全气囊和后排乘客安全气囊，甚至配备了安全带安全气囊。位于汽车前部和侧面的碰撞传感器检测到汽车突然减速，就向控制单元发出信号，相关控制系统根据撞击程度判断是否触发电极激活充气装置，从而使气囊膨胀。

在设计各个传感器的同时，考虑了安全气囊在意外情况下膨胀的情形，如汽车行驶时的颠簸或发生一个轻微碰撞。控制单元在每次起动时都执行内部“自我测试”，以确保系统正常工作。指示灯通常位于仪表板上，在自我测试期间点亮，测试结束时关闭。

警告：气囊膨胀

大多数与安全气囊有关的伤害是轻微的，包括头部、面部、颈部或上身的擦伤、瘀伤和割伤。

相关研究表明，车辆发生正面碰撞事故时，配备安全气囊的车辆的死亡人数较未配备安全气囊的车辆的死亡人数下降了23%。然而，由于气囊膨胀速度极快，力量非常大，会导致没有系安全带的驾驶员或乘客头部严重受伤甚至死亡。因此，为了避免安全气囊造成的伤害，专家建议乘客系上安全带，至少远离气囊外壳20厘米远，保持双手和手臂远离气囊的充气路径。专家还警告人们，在装有侧气囊的车辆内，不要在副驾驶座上放置后向婴儿座椅。否则，快速充气的气囊就有可能将婴儿座椅弹到正常座椅的后面，这会严重伤害婴儿甚至杀死婴儿。

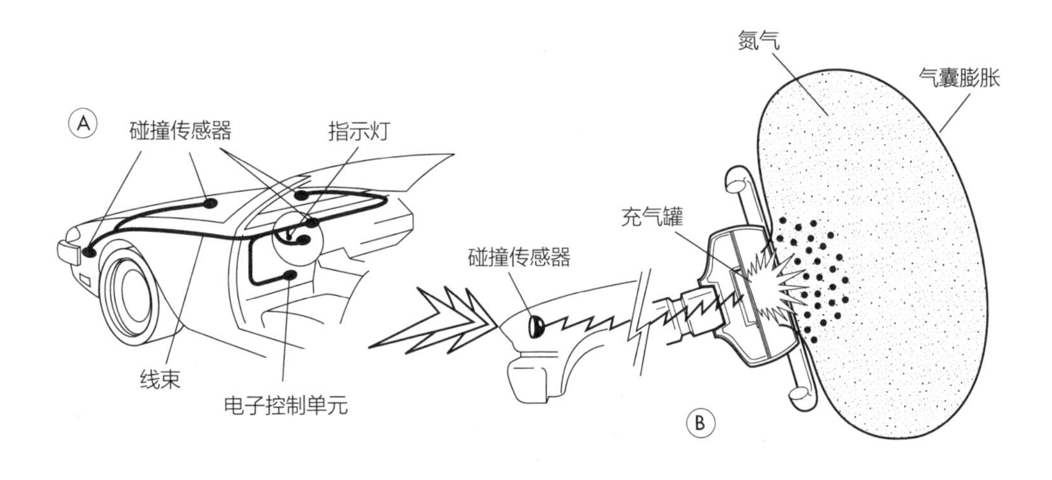

图 1　碰撞传感器

（A）碰撞传感器可以安装在汽车的前部和侧面的几个位置，并通过线束连接安全气囊电子控制单元。每次起动车辆时，控制单元都进行系统测试，并点亮仪表板上的指示灯。（B）车辆发生碰撞时，碰撞传感器向充气罐放电产生火花，引发化学反应，产生氮气，使气囊迅速膨胀。

安全气囊材料

安全气囊系统由许多部件组成，本处以驾驶座安全气囊为例。

驾驶座安全气囊包含气囊、气体发生器和推进剂。气囊由尼龙或聚酯纤维编织而成，并涂有隔热层以防止在使用过程中被烧焦。织物表面通过涂上滑石粉或玉米淀粉来防止粘连，以便于组装。

气体发生器的罐或主体由冲压不锈钢或铸铝制成，充气罐内有一个过滤器组件，由夹有陶瓷材料的不锈钢网组成。装配气体发生器时，在过滤器组件表面附上一层金属箔片，用来防止被推进剂污染。金属滤网安放在气体发生器内，用来过滤化学反应产生的残渣。

固体推进剂是一种能产生氮气的氧化剂，通常放置在过滤器组件与引发器之间的充气罐内。安全气囊中使用的推进剂的种类因制造商而异。

制造过程

在蓄电池断电或点火开关闭合后，安全气囊系统会切换至备用电源。备用电源持续供电的时间为1秒~10分钟，具体取决于安全气囊的型号。

通常情况下，推进剂、气体发生器和气囊等在一起构成安全气囊系统，需要制造推进剂、组装气体发生器、裁剪缝合气囊等。不过，有些制造商购买现成的零部件，如气囊或引发器，再将它们组装成安全气囊系统。下面讲述完整的安全气囊系统的制造过程。

推进剂

1. 安全气囊所使用的推进剂，因制造商而异。一种常见的早期推进剂是三氮化钠和一种氧化剂的混合物。三氮化钠和氧化剂均从化学试剂经销商处购买，分别检验，单独储存。
2. 使用计算机控制工艺，将化学原料进行混合，然后压制成薄饼状或颗粒状储存起来。

气体发生器组件

气体发生器组件包括金属充气罐、过滤器组件——内嵌陶瓷的不锈钢网和引发器（或点火器）等。这些组件是从外部供应商处采购，收货前严格验收，然后将这些组件在全自动化生产线上组装成型。

3. 各组件与推进剂和点火器结合构成气体发生器（见图2）。采用激光来焊接不锈钢充气罐，采用惯性摩擦焊来使两种金属表面熔融在一起。惯性摩擦焊主要用于铝质气体发生器部件的焊接。
4. 对气体发生器进行缺陷测试。

气囊

5. 气囊的原料为尼龙或聚酯纤维，由外部供应商提供。入库前验收检查是否存在缺陷。验收合格后，按照设计图裁剪成合适的形状，再正确对接两边，进行缝合和铆接（见图3）。
6. 给气囊充气，检查接缝是否有漏气等缺陷。

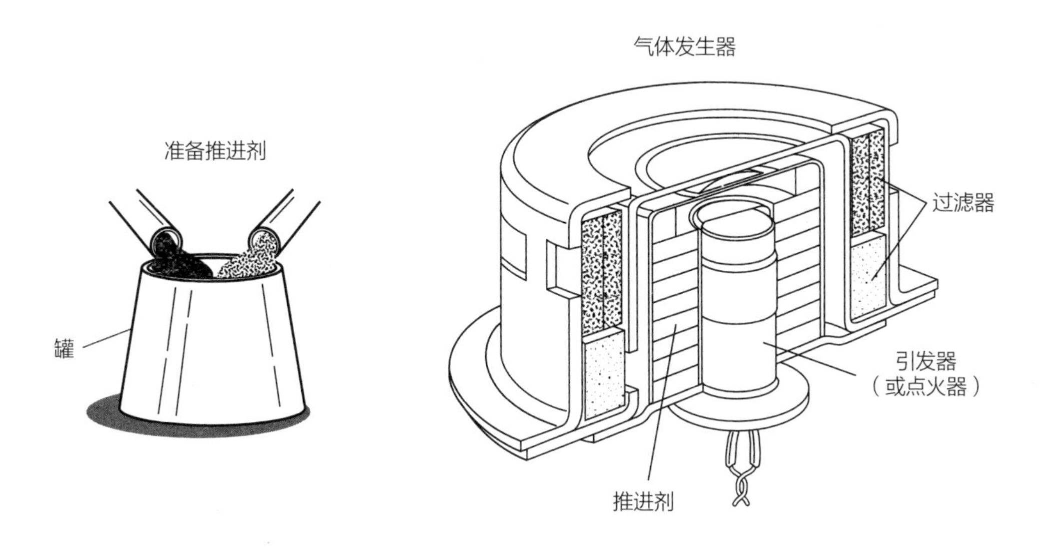

图 2　金属罐和气体发生器

推进剂的配制涉及化学试剂的混合和再压制——再压制成薄饼状或颗粒状后，添加到充气罐和过滤器中。推进剂是构成充气装置的一部分。

最终装配

7. 将气囊组件安装到测试过的气体发生器组件上。接着将安全气囊折叠，并安装一个可分离的塑料喇叭垫盖。
8. 完工的安全气囊系统，经检验和测试合格后，用箱子包装好就可运送给客户。

质量控制

显而易见，安全气囊的质量控制是非常重要的一个环节，众多乘客的生命安全依赖于气囊产品的安全性能。在生产过程中，自动检查每个环节，以剔除瑕疵和不合格品。然而，质量控制至关重要的两个环节是：（1）点火或推进剂测试；（2）气囊和气体发生器的静动态测试。

推进剂在装入气体发生器之前，首先要进行弹道测试以预测它们的爆炸结果。大量气体发生器在生产线上时就被抽出来，测试其能否正常工作。对气囊，首先检查其织物和缝合等是否有瑕疵，然后进行气密性测试，检查是否漏气。

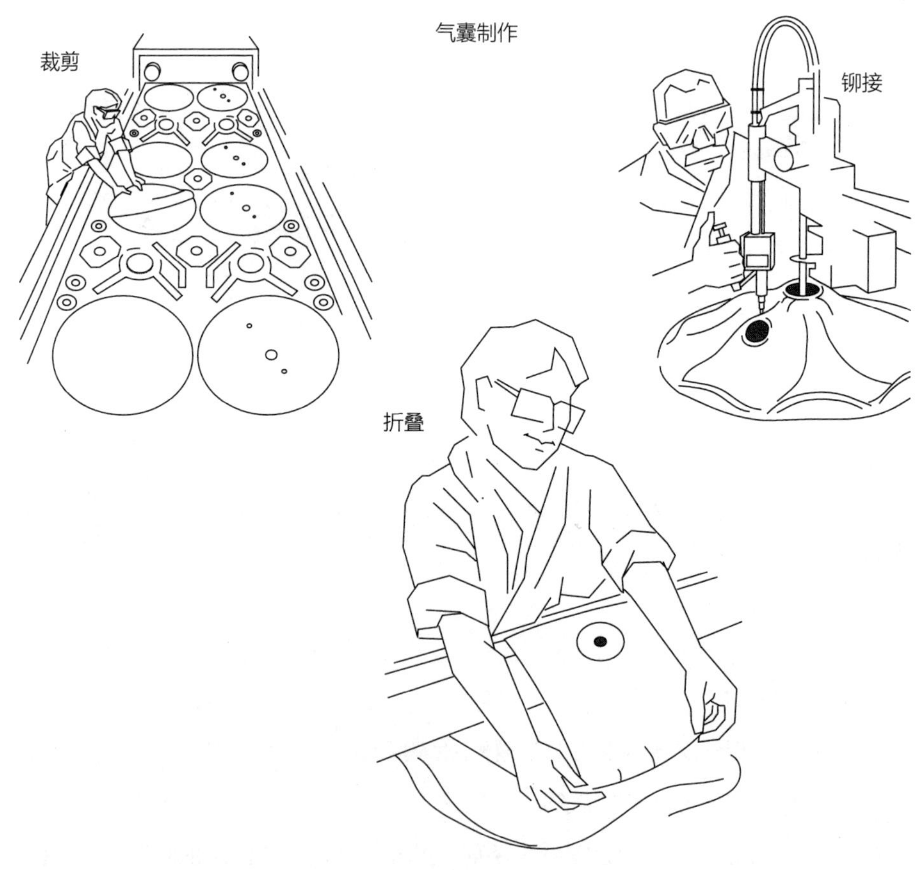

图 3　气囊制作

气囊部件采用尼龙织成，按照设计图样裁剪、铆接、缝合，然后将制作好的气囊小心折叠，以便能放入塑料模盖内。

未来安全气囊

安全气囊和安全带是一种被动的安全保护装备，能为乘客提供有效的防撞保护。如今，它们已经与雷达和自动制动系统等主动安全系统集成运用在车辆上。未来的安全气囊很可能是一个集成安全系统的组成部分。该系统可以监控车辆周围的环境，并在安全气囊打开之前尽可能地防止事故发生。

安全气囊应该有着非常好的未来，除了被用于汽车，还能被用于其他方面，比如飞机座椅、骑摩托车者的头盔和夹克衫等。随着制造技术进步和新材料投入运用，安全气囊的成本会更低，价格越来越便宜，重量越来越轻。我们将看到体积更小、集成度更高的安全气囊系统，性能大有改进的传感器等。

安全气囊技术在全球的应用范围正在不断扩大，尤其是在亚洲，各国不断建立和健全安全性法规，以使驾驶员和乘客的人身安全得到更好的保障。在已经普遍使用安全气囊的北美地区，侧帘气囊、头帘气囊、膝部安全气囊、后排座椅安全气囊被引入汽车构件中，推动了安全气囊的发展。

许多制造商现在使用混合气体发生器，这种气体发生器将加压的稀有气体，如氩气，与少量烟火材料结合在一起，其性能和安全性都优于纯粹的烟火气体发生器。改进后的涂层有助于延长安全气囊的使用寿命，并确保在储存安全气囊多年后能够可靠地打开它。随着时间推移，技术进步将不断地提高安全气囊的可靠性、稳定性和安全性。

先进的智能传感器可根据具体情况控制安全气囊的展开。智能传感器能够感知驾驶员或乘客的身材和体重、座位是否有人乘坐（特别是在乘客座无人的情况下则无须打开乘客侧的安全气囊）等情况。智能传感器也能感知车上人员是否系好安全带，以及驾驶员与方向盘之间的距离。改进后的传感器还能够防止在不必要的情况下打开安全气囊，以便更好地保护车上人员的生命安全，防止气囊给车上人员带来二次伤害。

在美国，每年有7.5万个汽车安全气囊被偷窃。

安全气囊热销

安全气囊因撞击事故而打开后，不能第二次使用，所以气囊及其部件必须及时被更换。只是，更换的费用和人工成本高达数千美元。因为成本太高，安全气囊及其组件已经成为小偷们偷窃的热门物品。在黑市上，一个偷来的安全气囊的售价只占新气囊价格的一小部分。信誉不佳的修理店安装偷来的安全气囊后，可能会按新气囊的价格向车主或保险公司收取费用。避免被欺骗的一种做法是，要求维修店提供零件收据或来自经销商的产品授权证明。

喷气发动机

发明者：恩斯特·海因克尔（Ernst Heinkel）教授、汉斯·冯·奥海因（Hans von Ohain）博士、弗兰克·惠特尔（Frank Whittle）爵士（发明于1937年）

主要制造商：通用电气航空公司、普拉特·惠特尼集团公司、劳斯莱斯航空发动机公司、赛峰集团公司

美国航空业年销售额：680亿美元

喷气发动机是当今喷气式飞机的动力装置，不仅产生驱动飞机的动力，还为飞机的其他系统提供能量。商用喷气发动机直径可达3.3米，长度可达3.7米，重量可达4 540千克，推力可超过445千牛。

首个专利

米老鼠绑着喷气发动机在天空中翱翔，歪心狼坐在喷气发动机上边飞行边四处觅食，如今这一切已不再是动画片里的画面。人类也尝试把自己绑在喷气发动机上飞行，幻想着在单座赛车、小型汽车、飞行平台及摩托车上装上喷气发动机。

1930年，英国皇家空军中尉弗兰克·惠特尔取得有关喷气发动机的第一项专利。虽然对惠特尔发明的发动机进行测试始于1937年，但直到1941年飞机才取得飞行成功。第二次世界大战前，德国也开始了类似但完全独立的工作，德国工程师奥海因于1935年获得了一项喷气发动机专利。奥海因与当地

一位名叫马克斯・哈恩（Max Hahn）的天才汽车技师合作，制作了一个发动机工作模型。后来他得到飞机制造商恩斯特・海因克尔的支持，恩斯特・海因克尔雇用奥海因和哈恩开发发动机。四年后，奥海因团队成功地进行了人类历史上第一架喷气式飞机的飞行。

1941年，惠特尔研制喷气发动机取得成功后，英国立即向其盟友美国运送了一架原型机。美国通用电气公司立即对照着投入生产。1942年末，通用电气公司生产的美国第一台喷气发动机安装在贝尔公司设计的飞机上，并取得飞行成功。然而，喷气式飞机的真正飞行是在第二次世界大战后。

喷气发动机的工作原理

发动机前部的进气风扇必须非常坚固，以确保吸入大型鸟类或其他残片时，叶片不会坏掉。

今天的商用喷气发动机重量可达4 540千克，产生的推力可超过445千牛。

牛顿第三运动定律是由英国数学家、科学家艾萨克・牛顿（Isaac Newton）提出的，它指的是，相互作用的两个物体之间的作用力和反作用力总是大小相等，方向相反，作用在同一条直线上。喷气发动机就是根据这个定律工作的。首先，进气扇吸入空气，并将一部分空气送至压缩机进行压缩，其余的空气用来冷却发动机。接着，将压缩的空气送入燃烧室，与燃料混合后，点火燃烧。燃烧产生的气体一部分驱动涡轮（与压缩机装在同一条轴上），另一部分以相当高的速度从排气系统喷出，推动飞机向前（见图1）。在这个过程中，发动机向后喷气，从而产生大小相等、方向相反的反作用力推动飞机向前。而且飞机前行的速度等于排出气体的速度。

冲压式喷气发动机通常与涡轮式喷气发动机一起使用，当飞机的飞行速度超过音速且在海平面以上以超过1 223千米/小时的速度平稳飞行时，就会同时起动。冲压式喷气发动机通常也被用来推进导弹飞行。著名的SR-71黑鸟侦察机使用了组合式的涡轮冲压喷气发动机，当飞行速度达到两马赫时，组合式发动机会将工作状态从原先的涡轮式转换为冲压式。

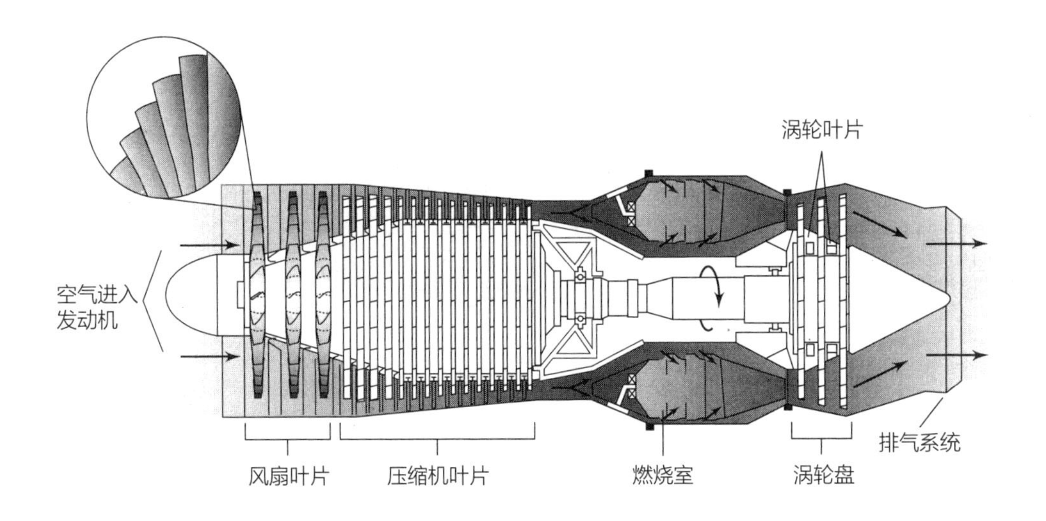

图 1 涡轮发动机工作原理

典型的燃气涡轮喷气发动机的工作原理是：进气扇吸入空气，并进行压缩，再将压缩空气与燃料混合，点火燃烧，然后使用强力将燃气排出排气系统。而对于涡轮风扇喷气发动机（本图未显示）来说，由涡轮驱动的大型管道风扇有助于提升推力。

涡轮式喷气发动机是第一种为飞机提供动力的喷气发动机，大多数喷气发动机都是在它的基础上进行设计的。其基本的工作原理是，空气被吸入、压缩、加热，在燃烧室中燃烧。高压燃气急剧膨胀，驱动涡轮转动，从涡轮中流出的燃气喷出排气系统，推动飞机前行。

涡轮风扇发动机是商用飞机上最常用的发动机。它的工作原理类似于涡轮喷气发动机，只是它的前面还有一个大风扇，用于吸入更多的空气。这不仅减少了发动机的噪声，还能在使用燃料量相同时提供额外的、更大的推力。

涡轮螺旋桨发动机使用涡轮喷气发动机来驱动螺旋桨，为螺旋桨提供的动力占发动机输出动力的绝大部分。这种发动机在低速状态下运转最好，主要用于小型商用飞机。

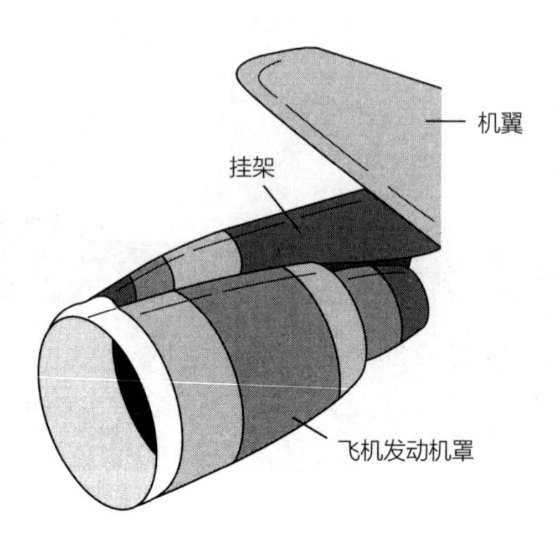

图 2 安装发动机

使用挂架将喷气发动机安装在机翼上。

声速

海平面处的声速与高海拔处的声速是不同的。在海平面处，声速约为1 191千米/小时。在海拔1 219米处，声速约为1 062千米/小时。另一个准确的声速术语是“马赫数”，它是依据奥地利科学家恩斯特·马赫（Ernst Mach）的名字来命名的，指的是飞行速度与声速的比值。2马赫是2倍声速，3马赫是3倍声速。查克·叶格（Chuck Yeager）是第一个突破音障的人。1974年，他驾驶贝尔X-1火箭动力飞机成功突破音障，这架飞机现在华盛顿特区的史密森学会展出。

排气系统

排气系统由外涵道和较狭窄的内涵道组成。外涵道沿着燃烧室外部输送冷空气，内涵道给燃烧室输送燃气。两个涵道之间是一个反推装置，关闭外涵道，这个装置能够防止未经加热的空气通过排气系统离开发动机。飞行员减速飞行时，就用到反推装置。

设计

喷气发动机安装在飞机的机翼上，并加装发动机罩。发动机罩是一个能够向外打开的外壳——方便对发动机进行检查和维修。每台发动机（一架波音747飞机有4台发动机）上都有一个挂架，这是一个金属臂，用以连接发动机和飞机的机翼（见图2）。电线和管道也装在挂架中，它们分别将发动机产生的电力和液压动力输送回飞机。

大多数商用飞机装配的是涡轮风扇发动机，它因具有高涵道比（即外涵道与内涵道空气流量的比值）的特性而运行效率最高。具有高涵道比，就需要运用更大的风扇输入空气，但更大的风扇意味着更大的重量和更低的效率。由此，设计师们开始使用复合材料来减轻喷气发动机的重量。

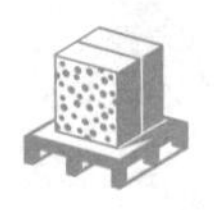

喷气发动机材料

在全功率状态下，喷气发动机每秒能吸入超过908千克的空气。

波音（Boeing）787梦想飞机（787 Dreamliner）上安装的是罗尔斯·罗伊斯（Rolls-Royce）公司制造的Trent 1 000 涡轮风扇发动机。它包含3万个零部件，但装配一台这种发动机仅需20天。

发动机部件必须非常坚固，且重量轻、耐腐蚀、热稳定性好（能够承受高温或低温）。为满足这些特性，一些特定的材料已经被开发出来。比如钛合金。它往往被用于制造发动机的关键部件。钛很难被塑形，但是它具有极高的硬度和熔点，即使在高温下也很坚固。为了改善钛的可塑性，经常将它与其他轻金属（如镍和铝）一起制成合金。

发动机前部的进气扇由钛合金制成，中间的压缩机由铝合金制成，燃烧室和靠近燃烧室的耐高温高压部分由镍钛合金制成，能承受最高温度的涡轮叶片由镍钛铝合金制成。排气系统的内涵道由钛制成，外涵道由凯夫拉纤维（凯夫拉纤维是一种强度高、重量轻的合成材料）制成，反推装置由钛合金制成。

自20世纪90年代中期以来，制造商一直在增加喷气发动机中复合材料的使用比例，即使用拥有两种或两种以上具有不同化学性能的材料合成的材料。发动机罩、外壳、涵道、转接环、风扇罩，甚至一些发动机的扇叶都使用复合材料。一些发动机中，复合材料的重量占到10%~35%。

制造过程

通用电气航空公司为GE90发动机配备的涡扇叶片采用复合碳纤维材料，而不是钛，但大多数发动机仍然使用钛叶片。

一般将发动机从后端向前垂直地安装在飞机型架上，便于操作者进行操作。

设计和测试每一种型号的喷气发动机可能需要长达五年的时间。构建所有组件大约需要两年时间。供应商制造零部件的各个部分，并交付给喷气发动机制造商，然后组装在一起形成整个发动机。仅组装就需要一到三个星期。

风扇叶

1. 风扇含两个叶片，位于发动机前部。制作叶片时，先制作两张叶片外皮，由熔融的钛合金热压成型（见图3），叶片外皮内留出空心腔。然后将两张叶片外皮焊接在一起，为了增加强度，在空心腔内填充蜂窝状钛合金。

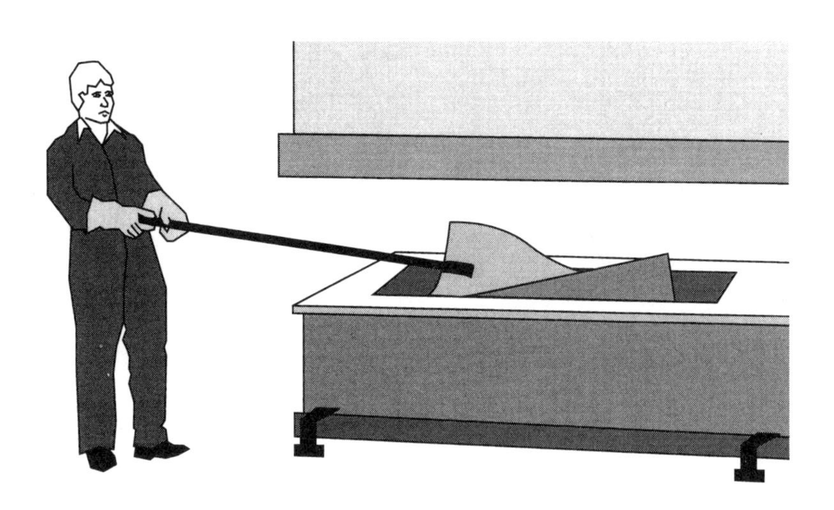

图 3　制作风扇叶片

制作风扇叶片时，先将熔融的钛合金在热压机上成型，压制出两张叶片外皮，并焊接在一起，然后在叶片外皮的空心腔内填充蜂窝状钛合金。

压缩机盘

2. 压缩机盘是压缩机叶片附着的实心体，类似于一个大的、有缺口的轮子。制造压缩机盘的过程采用了粉末冶金工艺，即将熔融的金属倒入快速旋转的转台上将其分解为数百万个微小的液滴。离开转台时，由于温度迅速下降（大约1 200℃，在0.5秒内迅速下降），液滴发生固化，形成高纯度、细粒金属粉末。
3. 将金属粉末进行真空包装，并放入一个容器里，然后在高压下密封和加热容器。

经高温高压，金属粉末熔合成一个圆盘。接着在一台大型切割机上对圆盘进行加工成型，并用螺栓将风扇叶片固定在其上。

压缩机叶片

4. 压缩机叶片由铸造成型。在成型过程中，将制造叶片的合金熔融后倒入陶瓷模具中，然后冷却。接着从模具中取出叶片进行机加工，变成最终的叶片（见图4）。

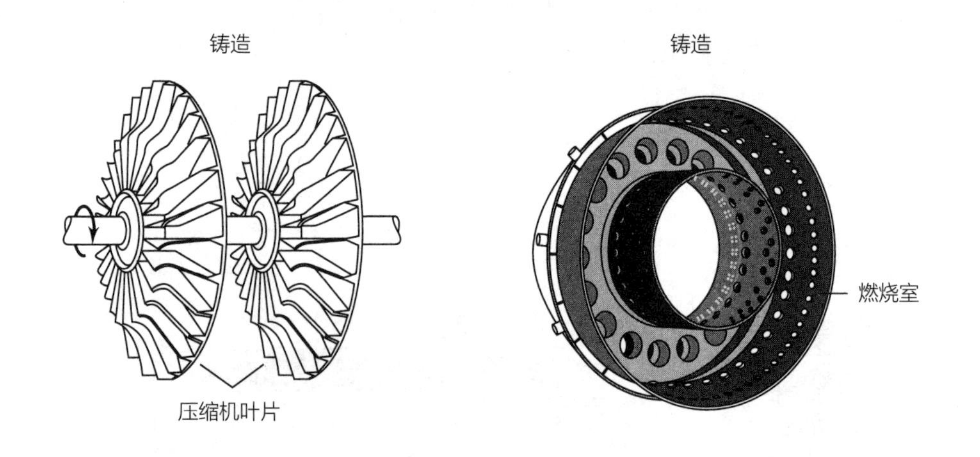

图 4　压缩机叶片和燃烧室

压缩机叶片和燃烧室均由铸造成型。

燃烧室

5. 空气和燃料在燃烧室的很小空间内混合，并长时间产生极端高温。为保证做到这一点，人们使用钛合金来制造燃烧室。制造时，先加热钛合金，再将熔融的合金液倒入几个复杂的分段模具，接着从模具中取出部件，待冷却后焊接在一起，制成燃烧室，然后安装在发动机上。

涡轮盘和叶片

6. 涡轮盘是采用制造压缩机盘所用的粉末冶金工艺制造（见图5）。
7. 涡轮叶片紧贴燃烧室后方，并在燃烧室产生的高温环境下工作。因此，制造涡轮叶片的方法及其最终的结构与压缩机叶片有所不同：耐高温陶瓷外壳内铸有耐高温镍铝合金。叶片的结构中还包含复杂的冷却管道——否则，高温依然有可能将它们熔化。

8. 将蜡倒入金属模具中形成叶片的模型（见图5）。待蜡定型后，从模具中取出，再覆上陶瓷涂层，然后加热每一簇叶片，以硬化陶瓷涂层并熔化蜡。

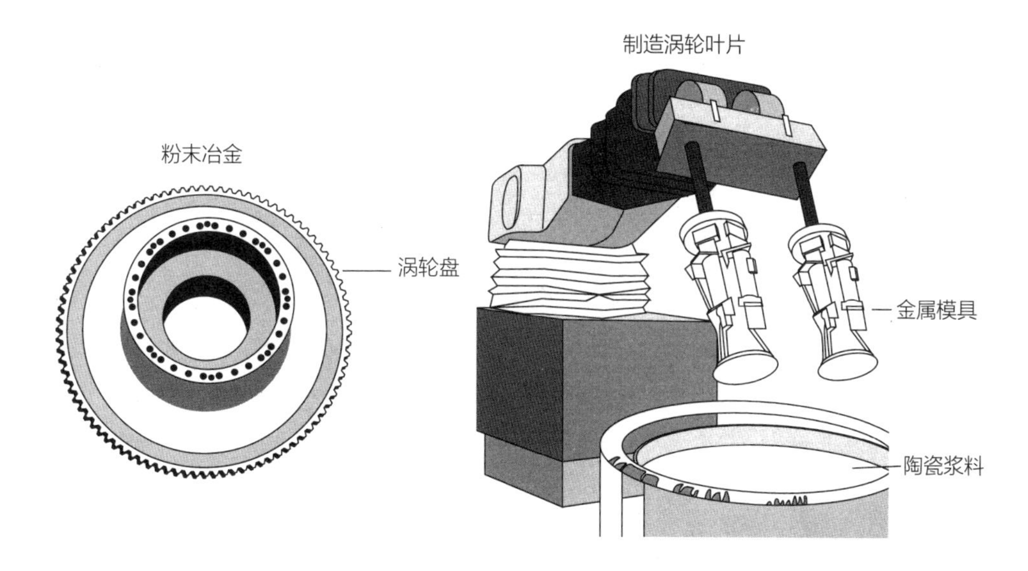

图5 制造涡轮盘和涡轮叶片

涡轮盘是采用粉末冶金工艺制造。涡轮叶片是采用蜡制作叶片的模型，并在模型表面覆上陶瓷涂层，接着加热每一簇叶片，以硬化陶瓷涂层并熔化蜡。然后，将熔融的金属倒入蜡熔化后留下的空心区域，形成单晶结构。

9. 将熔融的金属倒进蜡熔化后留下的空心区域。每个叶片内部的空气冷却通道也在这一阶段形成。将一组螺旋结构模具的底部连接到一个水冷板上，接着填充熔融的金属，然后慢慢地从熔炉中取出，送入冷却室。熔融的金属在水冷板上开始凝固，当取出模具时，沿轴线结晶形成螺旋结构。螺旋结构先在模具的主要部分快速结晶，当慢慢地取出模具时，其余部分开始结晶。这种单晶工艺确保了金属结构中没有晶界，而晶界是潜在的带来机械损伤的区域。

10. 制造涡轮叶片的下一个也是最后一个阶段是机器整形、激光钻孔和电火花加工。先通过机床按最终所需的形状对叶片进行铿削，接着为满足内部冷却通道的需要，在每个叶片上打上平行的小孔。这些小孔由小激光束刻蚀而成，也可由电火花加工出来。

排气系统

11. 内部管道和加力燃烧器（附在发动机的排气管上）由钛铸成，外部管道和发动机舱（发动机外壳）由凯夫拉纤维制成。这三个部件焊接成一个子部件后，接着就可组装整个发动机了。

总装

12. 发动机的总装基本上是由人工安装各种组件和配件来完成的。装配从用螺栓将高压涡轮和低压涡轮固定在一起开始，接着将燃烧室固定在涡轮机上。用于平衡涡轮机组件的安装，是由CNC（计算机数控）工业机器人完成的。该机器人能够选择、分析涡轮叶片并将其安装到涡轮盘上。
13. 安装好涡轮机和燃烧室后，接着安装高压压缩机和低压压缩机，然后连接风扇和由最前端的组件组成的机架。将主传动轴连接低压涡轮机和低压压缩机，再安装风扇，至此完成发动机核心部件的安装。
14. 排气系统（最终组件）安装完成后，发动机就被运送到飞机制造厂。在那里，管道、电线、配件和飞机的气动外壳将被组装在一起。

质量控制

新设计的发动机投入制造后，制造出的第一台发动机会被指定

新设计的第一台发动机被制造出来后，只是用于质量测试，从不投入商业使用。

为质量测试对象（性能测试机）。工作人员对发动机进行各项测试，测试其在各种环境下的工作状态，以及对不利因素的反应，如极端天气、空中的异物或小物体（如鸟类）的撞击、长时间飞行和反复起动等。

在制造发动机的整个过程中，要对零部件和装配件的尺寸精度、工艺可靠性和零部件质量进行检测。尺寸检测有许多不同的方法。一种方法是使用坐标测量机（CMM）。用它检测零件的关键特征，并将其与设计尺寸进行比较。另一种方法是在零件的整个表面涂上荧光液。当液体渗入裂缝后，去除多余的部分。然后使用荧光灯探照，就可发现任何有可能引发发动机故障的表面缺陷。

所有旋转部件必须精确平衡，以确保安全运行。在总装之前，要确保所有旋转部件都能保持动态平衡，就像汽车轮胎的旋转平衡。旋转部件和已安装的发动机核心部分，由计算机对其进行“旋转动量”调整，以确保它们正确旋转。成品发动机的性能测试分为三个阶段：静态测试、静态运行测试和飞行测试。静态测试是在发动机不运行情况下检测各系统，如电气系统和冷却系统。静态运行测试是在将发动机安装在机架上运行的情况下进行的。飞行测试需要在各种不同的条件和环境中对所有系统进行全面检查，无论先前是否测试过。每台发动机在整个使用寿命期内，都会受到监测。

未来的喷气发动机

随着对更大、更高效飞机的需求增加，对改进喷气发动机性能的要求也日益增加。如今，喷气发动机设计师花了很多时间来研究如何使发动机性能更好、飞行距离更远、油耗更低、噪声更小。

商用飞机使用的大型涡扇发动机中，有一个巨大的多叶片前风扇，将大部分空气推进到发动机涡轮核心，只有一小部分空气流入内部管道，与喷气燃料混合并燃烧。材料和设计方面的改进使发动机能够运行更长时间且消耗更少的燃料。采用碳纤维复合材料制作风扇叶片，是发动机重量减轻的主要原因。

通用电气公司正在大力投资增材制造技术，采用直接金属激光熔化（DMLM）技术，即使用一种高功率激光将钴铬金属粉末逐层熔化在一起（三维打印的一种形式）。这样一来，生产复杂结构部件比使用机械制造要节省不少材料。美国联邦航空管理局（FAA）批准的第一个使用这种增材制造技术制造的部件是LEAP发动机内部传感器的外壳，由CFM（国际发动机公司，是通用电气航空公司与赛峰飞机发动机公司合资的企业）制造。通用电气公司还研发通过三维打印技术打印燃料喷嘴及其他部件。

陶瓷基复合材料（CMCs）是一种相对较新的材料，利用它可以生产与金属一样坚固的部件，但重量更轻，耐热性更强。LEAP发动机的涡轮罩由陶瓷基复合材料中的碳化硅陶瓷纤维制成，并涂有隔热层。通用电气公司也在测试涡轮叶片和由陶瓷基复合材料制造的其他元件。

普惠公司生产了一种齿轮传动涡扇发动机。该发动机使用传动比为3：1的变速箱，从而使发动机的每个旋转部分都以最佳速度旋转；低压压缩机叶片的转速是风扇的三倍，这种设计提高了发动机的工作效率。

随着这些创新和越来越多的改进，可以预见，未来的喷气发动机会更轻、更省油、更安静、更容易维护。

轮　胎

发明者：查尔斯·固特异（Charles Goodyea，1839年，发明了橡胶硫化工艺）、爱尔兰兽医约翰·博伊德·邓禄普（John Boyd Dunlop，1888年，发明了充气轮胎）、纽约商人兼科学家亚历山大·施特劳斯（Alexander Strauss，1894年，发明了织物轮胎，可以向一个方向延伸）、安德烈·米其林（André Michelin，1895年，发明了汽车充气轮胎）、固特异轮胎公司的保罗·W.利奇菲尔德（Paul W.Litchfield，1903年，发明了无内胎轮胎）、弗兰克·塞伯林（Frank Seiberling，1908年，发明了一种在硬胎表面切割细槽以提供抓地力的机器）、古德里奇公司（B.F.Goodrich Company，1910年，发明了把碳加入橡胶的技术，可减少轮胎的磨损）、亚历山大·施特劳斯的儿子菲利普·施特劳斯（Philip Strauss，1911年，发明了成套的内外胎，用织物加固的硬橡胶外胎，里面是充气内胎）、固特异轮胎和橡胶公司（1937年，发明了石油基合成橡胶轮胎）、古德里奇公司（1947年，发明了无内胎汽车轮胎）

轮胎发展史

早期的车轮由实心的木头或铁制成，它减轻了人类的体力负载，是个省时、便利的革命性发明。但是，这样的车轮在行走过程中并不平稳。几千年后，车轮上使用了由橡胶和空气组合而成的舒适轮胎，它将人们从颠簸中解脱出来。

轮胎是附着在轮辋上的一种结实且有弹性的橡胶套，通过紧贴接触面产生牵引力，在行驶过程中，能够缓冲车辆受到的冲击。轮胎的应用范围很广，如自行车、婴儿车、购物车、轮椅、摩托车、轿车、卡车、公共汽车、飞机、拖拉机和工业车辆上都安装有轮胎。

大多数车辆使用的是充气轮胎，也就是轮胎内充满了压缩空气。在20世纪50年代中期以前，充气轮胎包括外胎和一个能够充气的内胎，但是现在的轮胎大多被设计成与轮辋形成一个整体的压力密封体。

起源

1817年，德国男爵卡尔·冯·德赖斯（Karl von Drais）发明第一辆实用自行车。19世纪80年代，约翰·博伊德·邓禄普改造发明橡胶轮胎，将该轮胎安装于自行车上，大大改善了骑行的舒适度。

1845年，苏格兰发明家罗伯特·汤姆森（Robert Thomson）发明内胎充气式轮胎。不幸的是，他的发明远远超前于时代，几乎没有引起人们的兴趣。19世纪80年代，另一位苏格兰人约翰·博伊德·邓禄普对充气轮胎进行彻底改造，并迅速赢得骑车人的喜爱。

天然橡胶是制造轮胎的主要原料，有时也使用合成橡胶制造轮胎。然而，要提高橡胶的强度、弹性和耐磨性，就得加入各种化学物质并加热。

1839年，美国发明家查尔斯·固特异偶然发现了强化橡胶的方法，这种方法被称为“橡胶硫化”。从1830年起，查尔斯·固特异就开始使用橡胶做实验，但一直未能开发出一种合适的固化橡胶的工艺。在一次使用印度橡胶和硫黄的混合物做实验时，他把混合物扔到一个热炉子上。没想到奇迹发生了，橡胶和硫黄的混合物发生了化学反应，非但没有熔化，反而形成了一个硬块。他继续做实验，直到掌握产生连续的橡胶薄板的工艺。

如今，全球各地都建有配备了熟练工人的大型高效率的工厂，每年生产超过10亿个新轮胎。尽管生产过程中的许多步骤已经采用自动化技术，但仍然需要熟练工人组装轮胎部件。

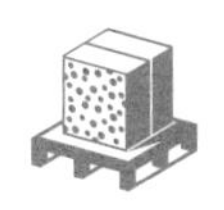

轮胎材料

橡胶是制造轮胎的主要原料，包括天然橡胶和合成橡胶。天然橡胶是以乳状汁液的形式存在于橡胶树中。制造用于轮胎的生橡胶时，人们将液态胶乳（橡胶树的乳状汁液）与酸混合，生成固体橡胶；接着用压力机挤出其中多余的水分，把橡胶压成薄板；然后将这些薄板放进高高的熏制室里干燥，最终束成大捆，运往世界各地的轮胎工厂。合成橡胶由原油中的聚合物制成。

轮胎橡胶的另一个主要成分是炭黑。炭黑是一种细而软的粉末。原油或天然气在有限的氧气中燃烧，会产生大量的黑色粉末状物质，它就是炭黑。制造轮胎需要大量的炭黑，通常需要轨道车运送。轮胎厂将炭黑储存在巨大的筒仓内，以备生产需要。

在轮胎橡胶中，也添加硫黄和其他化学物质。将特定的化学物质与橡胶混合加热，就产生相应特性的轮胎，如高摩擦力低里程的赛车轮胎，或高里程低摩擦力的轿车轮胎等。有些化学物质使橡胶轮胎具有较好的弹性，有些化学物质则可以保护橡胶免受阳光中的紫外线辐射伤害。

轮胎设计

轿车轮胎的主要构成部分是胎面、带侧壁的胎体和胎圈。胎面是与路面接触的凸起纹路。胎体支撑胎面并赋予轮胎形状。胎圈是用橡胶包裹着的钢丝束，起固定轮胎的作用。

轮胎工程师利用复杂的分析软件分析多年来测试的数据，可以模拟不同的纹路下胎面的性能和耐久性。该软件创建一幅新设计的轮胎的三维彩色图像，并计算不同的应力对该轮胎的影响。计算机模拟设计为轮胎制造商节省了资金，因为在原型轮胎实际组装和测试之前，可以发现许多设计上的漏洞。

除了测试胎面纹路和胎体结构，计算机还可以模拟不同类型的橡胶的实用效果。在现代客车轮胎中，有多达20种类型的橡胶可用于轮胎的不同部位。如，一种橡胶用于胎面，可使汽车在寒冷的天气里具有良好的抓地力；另一种橡胶用于胎侧，可使胎侧具有更好的刚性。

轮胎工程师对新设计的轮胎进行计算机模拟分析研究，当他们对结果感到满意后，设计人员就与制造工程师、熟练的轮胎装配工一起，生产用于测试的原型轮胎。当设计人员和制造工程师共同认可新设计的轮胎后，工厂就开始大批量生产这种新轮胎。

制造过程

汽车轮胎是在成型工序中制成的。首先将特殊配方的橡胶半成品——根据不同的结构、不同的部位，由轮胎装配工准确地切割好材料并一层层叠加铺设在金属鼓上，制成所谓的“生胎”。一个半成品的轮胎完成时，移走金属鼓，装配工拆下轮胎，然后将生胎放在硫化模具中进行硫化。

混合橡胶

1. 制造轮胎的第一步是混合原料，形成橡胶化合物。通过轨道线将大量的天然橡胶、合成橡胶、炭黑、硫黄、其他化学物质及石油原料运至工厂储存起来，以备生产所需。计算机控制系统中储存了多种工艺配方，并根据产品批次自动按量配给，以控制特定的橡胶和化学物质混合过程。巨大的搅拌器，像垂直的水泥搅拌器一样竖立着，将橡胶和各种化学物质充分搅拌，每次搅拌的混合物重量可达500千克。

2. 每次搅拌时，都额外加热，并对混合物进行再研磨，以让混合物软化。
3. 在混合物中再加入其他化学物质，并再次搅拌，形成最终的混合物。在混合的三个步骤中，加热步骤和研磨步骤使橡胶软化及化学物质分布均匀。每个批次橡胶的化学成分取决于轮胎的部位，如胎体使用特定的配方，胎圈使用一种配方，而胎面使用另一种配方。

胎体、胎圈、胎面

4. 一批次橡胶混合完成，就通过强力轧机压成面板。然后，用这些面板来制造轮胎的特定部分。例如，胎体由包裹着布状尼龙织物组成。每条织物在胎体中形成帘布层。一般的汽车，其轮胎的胎体中有一到两层帘布层。
5. 胎圈能将轮胎牢牢地固定在汽车轮辋上，起固定轮胎作用。胎圈由钢丝束缠绕形成，并被橡胶包裹着。钢丝束是在绕线机上形成的。
6. 用于胎面和胎侧的橡胶从密炼机传送到挤出机。在挤出机中，将物料进一步混合和加热，通过一个模具口挤出，形成半成品的板状橡胶部件。胎侧橡胶覆盖着一层保护性塑料薄层，接着轧制成卷（见图1）。胎面橡胶被切成条状，装进大而平的金属托盘中，看上去就像一本书似的。

轮胎成型机

7. 将胎侧橡胶卷、像一本书一样的胎面橡胶及胎圈送到操作轮胎成型机的熟练装配工那里。成型机（见图1）的中心是一面可折叠橡胶的鼓轮，用来固定组成轮胎的各部件。轮胎装配工将轮胎的帘布层缠绕在成型机的鼓轮上，接着在帘布层连接处加入胶水粘连，然后将胎圈固定到位，并在其上额外铺上帘布层。接下来，装配工用特殊的电动工具来修理帘布层的边缘，然后将胎侧和胎面用胶水黏合到位，再挤压成型，并将组装好的轮胎——生胎（见图2）——从成型机上取出。

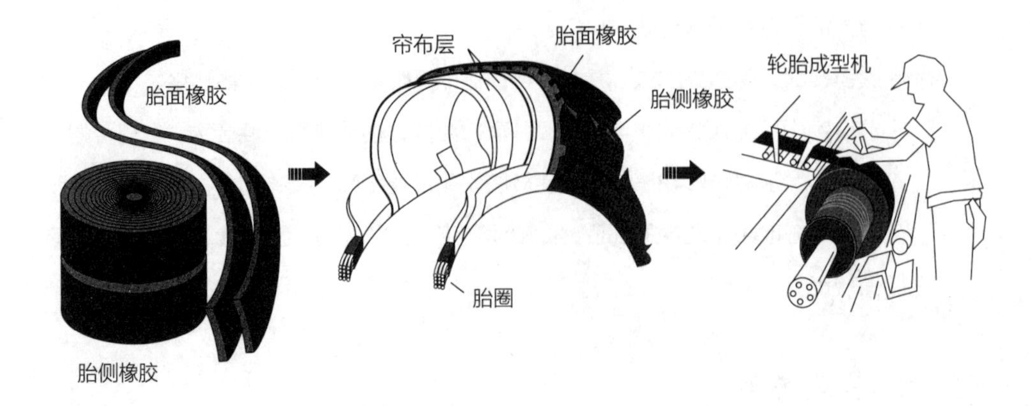

图 1　制造生胎

制造轮胎的第一步是将橡胶原料、炭黑、硫黄及其他原料混合，形成橡胶化合物。接着将其送到轮胎成型机，装配工在这里组装轮胎。这里组装的轮胎被称为“生胎”。

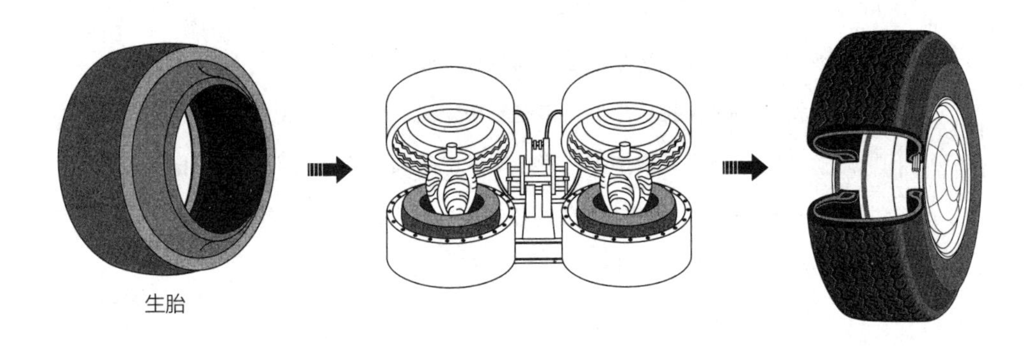

图 2　生胎硫化

生胎制成后，放入模具中进行硫化。硫化模具的形状像一个金属蛤蜊，内部有一个大而灵活的胶囊。将生胎放入模具内，合上模具盖，将蒸汽注入胶囊使其膨胀，迫使胎面迅速填充模具内部空间，从而使轮胎成型。然后取出轮胎，进行各种测试。

硫化

8. 将生胎放置在一个大模具内进行硫化处理（见图2）。硫化模具的形状像一个巨大的金属蛤蜊，打开后露出一个大而灵活的胶囊。将生胎放在胶囊上，合上蛤蜊壳状模具盖，向胶囊内充入蒸汽使其膨胀，迫使胎面迅速填充模具内部空间，从而使轮胎成型。在硫化过程中，蒸汽将生胎加热至138℃，在模具中的硫化时间取决于轮胎所需的特性。

9. 硫化完成后，将轮胎从模具中取出并进行冷却和测试。对每个轮胎都彻底检查是否存在缺陷，如胎面、胎侧和轮胎内部橡胶中是否有气泡或空心点。然后，将轮胎放置在测试轮上，充气并旋转，通过测试轮中的传感器来测量轮胎的平衡性，并确定其能否沿直线前行。在测试轮上通过检测后，轮胎就可入库了。

质量控制

质量控制从原材料采购开始。轮胎制造厂可以对来厂原材料进行溯源，直至上游供应商的原材料检测员。制造厂通常与供应商签订特别采购协议，由供应商提供有关原材料特性和成分的详细认证材料。为确保供应商的认证材料可靠，轮胎制造厂的技术专家在原材料交付时对其进行随机测试。

在整个密炼过程中，抽取橡胶样品进行测试，以明确不同的性能，如抗拉强度和密度。每个轮胎装配工对所使用的轮胎部件负责。工厂管理人员根据代码编号和全面的计算机记录保存系统可以跟踪橡胶及特定轮胎部件的批次。

当制造出一种新设计的轮胎的实物时，技术人员从装配线末端取出数百个轮胎进行破坏性试验。有些轮胎被切开，以检查胎体层之间的气囊；有些轮胎被放在金属钉上并进行按压，以确定其耐刺穿性；还有些轮胎被安在金属鼓轮上并快速旋转，以测试其里程数和其他性能。

各种无损检测技术也被用于轮胎质量控制。利用X射线摄像，就是一个快速、可视的轮胎检测方法。将随机选择的轮胎带到辐射室，接受X射线的检测。技术人员在屏幕上查看图像，很容易发现轮胎缺陷。如果出现缺陷，制造工程师将检查轮胎部件装配的具体步骤，以确定缺陷是如何形成的。

除了内部测试，在制造过程中还考虑了消费者和轮胎经销商的反馈意见，以确定需要改进的地方。

未来的轮胎

随着橡胶化学工艺的改进和轮胎设计水平的提升，各种受人欢迎的新轮胎不断涌现，包括提供更大的里程数、更高的性能，在极端天气条件下使用的轮胎。现在的一些轮胎，估计持续行驶里程可长达14.4万千米。由计算机设计和测试的胎面，具有独特的不对称条带，提高了在潮湿或积雪道路上的牵引力和安全性。一家制造商开发了一种轮胎，通过结合轮胎磨损时出现的凹槽、磨损时变宽的雨槽及在潮湿条件下抓地力的专用橡胶化合物，在胎面磨损时保持其性能。

轮胎漏气的确让人泄气。不过，轮胎设计师们带来了一些好消息，他们完善了一种几乎永远不会瘪的非充气轮胎，因为它不含任何压缩空气。它是由柔韧的网状辐条结构支持着轮胎，而不是空气。还出现了防爆轮胎，主要是增强了胎侧和自密封帘布层，当轮胎爆胎后，即使已经失压，仍可以继续安全驾驶一段距离。这样的轮胎已经上市，并有可能普及开来。再就是出现了能够监测自身气压的轮胎，一旦气压降低，就从储气罐中泵入更多的空气。另外，一种通过安全阀释放多余压力的轮胎也在研发之中。

轮胎的生产和试验一直在进行，只要驾驶员有需要，就会得到持续改进。

查尔斯·固特异的困难时期

令人遗憾的是，富有创新精神的查尔斯·固特异并没有因自己的创新而享受到几年好时光。当他从一家制鞋公司买来生橡胶做实验时，因为无力承担债务，他被投入债务人监狱。1839年获释后，他继续用橡胶做实验，当生成一种圆球状的胶状物质时，他不小心把它扔到了热炉子上。当橡胶熔化时，他注意到橡胶正在熔化成自己一直想达到的稠度。由此，他无意中发现了橡胶的硫化过程。

机械及数码设备

割草机

发明者：英国格洛斯特郡的爱德温·布丁（Edwin Budding，1830年，发明了“割草机”）、亚玛利雅·希尔斯（Amariah Hills，1868年，取得卷筒式割草机的美国专利）、约翰·阿尔伯特·布尔（John Albert Burr，1899年，发明了带有旋转刀片的割草机）

美国每年在草坪养护设备、产品和服务上的支出：大约750亿美元

主要的割草机制造商：富世华（Husqvarna）公司、约翰·迪尔（John Deere）公司、美特达（MTD）公司和托罗（Toro）公司

割草机发展史

除割草外，许多草坪割草机还可以对草进行装袋、吸除、梳耙、切削、抛撒、粉碎、回收，也可以翻垦草坪。

加里·哈特（Gary Hatter）将割草机用作交通工具，于2001年取得了吉尼斯世界纪录——连续260天内行驶了23 483千米。

几个世纪以来，割草工人都是徒步穿行在牧场或田野间，挥舞着刀片长而弯曲但锋利的长柄镰刀来割草。这活儿既累身体又进展慢，而且大多没什么效果——镰刀只有在草湿的时候才好用，因为这时的草既软又不轻飘。

1830年，英国纺织工人爱德温·布丁发明了首台机械割草机。只是，他发明的机器起先并不是用于割草，而是用于剪掉新布上的绒毛。这种割草机

是基于他的纺织机器改装而来。

布丁发明的割草机后端有一个圆柱形滚筒，经链条传送驱动力，驱动安装在滚筒上的弯曲刀片割草。他制造了两辆大小不同的割草机。大割草机由马牵引，工作时在马蹄上套上橡胶掌，以防止马踩坏草坪。伦敦动物园园长是第一批购买这种机器的人。对于小型割草机，布丁在广告中称，使用它“对乡绅们来说，是一种有趣、实用、健康的运动”。

或许是布丁发明的割草机沉重而笨拙，所以说服乡绅和他人购买其割草机并不容易。因而，机械割草机发展缓慢，在1851年举办的英国国际博览会上，仅有两家割草机制造商参展。

几十年后，这种机器突然流行起来。从某种程度上说，它应归功于19世纪末英国兴起的草地网球运动，还归功于改进了布丁原先的设计，重量比第一代机器要轻得多。基于这些原因，改进后的割草机精致实用，很快出现在英国各地的潮流引领者的院子里。

1897年，德国奔驰公司和美国纽约科德威尔（Coldwell）割草机公司联合开发了最早的燃油割草机。两年后，一家英国公司开发了自己模式的割草机。然而，这些公司都没有大规模生产自己开发的产品。1902年，詹姆斯·爱德华·兰瑟姆（James Edward Ransome）设计的商用割草机问世并向市场销售。兰瑟姆设计的割草机有一个舒适的驾驶座，而早期大多数割草机不是这样的，即使在今天，许多使用广泛的割草机仍是后推行式的。

坐骑式割草机和后推行式割草机

割草机有两种基本类型：坐骑式和后推行式。

早期的后推行式割草机是从后面推动前行的，使用水平卷轴或滚筒，两端各带有几个刀片。如今，电动滚筒式割草机早已问世，但仍有一些人喜欢无动力的滚筒式割草机，因为它们简单、安静、环保，不需要太多维护，而且在使用的时候还能锻炼身体。电动滚筒式割草机如今已经被带有旋转刀片的旋转式割草机取代。

旋转式割草机比滚筒式割草机更容易制造，因为它的设计更简单，而且几乎适用于

奇怪吗？一小群热情的消费者更喜欢后推行式割草机，而不是电动割草机，他们称赞后推行式割草机不但价格低廉、维修方便、有利于环保，而且推动它割草时还能锻炼身体，有益于健康。

所有类型的草坪。在任何一个夏日的周六，人们大概率会用旋转式割草机来修理自家的草坪。旋转式割草机的封装机罩内有一个独立的旋转刀片，由轮子支撑。马达驱动刀片每分钟旋转3 000转，刀锋尖端的线速度大约为5 800米/分钟，也就是说刀锋尖端是以这个速度来割草的。

电动后推行式割草机有一层挡板，可以保护使用者不受旋转刀片的伤害。该机械可以将割下的草料送入收集袋中，然后从侧面卸料槽排出，或者作为回料落到草坪上。后置手柄用于推动和操纵割草机，这里也是割草机控制部件的安装点。自行后推行式割草机由连接在电动机驱动轴上的链条或皮带驱动，这使得操纵割草机更加省力。割草机由四个轮子支撑，由汽油发动机或电动机驱动。早先大多数割草机使用内燃机驱动，但现在使用电动机已变得越来越普遍。

坐骑式割草机是很受青睐的后推行式割草机的替代品，对于拥有较大草坪的用户，尤其是园林绿化公司来说，无不选择该机型。坐骑式割草机的挡板下面通常有两到三个旋转刀片，这使它一次割草的面积更大。它有两种基本类型：牵引式和原地转向式。牵引式割草机看起来像小型农用拖拉机，其上部有一个舒适的座位。园林牵引割草机与草坪牵引割草机的基本功能相似，但园林牵引割草机可用于耕作和培育花园，有时甚至可以安装扫雪机附件。

与牵引式割草机的转向方式不同，原地转向式割草机是由驾驶员操纵两侧的大驱动轮来控制方向的。它可以原地转向，非常容易操作，特别适合在有很多障碍的草坪上割草。只是它的价格要比牵引式割草机贵得多，所以使用还不普遍。原地转向式割草机很受园林绿化公司的青睐，大多是因商业用途而制造。

电动割草机

电动割草机问世已经有一段时间了，但一直以来不是很受市场欢迎。早期的电动割草机使用交流电发动机，需要通过一根长长的导线从家里接通电源。随着直流电源技术的进步，不使用电线接通电源就能工作的电动机已不成问题。但是与燃油割草机相比，大多数电动割草机还是动力不足，因而市场份额仍然很小。

最近，一些公司已经推出性能可与燃油割草机相媲美的由电池供电的电动割草机。目前，它们的价格仍高于由汽油驱动的同类产品，这种情况可能会随着时间的推移而改变。有些公司销售坐骑式电动割草机，但市场上仍是以后推行式割草机为主。

由于比同类的燃油割草机更安静、更容易维护、重量更轻，将来可能会有越来越多的电动割草机投入使用。

综上所述，市面上有许多不同类型的割草机。下面，主要描述使用汽油发动机的坐骑式原地转向割草机。

割草机部件

一般的燃油割草机由数百个单独的部件组成，包括配备的技术先进的两冲程或四冲程发动机、各种机械部件、从外部承包商处采购的各种配件，以及许多标准零部件。这些部件大部分是金属的，主要包括割草机挡板、机架、发动机和刀片。当然，也有一些零部件是由塑料制成的，如侧面卸料槽、盖子和插头。

制造过程

制造坐骑式原地转向割草机需要精确的库存控制、零部件和人员安排，以及人员和任务的协调同步。某些生产任务是使用机器人来完成的，尤其是焊接。尽管这样，仍然需要熟练的工人来完成大部分装配工作。

部件分配

1. 各种部件运到工厂后，用叉车或架空小车运到生产车间进行成型、加工、喷漆。对于不需要再加工的部件，直接安排组装。

冲压成型

2. 运用自动切割机将钢板切割成割草机面板、前格栅、座椅板等部件。机器人将每个切割件运送到液压机上，液压机中装有相应的模具，以对这些切割件进行模压成型。
3. 成型时液压机施加大约900吨的压力，成型后，用另一台液压机将成型件的毛边去掉。
4. 将割草机挡板等部件转移到冲床上，对刀片主轴和其他附件接点冲孔。
5. 将完成的部件归集后，运送到油漆车间。

上漆

6. 将割草机挡板、格栅、座椅板及其他部件分别整齐地堆放在一起，用一种防锈化学品进行清洗。
7. 将这些部件悬挂在龙门架上上底漆，接着将它们浸泡在电解槽中，再上面漆。这一过程是把直流电加在部件和电解槽的电解液上，带电的涂料离子在电流的作用下附着在部件表面，部件本身充当电极之一。

零部件

8. 主要零部件已在不同的生产车间成型、加工，或者是采购来的标准件。采购来的零部件包括按制造商的标准生产的发动机、轮胎、换挡机构、安全带和轴承。注塑成型的塑料部件用于组装侧面卸料槽、盖子和插头。注塑是将熔化的塑料注入模具，待冷却时取出，就是所需的成型物品。

组装割草机挡板

9. 将上好漆的割草机面板降到刀片主轴（上有两或三块刀片，取决于割草机的型号）的位置，与主轴用螺栓固定。刀片主轴是在另一条生产线上组装的，包括刀片都已安装上了。
10. 将主轴的顶端安装上皮带轮，将另一个皮带轮用螺栓固定到位，然后将橡胶皮带套在两个皮带轮上。
11. 安装仿形轮。仿形轮可以提升割草机挡板高度，以越过草坪中凸起的杂物。它们能将挡板提升6~13毫米。
12. 安装模塑件，包括给暴露的驱动皮带安装保护套，以及安装侧面卸料槽等。

组装割草机框架

13. 将割草机机架的钢杆与前轮的安装环一起夹在旋转焊接台上。然后，将焊接台转到机器人焊接站，在这里，前轮安装环被焊接在钢杆上。
14. 在一个密封室里对上面的焊接件上底漆和面漆。上面漆时，先用化学物质彻底清洗焊接件，以密封表面（与空气隔绝）。随即将其放到高架输送机上，传送到喷涂油漆间。喷枪喷射出细小的带有电荷的油漆颗粒（与需要喷漆部分的电荷电性相反），这些具有相反电性的油漆颗粒均匀地附着在焊接件的表面。然后将焊接件放在烘箱中烘烤，在这里形成闪亮的、永久的、类似珐琅的涂层。上漆的机架可以经受腐蚀性的草浆、切割过程中产生的污垢及碎片的侵蚀，且能保持颜色多年不变。
15. 在制造工厂的另一个车间，用螺栓把发动机组件固定到机架上。将转向杆、脚踏板和座椅也用螺栓连接到机架上，同时将前格栅用螺栓安装到机架上合适的位置。
16. 将割草机的前轮安装在轭架上，再将其安装在机架前部的安装环上，并将轭架顶部用卡环固定。较大的后轮用螺栓固定在后轴上，然后将整个结构移到正在等待安装的割草机挡板上方，用螺栓将挡板固定在车架上。
17. 抬升组装的割草机在装配平台上的高度，便于工人将割草机挡板上的皮带连接到发电机组件的垂直传动轴的皮带轮上。

测试与总装

18. 通过计算机控制传感器对割草机的四轮进行测试定位，以确保它们转动正常。必要时，对变速箱也要进行测试。
19. 对电气系统进行测试，并安装侧板和仪表盘。
20. 安装好座椅。至此，总装完成。

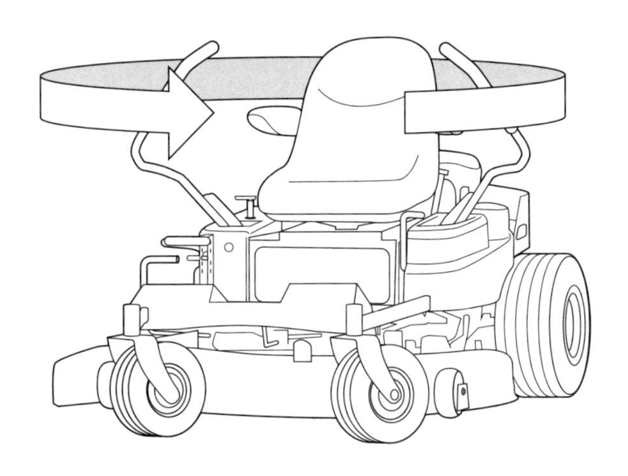

图 1　坐骑式原地转向割草机

质量控制

检验员对整个生产过程进行监控，检查公差配合、接缝、耐久性和完好性，特别是检查油漆件。定期将每一个油漆件从生产线上取下来进行超声波检测，另外是让油漆层受到与盐浴相同的腐蚀作用，并连续450小时暴露在室外自然环境中。通过刻划油漆层，观察裸露出来的铁层的表面是否有生锈的迹象。如果有生锈迹象，就更改油漆及清洗周期，以确保产品的品质和耐用性。

最终是性能测试（装配的最后一步），以保证产品的可靠性和安全性。每台发动机加少量的气（或油）的混合物。技术人员用手起动发动机，以检查和测量每分钟的转速，以及驱动器件和安全开关。根据消费品安全委员会的相关要求，正在运行的割草机刀片，必须在控制手柄松开的3秒内停止转动。

未来发展

割草机器人能自动修剪草坪，主要使用于西欧和亚洲部分地区的商业地产内的草坪。目前，只有少数几家小型制造厂和一两家大型割草机制造厂在生产它们。不过，全球对割草机器人的需求一定会增长，所以不久之后你就有可能亲身体验一回。

设计割草机器人，是为了避开院子里的连续边界线及树木等障碍物。基站通过埋在边界地下几厘米的电缆发送信号，割草机器人接收信号后检测到自己已经到达边界时，就会转过身去。基站还配备了机器人使用的电池的充电器，当电池电量不足时，机器人就会前来充电。另外，还为割草机器人配备了传感器，以检测发生的碰撞。

随着电动割草机（非机器人割草机）的性能与燃油割草机相当，而且成本更低，其受欢迎程度将会继续上升。另外，电动割草机比燃油割草机更容易维护，运行更安静，对环境更友好，与太阳能电池连接起来就可以充电——利用太阳能电池充电，将是电动割草机未来发展的自然趋势。

密码锁

发明者：小李纳斯·耶鲁（Linus Yale Jr.，发明于1862年）

寻找正确的密码

通过内部机械结构匹配组合，大多数密码锁能产生5万多种密码。因此，想通过偶然一次的机会就能发现正确的密码，是极不可能的。

密码锁不需要使用钥匙打开，只要将其内部机械部件精确地对准一个确定的位置，就可以打开。常见的密码锁，内部有三或四层平衡盘片或凸轮，固定在同一根中心轴上，这些盘片或凸轮能够绕着中心轴转动。开锁时，手动旋转外部旋钮或拨圈（有些刻有数字）来调整盘片，直到每个盘片的缺口停在预先设定的“代码”处。

一种三位数字的密码锁的开锁方法是：经过三次，将拨圈旋转到正确的位置。首先将拨圈按顺时针旋转三圈，在第一个密码数字处停止；接着将拨圈按逆时针旋转，拨圈转过第一个密码数字后，在第二个密码数字处停住；然后再次按顺时针旋转拨圈，在第三个密码数字处停止。当密码输入正确，密码锁内部所有的盘片上的缺口对齐成一条线时，锁栓松开，就可打开锁了。

还有一种手动密码锁，不是内部使用凸轮的锁，而是按键式的数字密码锁，防盗安全性更高，通常安装在公司办公场所及家庭住宅大门上。只要按照顺序按下三个或四个数字键，即可让锁栓或插销松开，轻松开锁。这种按键式锁的工作原理与以前人们使用的挂锁的工作原理相同。

挂锁是一种简单、轻便、可拆卸的锁，多受学生信赖，常见于学校的储物柜、自行车上。学生们喜欢选择这种挂锁，或价格更低的密码锁，用来保护储物柜内的物品等免遭小偷和调皮者据为己有。在实际生活中，只要稍加练习，一般人就可以徒手打开一把锁。当锁栓上的凸轮对齐盘片缺口时，可以听到轻轻的“滴答”声。当然了，高级密码锁厂家在盘片上设计了假的啮合槽，这让破解锁的密码变得极其困难。只有专家才能清楚区分其中的缺口，哪个是真的啮合槽，哪个是假的啮合槽。

发展史

最早的密码锁是中国人发明的，只是没有更多的关于其发展的详细历史资料。19世纪中期，为确保银行金库的安全，密码锁在美国得到广泛使用，直接被安装在保险库的门上。打开它们，对窃贼来说是个不小的挑战。西部片以其形形色色的抢劫银行案场景而闻名，在这些场景中，坏人试图闯入金库偷走赃物的开锁场面紧张而刺激。

1873年，詹姆斯·萨金特（James Sargent）发明了堪称完美的时间锁，将许多蓄意抢劫银行的劫匪挡在了门外。这种时间锁与密码锁组合使用，只有控制锁的时间到达设置的时间才能打开密码锁，并且一天通常只能开一次。

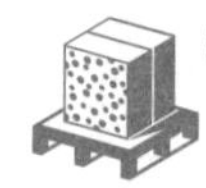

密码锁材料

一般的密码锁大约有20个零部件（见图1）。它们通常是由不锈钢或冷轧钢制成的，并且表面经过电镀处理，能够防腐、防锈。

除了钢之外，还有另外两种材料对密码锁来说也是必不可少的，它们分别是尼龙和锌合金。尼龙用来制造分隔盘片的垫片，能使盘片独立地转动。锌合金常被用于制造锁的各种零部件。

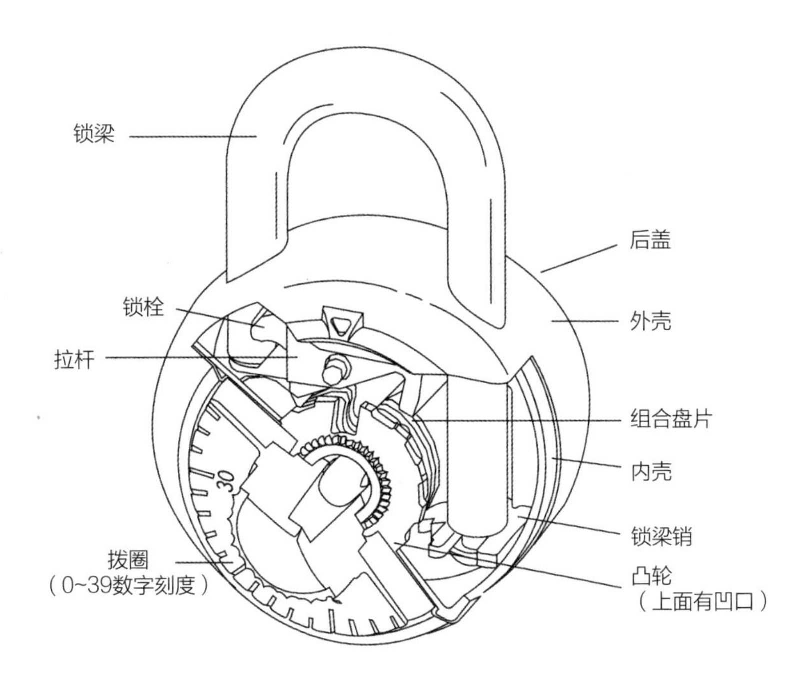

图 1　密码锁的完整构造

设计

如今，锁具制造商小心翼翼地保护着他们的“密码设置程序”。

密码锁结构分为内、外两大部分（见图1）。内部的闭合机构包括一根拉杆及其支撑杆柱、一根中心盘轴。中心盘轴与中心旋钮相连，从外部锁面上旋转中心旋钮时，会带动盘片之间的垫片和组合盘片一起转动。通常有两个、三个或四个组合盘片，它们是闭合机构的关键精密零件。一个有凹口的凸轮储存了能否解开密码锁的代码。该凸轮与外部的拨圈相连接，当用户旋转外部拨圈时，凸轮随着外部拨圈的转动而转动。盘片弹簧能使组合盘片在拨圈转动时保持平衡。

密码组合

密码锁上有三个组合盘片和40个数字（0~39）。如果允许数字重复，就能形成6.4万种密码组合；如果不允许数字重复，就能形成59 280种密码组合。在使用实际产品时，允许使用者出现一些差错，比如，拨数字12时拨了数字13，这时仍然可以继续使用。批量生产的锁因为盘片组合有限，从而导致密码组合较少。

锁梁是闭合结构的主要零件之一，呈倒U形，打开锁时，一端可从锁身上分离出来。锁梁穿过锁洞固定在锁身上，其长脚端用销固定，并在销的控制下任意转动。锁梁的短脚端开有舌槽，它是关系锁闭合能否牢固的关键，精度要求较高。锁栓钩住舌槽，锁梁闭合，即上锁；锁栓脱离舌槽，锁梁打开，即开锁。功能结构决定了锁梁一部分在锁身内部，另一部分在锁身外面。锁梁伸入锁身的部分被定位，使上锁后的锁具有足够的强度。

锁的外部部件包括外壳、锁梁、后盖和拨圈。

制造过程

密码锁经久耐用，无须修理或更换零部件。

一般的密码锁大约有20个零部件，它们是在各种机器上加工成型的，都经过一系列的人工或自动加工，如机器拉伸、切割、冲压、模压成型等。

制造内部零件

1. 拉杆、锁栓和盘轴等都是浇铸成型的。将熔化的锌合金倒入模具中，继续加热加压，直至凝固成型（见图2）。

2. 加工拉杆时虽然不需要加热，室温即可，但需要对其施加高压才能成型。制作组合盘片和凸轮时，先将平带钢（见图2）冷轧成片状，即在不加热的情况下由巨大的轧辊碾压成片状，接着将轧成的片状钢放入冲裁模，这是一种精密的曲奇形切割工具，能够切割（或冲压）出合适的零件。

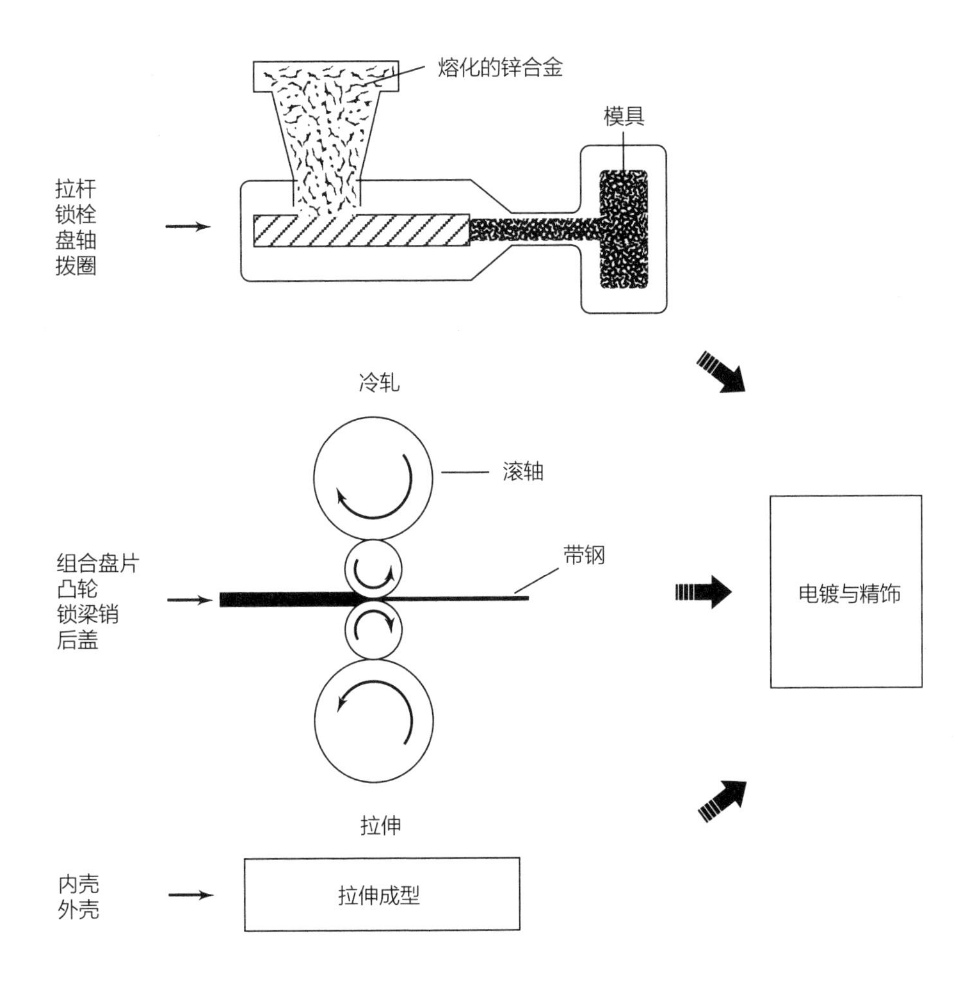

图 2　密码锁零件制造

密码锁中的零件由多种方式加工成型。一些合金材质的零件，采用浇铸成型；一些零件，如凸轮和组合盘片，采用冷轧工艺制成；还有一些零件，采用机器拉伸或模压成型。大部分零件被镀上一层保护膜，以防止被腐蚀。

3. 密码锁内部的盘片弹簧，由圆形的不锈钢线材制成。将不锈钢线材通过自动绕线机，就能生成传统型的螺旋弹簧。
4. 锁栓同组合盘片和凸轮一样，是将平带钢冷轧成片状，再通过冲裁模工具剪切或冲压成型。内壳由扁平钢条经拉伸和压缩形成杯状（见图2），这个过程需要很大的压力，接着通过冲裁模工具冲裁成型。

制造外部零件

5. 外壳的制造和内壳非常相似，但它是由不锈钢板而不是钢条制成的。后盖也是不锈钢材质的，通过冲裁模工具切割而成。
6. 经久耐用的锁梁是在螺杆机上用圆棒料制成的。先加工成U形，锁梁的一头开有“V”形切口，可以套抵住锁栓，实现上锁功能。再高温加热锁梁，然后浸入冷水淬火，以此增强材质的硬度和刚度，抵抗锯齿和刀刃的损伤。
7. 拨圈由锌合金材料浇铸成型，在其表面镀铬防腐。镀铬时，在高铬盐浴中加热拨圈，使合金吸收铬，接着让铬快速冷却，以在合金表面变硬。然后把拨圈涂成黑色，数字涂成白色——这使得数字在黑色的拨圈上更加显眼。

电镀零件

8. 以下几种电镀工艺和抛光工艺可以有效地保护密码锁的零部件免受腐蚀。将拉杆、盘轴、凸轮和拨圈全部镀铬，以防腐；将内壳、锁销和拉杆全部镀镉，以防锈；将锁梁和锁栓镀铬或者镀镍；将不锈钢外壳使用机器抛光，直至光亮可鉴。

装配锁

9. 锁件装配精密。将底板、盘轴、凸轮和盘片组成一个子组件，构成密码锁的主要闭合结构的“底座”。将外壳和内壳铆接在一起，再在锁梁插入处打两个穿孔，以便锁梁固定在外壳上。
10. 将拨圈、外壳和内壳，以及凸轮紧固在一起。
11. 将以上部件与其他部件装配在一起。用成型机冲压锁壳的边缘，使其紧紧地包裹住拨圈，将边缘打磨整齐，内外封闭以防尘。

标签和包装

12. 最后一步，在锁上贴上可移除的标签或铭牌。标签或铭牌上包含了密码锁的所有重要信息，包括密码锁的密码组合和锁的序列号等，它是由电脑随机选择的。市场上出售的密码锁一般采用吸塑包装，即用塑料包裹物体并严密塑形的包装方式。当然，市场上也有单独销售的没有任何包装的密码锁。

质量控制

任何锁，在制造和装配过程中，操作人员都在各自的工位上进行相应的检测。在包装之前，大多数制造商都会对其质量和解锁顺序进行全面测试。正因如此，密码锁以其卓越的可靠性和耐用性闻名于世。

未来的密码锁

玛斯特（Master）锁公司发布了一款机械锁，它的刻度盘上只有上、下、左、右四个位置，但是用户可以任意设置密码。此外，该锁在安全方面也有了很大改进，改进了防盗功能，能够防止使用插片绕过组合机械达到轻易开锁的目的。玛斯特锁公司还开发了一款电子锁，可以对其设置主人密码，也可设置客户密码，并将所有密码备份到在线“云端”。

一般来说，锁的机械公差越小，盗开锁就越困难。也许有人会问：“密码锁的未来，是以高科技的电子产品为主，还是以改良的机械结构占先？”答案或许是两者都能发挥作用吧。

地震仪

发明者：张衡（132年，发明地动仪）、路易吉·帕尔米耶里（Luigi Palmieri，1855年，发明地震计）、约翰·米尔恩（John Milne，1880年，发明地震仪）

地震追踪

我们今天所熟悉的地球，经历了年代久远的地震和变化。在地表以下数千米的地方，地壳运动造成地表褶皱、隆起和断裂，慢慢地构造了我们能看到的高山、峡谷、丘陵和悬崖。我们周围的陆地一直在随着地壳板块的运动而发生变化，只是地壳板块运动进行得非常缓慢，所以我们通常感觉不到。不过，有时地壳板块运动会引起令人恐惧的、意想不到的震动，导致地面上建筑物倒塌、山崩海啸、河流改道。这就是我们常说的地震。自古以来，人类一直在寻找能够准确预测地震的方法，以保护人类免受地震带来的伤害。

强震影响

世界上许多地区曾发生灾难性的地震。1960年，智利比奥比奥（Bío-Bío）大区发生了有纪录以来的最强地震，震级为里氏9.5级。1964年，美国阿拉斯加州安克雷奇市发生了有纪录以来的次强地震，震级为里氏9.2级。2004年，苏门答腊岛北部西海岸发生里氏9.1级地震。2011年，日本北太平洋地区发生里氏9.0级地震，引发了一场巨大的海啸，

里氏震级由美国加利福尼亚州理工学院的查尔斯·里克特（Charles Richter）博士于1935年创立。自1900年以来，最强烈的地震发生在1960年的智利，震级高达里氏9.5级。据估计，该地震及其余震造成5 700人死亡、3 000人受伤、200万人无家可归，造成的经济损失超过5亿美元。

摧毁了福岛县第一核电站，导致核反应堆被熔毁。1952年，堪察加半岛发生里氏9.0级地震。

在美国，从1811年12月到1812年2月，阿肯色州东北部和密苏里州新马德里小镇一带发生一系列地震，据估计震级在里氏7.0到7.5级之间（当时还没有记录仪器）。地震导致山体滑坡，密西西比河倒流，实际上改变了它的流向。地震掀翻了船只，震响了远在波士顿的教堂塔楼上的塔钟。1906年4月18日黎明前，美国最有名的地震袭击了旧金山，震级为里氏8.3级，导致煤气和水管破裂，引发了一场大火，并摧毁了这座城市的大部分地区。

地震量化

地震仪是记录地震的解调器，用来探测地球内部的振动，记录的内容被称为“地震图”。单词“Seismograph”（地震仪）的前缀来自希腊语“seismos”，意思是“震动”或“地震”。众所周知，地震仪是人们用来研究地震的。但是，在研究火山、了解更多关于地质构造的信息、为结构工程师收集数据及进行油气勘探等方面，它也是个好助手。

地震仪沿三个轴测量地震波：两个水平轴（南北轴和东西轴）和一个垂直轴（上下轴）。地震波有三种主要类型，纵波（P）和横波（S）能在地球内部传播（纵波和横波属于体波），面波（L）沿着地表传播。

纵波（初级波）传播时，沿着传播方向振动，产生压缩力或挤压某物的应力。纵波传播速度最快，是地震仪最先测量到的地震波。当压缩力通过地面上升时，它们的运动主要在垂直轴上。

横波（二次波）传播时，沿着垂直于传播的方向来回振动，形成剪切力。它们的运动将主要出现在地震仪的南北轴和东西轴上。横波比纵波慢，两波到达的时间差可以用来确定地震仪到震中的距离。

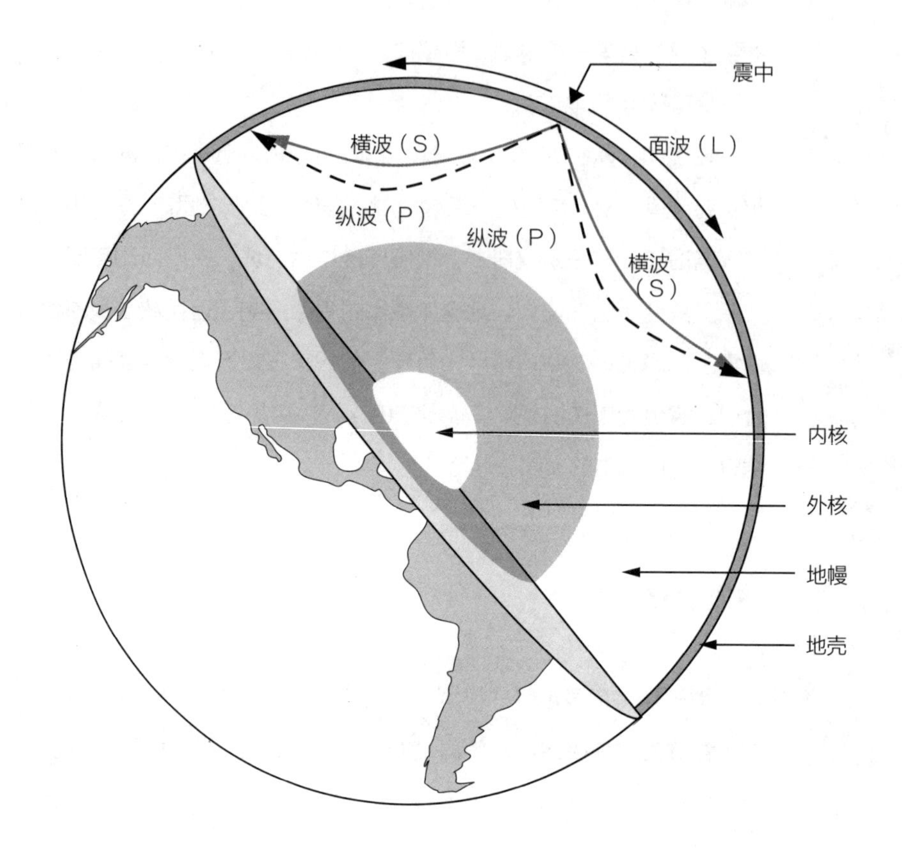

图 1　不同类型的地震波

地震仪先接受到纵波（P），横波（S）速度较慢，面波（L）沿地表传播。

地震的类型

尽管地震可能是由火山活动、地下洞穴的坍塌，甚至是一次大爆炸引起的，但最常见的类型是由地壳板块的运动引起的。正断层（板块交会的地方）是板块之间张力和重力作用的结果。当两个相互接触的板块的上盘相对于下盘向下滑动时，板块会延伸。由于板块之间的挤压，导致上盘相对于下盘向上滑动，板块会收缩，从而产生逆断层。当大型板块水平地向相反方向滑动时，就会产生走滑断层，导致地面发生位移和震动。

第三种地震波传播最慢，它是面波。面波以起伏波动（瑞利波）或左右运动（勒夫波）沿地表传播，并在地震仪的三个轴上都显示出来。虽然面波比体波慢，但它们的振幅非常大。这时发生的地震往往是破坏性最强的。

首个地动仪

地震仪是从地动仪发展而来的，它可以探测震动或地震的方向，但不能确定震动的强度或模式。已知最早用来探测地震的仪器是中国科学家张衡在公元132年左右发明的。这是一个出色而聪明的发明，地动仪有一个装饰华丽的铜圆柱体，有八个面向外的龙头围绕在圆柱体的上边缘。在龙首正下方的下圆周上，固定着八个铜蟾蜍。每条龙嘴里都叼着一个小球，当圆柱体内部的一根杆子被地震触发时，小球就会落到蟾蜍的嘴里。捕捉到落球的蟾蜍指明了地震的大致方向。

1 700多年来，对地震的研究都依赖于不怎么精确的仪器。在过去的几个世纪里，人们建造了各种各样的地动仪，其中许多都依赖于对水池或液态水银中波纹的探测。其中，有一个类似于张衡地动仪的装置，其特点是：当地震发生时，一个浅盘里的水银会溢出到放置在它周围的小碟子里。

另一种地动仪是在18世纪时发明的，它由一个悬挂在顶端的钟摆和一个指针组成，指针在一盘细沙中拖动，当震动摇动钟摆时，指针就会移动。19世纪，第一个地震计被制造出来。它利用各种各样的摆锤来测量地下振动的幅度大小。

从地动仪到地震仪

第一台地震计应是意大利科学家路易吉·帕尔米耶里在1855年设计的一个复杂的机械装置。这台机器使用的管子里充满着水银，并装有电触点和浮子。当震动干扰水银时，电触点使时钟停止运转，并触发一个记录浮子运动的装置。该地震计给出了地震的大致时间和强度。

1880年，被誉为“地震学之父”的英国地质学家约翰·米尔恩在日本发明了第一台精确的地震仪。米尔恩与英国科学家詹姆斯·阿尔弗雷德·尤因（James Alfred Ewing）、托马斯·格雷（Thomas Gray）一起发明了许多种测量地震的仪器，其中之一就是水平摆地震波检测仪。这台精密的仪器有一根加重的小棒，当受到震动作用时，它会移动一块有狭缝的金属板，使一束反射光通过狭缝，以及通过它下面的另一个固定狭缝，落在一张光敏纸上，光就“写下”了地震的记录。今天，大多数地震仪仍然依赖米尔恩和他的同事们当初的理论和设计基础。科学家们继续通过研究地壳板块相对于钟摆的运动来探测地球的震动。

1906年，俄罗斯王子鲍里斯·戈利钦（Boris Golitsyn）发明了第一台电磁地震仪。他采用了19世纪英国物理学家迈克尔·法拉第（Michael Faraday）提出的电磁感应定律。法拉第电磁感应定律表明，磁铁磁力线密度的改变可以产生电荷。基于这个想法，戈利钦制造了一台机器，在感受到震动时使线圈在磁场中移动，产生的电流被导入检流计中，检流计是一种测量和直接记录电流的装置。然后，电流移动一面类似于米尔恩地震仪中引导光线的金属板。这种电子设备的优点是，记录器可以放置在一个方便的地方，如科学实验室，而地震仪本身可以安装在有可能发生地震的偏远地区。

20世纪，核能测试检测系统的出现促进了现代地震仪的发展。尽管地震会对人身和财产造成巨大损失，但地震学家并没有大量使用地震仪。1960年，地下核爆炸的威胁促使世界地震观测网（WWSSN）得以建立，在60个国家装配了120台地震仪。

第二次世界大战后发展起来的“普雷斯–尤因地震仪”使研究人员能够记录长周期地震波——以相对较慢的速度传播很长距离的震动。这台地震仪使用了一个类似米尔恩模型的摆，但是用一根弹性导线代替了枢纽支撑的加重小棒，以减少摩擦。战后对地震仪进行了改进，采用原子钟，使计时更准确；使用读数器，可以将数据输入计算机进行分析。

模拟地震仪由安装在支座上的钟摆组成。老式模拟地震仪的钟摆直接连接到记录器上，比如墨水笔。较新的模拟地震仪输出的电信号可以转换成数字并记录下来。当地面震动时，钟摆保持静止，而记录仪移动，从而生成地震记录。不过，今天的大多数地震仪都是数字化的。

现代最重要的发展是，将地震仪阵列集成到监测网络中，监测网络可以在本地、某个区域或全球进行地震仪数据报告。这些网络中有些由数百台地震仪支持，连接到一个中央数据中心。通过比较不同台站产生的单个地震图，研究人员可以确定地震的震中，并提供早期预警检测和警报。

现代地震仪

标准的地震仪有三个轴：一个轴记录垂直运动，两个轴记录水平运动。地震仪具有一定的灵敏度，可以探测到最大地震的最小震动。它们通常分为短周期、长周期和宽频带地震仪。周期是地震波完成一次完整振荡或来回摆动所需的时间。

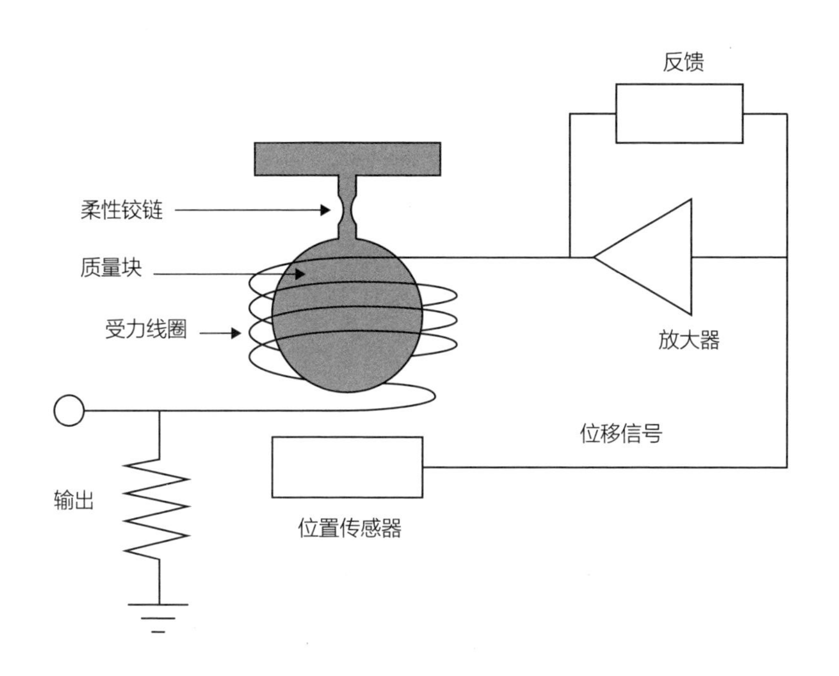

图 2 力平衡加速度计工作原理图

质量块由柔性铰链悬挂。受力线圈产生的磁场使质量块保持在中心。位置传感器检测质量块的位移，并向反馈电路发送校正信号，反馈电路调整受力线圈中的电流。施加在质量块上的力越强，放大器需要向受力线圈输出的电流就越大，从而在输出端产生一个与质量块所受到的加速度成正比的电压信号。

短周期地震仪被用来研究移动速度最快的一次和二次地震波的振动。长周期地震仪用来测量沿主次波移动的慢波。今天最常用的宽频带地震仪，既能处理高频率，也能处理低频率，而且振幅范围广。

大多数数字地震仪使用一组三个力平衡加速度计来探测地震波的垂直和水平运动，并将这些信息转换成数字数据。这些地震仪中的力平衡加速度计包括一个悬挂在连接到电子反馈机构的电线圈之间的质量块。当一个力作用在质量块上时，反馈电路阻止质量块移动，由此所需的电流量与力成正比，然后将当前读取的数据转换为数字数据进行传输。

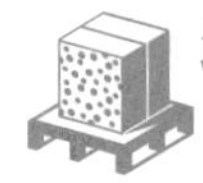

地震仪材料

大多数宽频带地震仪使用力平衡加速度计来检测加速度（方向或速度的变化）。在加速度计内部，由一根弹簧（一个可以弯曲的部件）、一条绷紧的金属带或一对轴承悬浮起一个由高磁导率（在磁场中导通磁力线的能力）材料制成的“验证质量块”。受力线圈产生磁场，使验证质量块居中。当外力（如地球的地震活动）移动物体时，传感器装置就检测到物体的位移，并产生与所施加的力成比例的信号。这个位移信号被输入放大器和反馈电路，反馈电路调节进入受力线圈的电流。这个结果可以通过取样电阻上的电压读出。外力越大，输出的电压就越大。因为质量块移动加速度与所施加的力成正比，所以这个输出电压表示加速度的变化幅度。

数字化电路将加速度计的模拟电压输出转换成数字信号，该数字信号可在本地记录，还可以传输到地震探测网的一个远程站点。

地震仪设计

目前，地震仪是由少数几家公司生产的，其产品满足了地震探测、地壳研究、工程和石油化工勘探等方面的具体需要。虽然基本组件是相似的，但用途不同，使用的传感器类型、数据采集（记录）和通信需要也不一样。例如，有人可能需要一个非常灵敏的仪器来研究几千千米以外发生的地震；另一人可能会选择一种摆幅只有几秒钟的仪器来观察地震的早期震动状况。进行水下研究时，必须使用防水地震仪。

传统的地震仪测量地震移动或速度状况。今天许多地震仪采用加速度计。一旦转换成数字，就可以很容易地将不同类型仪器的数据转换成所需的数据。

今天的地震仪通常在一个仪器中包含两个或三个轴传感器，但在某些场合，有时只需要一个或两个轴传感器。

制造过程

1. 某个地点之所以引起地震学家的兴趣，原因有很多。最明显的一个原因是，该地区是地震多发地区，也可能是因为该地区很靠近地壳断层或裂缝。这些断层或裂缝受到挤压、碰撞，导致附近的板块向断层的高处、低处或水平方向移动，使该地区地层更不稳定。将地震仪安装在目前没有地震仪的地区，能够方便地震学家收集更多的数据，从而更全面地了解该地区的情况。

地点选择

2. 出于教育的目的，一些地震仪被安放在大学或博物馆的地下室。其实，地震研究的理想地点应该是一个非常安静、远离喧嚣的地方。为了更准确地记录地震情况，地震仪应该放置在不受交通运输震动及其他震动影响的地方。在某些情况下，可将地震仪安装在未使用的隧道或天然地下洞穴中。如果在需要地震仪的地方没有地下洞穴，地震学家甚至会挖一口井，然后将地震仪放在井里。将地震仪安装在地面上也是可行的，但地基必须有坚实的岩石。

组装地震仪

3. 地震仪的部件是在专业工厂生产的。加速度计（用于测量的部件）可以是一个独立单元，也可以集成到数字地震仪中。一个或多个加速度计可以与多通道数字仪和记录器相连。地震仪可以通过各种通信网络传输数据。全球定位系统（GPS）接收器通常被集成，用以提供精确的时间跟踪。

安装地震仪

4. 用于教育的地震仪可以用螺栓固定在地下室的混凝土地面上，但用于研究的地震仪最好远离建筑物，因为建筑物不可避免地会发生震动。为了获取高精度数据，要么直接将地震仪安装在坚实的岩石上，要么将它安装在混凝土地面上。在这两种情况下，都要清除泥土并平整地面。在第二种方法中，要浇筑一层混凝土并使其凝固。

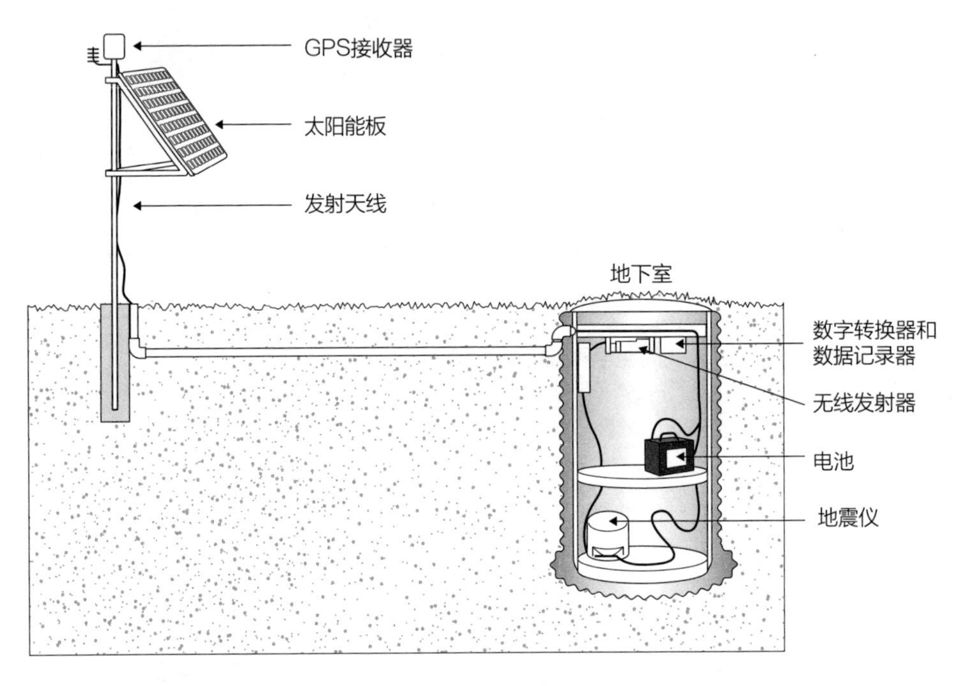

图 3　地震台

一般的地震台包括连接数字转换器和数据记录器的多个地震仪、一个GPS接收器，以及通过一种或多种途径从多个地震台收集数据的中央处理中心。

5. 在底座准备好后，将地震仪用螺栓固定到位。在某些情况下，如果需要很高的灵敏度，就将地震仪安置在一个控制温度和湿度的地下室中。地震检波器通常安装在选定的场地、岩洞或地下室，而放大器、滤波器和记录设备则分开安装。
6. 现代地震学中，一般将几个地震仪单元按一定距离安装。每个地震仪单元向管理中心发送信号。信号可以通过互联网、专线通信网络、无线电，甚至卫星传送。在管理中心，数据被数字化处理和记录。

质量控制

地震仪的参数设计要能够承受其周围的气候和地理环境变化。要求能防水防尘，而且在不同的安装地点，都能在极端的温度和高湿度下工作。地震仪的灵敏度和防护要求很高，而且使用寿命很长。据了解，许多地震仪至少已经使用了30年。

工厂的质量控制人员对设计和最终产品进行检查，以确保满足客户的要求。检查所有部件的公差和适应性，并对地震仪进行测试，以确定其能否正常工作。此外，大多数地震仪都有内置的测试设备，因此可以在使用前和安装后进行测试。程序员还会在发货前测试软件方面是否存在漏洞或其他问题。

虽然灵敏度和准确性很重要，但时间设定也很关键，尤其是在地震预测中。大多数现代地震仪都与GPS相连，由此确保世界各地研究人员都能读懂高度准确的信息。

质量控制的另一个关键因素是尽量减少人为失误。地震仪研究人员和工作人员通常都是训练有素的专家。他们必须学习如何运行和维护地震仪以及使用计算机和其他辅助设备。

未来的地震仪

地震学以其在地震研究中的应用而闻名。重点不是研究地球内部结构，而是预测地震，以及减少地震易发地区由地震带来的危险和破坏。对地球内部的研究主要是寻找石油沉积物，也用于施工前测试地面的不稳定性，以及追踪地下核爆炸。

当然，预测地震是最重要的。如果研究人员能够事先确定地震发生地点，就可以提前做好预防措施，如增加医院急救人员。但目前预测地震仍处于探索阶段。美国第一次发布官方地震预报是在1985年。日本位于地震活跃地区，2011年发生大地震及由其引发海啸之后，地震学家和地球物理学家都加倍努力，包括研究数百年前海啸的地质证据，期望能预测地震。他们通过研究发现，与2011年地震的震级类似的地震可能每600年到1 000年发生一次。地震学家越来越重视研究高风险断层（尤其是靠近人类居住区），并整合不同类型的数据（不只是地震数据）来开发概率模型。这些数据在预测人口稠密地区的大地震时非常有用，有望能指导震前的预防准备工作。

有关地震仪，人们希望制造出更灵敏和更耐用的地震仪、可以记录长周期和短周期波的地震仪。

地震学家不断地提高他们的知识和预测地震的能力。不过，在想拥有一个真正可靠的预测地震系统之前，人们还有很长的路要走。

未来的地震

一位地球科学家认为，可以建立地震预警系统。这样一个系统将需要地震仪来捕捉震动，运用电脑来对可能发生的地震进行预警，运用通信系统来及时警告应急人员。一些专家设想，在地震多发地区设置大量的地震仪，每个地震仪收集数据并将其传送给地震学家。

伯克利地震学实验室（位于加州大学伯克利分校）正致力于通过创建一个应用程序来建立全球地震台网，智能手机用户从手机的内置加速计上捕获数据并上报给实验室，目的是发现震前迹象，然后提醒应急服务部门做好准备。

到底是谁的错？

美国加利福尼亚州是地震多发区，因为该州的地壳上分布着纵横交错的断层。最大的断层被命名为圣安地烈斯（San Andreas）断层，从旧金山一直延伸到洛杉矶，绵延1 287千米。圣安地烈斯断层将两个巨大的地球板块分开：一个是太平洋板块，它正缓慢地向北移动（每年大约移动5厘米）；另一个是北美板块，它正缓慢地向南移动。大多数情况下，断层的粗糙边缘会相互紧紧地“咬合”，没有发生移动。当它们之间的压力足够大时，就会破裂或松脱，发生相互滑动，从而引发地震或震颤。

智能手机

发明者：约翰·F.米歇尔（John F.Mitchell）和马丁·库珀（Martin Cooper）（1973年，于摩托罗拉公司开发出第一部手机）、西蒙（Simon，1994年，于IBM公司开发出第一台具有移动电话功能的商业掌上电脑）

智能手机用户：据皮尤（Pew）研究中心的报告显示，到2016年，美国77%的成年人拥有智能手机。

手机历史

看我的，贝尔实验室

1973年，马丁·库珀用开发出的第一部手机打电话给他的主要竞争对手，即美国电话电报公司（AT&T）的乔尔·S.恩格尔（Joel S. Engel）博士，吹嘘摩托罗拉公司击败了美国电话电报公司。

如今，智能手机已经成为一种使用十分普遍的设备，从小孩到老人，几乎每个人都随身携带。那么，智能手机是从何而来的呢？

很难明确今天的智能手机从何而来，但可以肯定地说，其中有些元素来自移动电话机和个人掌上电脑（PDA）。

早在1946年，美国电话电报公司就在汽车上推出了移动电话机，但直到几十年后第一部手持移动电话机才问世。美国电话电报公司把精力持续集中在车载电话和使它们能够通信的无线蜂窝网络上。20世纪70年代初，摩托罗拉公司的米歇尔和库珀率先提出了一项计划，即开发一款手持移动电话机，同时打破美国电话电报公司在无线蜂窝网络运营方面的垄断。

1973年，米歇尔和库珀在纽约向媒体和公众展示了摩托罗拉公司命名为“DynaTAC”的手机。众所周知，他们的努力取得了成功，但走向市场还需要一些时间。直到1984年，第一款手机“DynaTAC 8000X”才上市。但将它拿在手上很沉，让使用者联想到砖头，因此有了“砖头手机”的绰号。

尽管如此，米歇尔和库珀使手机成为现实，打破了美国电话电报公司对蜂窝网络的控制。

掌上电脑：短暂的市场领导者

据国际数据公司（IDC）报告称，三星公司在全球智能手机市场占有最大份额，2016年第三季度的市场占有率为21%。

从1984年塞班公司推出的“塞班组织者”掌上电脑开始，到2009年奔迈公司结束生产“Palm Pilot”掌上电脑，随着智能手机的普及，掌上电脑的市场份额逐渐下降。

1984年，当“塞班组织者”（Psion Organiser）电脑被推出时，塞班公司（Psion）宣传它是“世界上第一台实用型袖珍电脑”。这可以说是第一台个人掌上电脑，尽管当时还没有“PDA”这个名字。1992年，苹果公司首席执行官约翰·斯卡利（John Sculley）发明了“PDA”（掌上电脑）一词，用它来描述该公司的产品“苹果牛顿”（Apple Newton）。1996年，从“Palm Pilot”这款掌上电脑开始，奔迈（Palm）公司推出了一系列掌上电脑。

一直到1994年，掌上电脑和手机都是独立存在的。1994年，IBM公司首次推出“IBM Simon”，将手机功能集成到掌上电脑中。两年后的1996年，诺基亚公司推出“9000沟通者”，同样把这两个设备功能集成到一起。这两种产品开启了智能手机时代，但掌上电脑并没有消亡。

掌上电脑制造商花了几年时间才放弃了生产没有集成手机通信功能的专用掌上电脑的想法。2009年，全球领先的掌上电脑制造商之一的塞班公司推出了其首款组合掌上电脑和手机组合产品“Treo”，关闭了传统掌上电脑生产线。这可以认为是掌上电脑时代的终结。

自智能手机市场起步以后，许多制造商进入这个市场。如今大多数制造商的智能手机是基于安卓（Android）操作系统，苹果公司的iOS操作系统占据第二大市场份额，黑莓（BlackBerry）和Windows Phone等专有操作系统几乎已经消失。

由于安卓操作系统拥有最大的市场份额，下面我们重点介绍这个操作系统。

原材料

电子设备

智能手机中的所有电子器件都集成在印刷电路板（PCB）上。通常包括芯片（SoC）集成电路（IC）上的系统，其中包含中央处理器（CPU），以及用于应用程序、通信、图形、内存等的处理器。

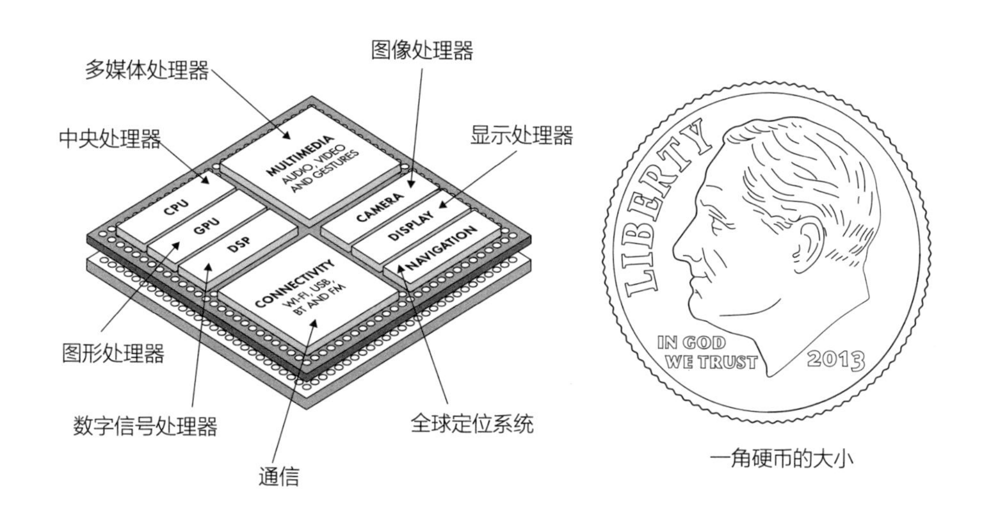

图 1　集成芯片

制造商将中央处理器、图形处理器、多媒体处理器、无线连接等功能集成到单个系统的芯片上，以减小体积和降低移动应用程序的功耗。

手机外壳

智能手机外壳是由各种材料制成的，包括镁合金、硬塑料［如丙烯腈、丁二烯、苯乙烯的共聚物（ABS），聚碳酸酯］和玻璃。它们通常被涂上一层阻燃化学物质，最常用的为溴。镍有时也被用于制造外壳，以减少电子干扰。

手机屏

智能手机的屏幕显示是我们与它互动的主要方式，手机设计师不断地改进屏幕性能，以获得竞争优势。随着时间的推移，屏幕变得更大、更薄、更轻、更节能。屏幕由硬的盖板玻璃、触控模组和显示模组等组成。

康宁公司是智能手机玻璃屏幕（业内称为“盖板玻璃”）的全球领导型生产商。康宁公司的“Gorilla”品牌玻璃具有薄、清晰度高、耐刮擦的特点。该公司仍在不断地改进产品性能，如在玻璃中添加硅、铝、氧、钠和钾元素等。

在智能手机的触摸屏界面，通过数字转换器实现人机交换。该数字转换器由薄而透明的导体层构成，这些导体以网格形式附在很薄的聚对苯二甲酸乙二醇酯（PET）片上。当手指这样的导电体靠近它时，数字转换器能检测到电荷的变化。数字转换器中使用的透明导体是由铟、锡和氧化物制成的。

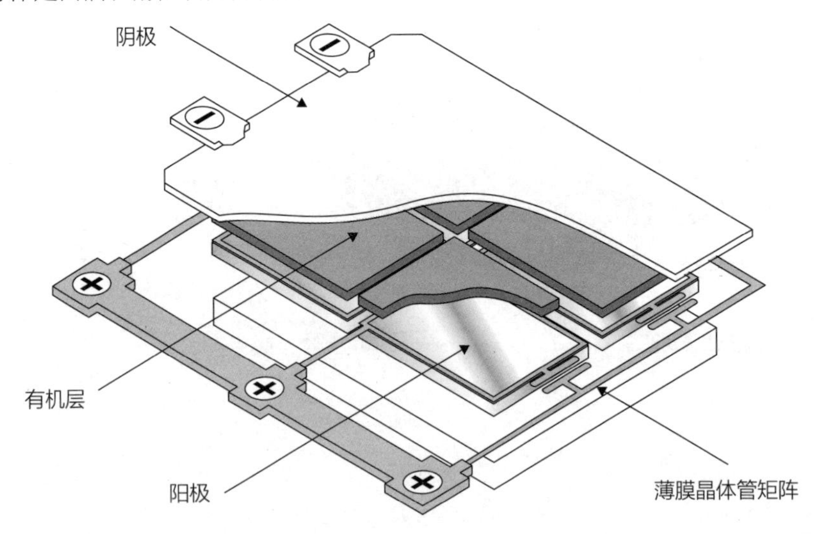

图 2 智能手机有源矩阵有机发光二极管显示屏

包括带正电的阳极层、带负电的阴极层、有源矩阵层和有机发光二极管层。图中没有显示的是触摸屏数字转化器图层。

智能手机有多种不同的显示技术，并不断取得新的进展。原先使用的液晶显示器（LCDs）需要背光，而在较新使用的有机发光二极管（OLED）显示器中，像素本身会发光。现在，许多智能手机都使用有源矩阵有机发光二极管（AMOLED）显示屏，这种显示屏通过将像素直接叠加在薄膜晶体管（TFT）电路矩阵上来驱动显示屏，从而改善了传统有机发光半导体显示屏的性能，而且更节能，可支持较大的显示器。

电池

智能手机几乎都使用锂离子（Li-ion）电池。锂离子电池由锂钴氧化物正极和碳负极组成。电极被物理性分离并悬浮在凝胶状电解质中。锂离子电池通常被装在一个铝制的电池盒中。电池包含一个连接电极的印刷电路板，并附加保护功能，以防止因过热、过度充电、短路或强制放电而损坏或起火。

制造过程

智能手机由许多不同的零部件组成，每个部件都对应不同的制造工艺。各零部件通常由不同的公司按照智能手机设计师的设计要求生产，然后组装在一起。

盖玻片

1. 生产时，先将颗粒状的原料混合在一起。
2. 将原料熔化。通过自动控制设备，将原料在超过1 000℃时熔化并融合在一起。熔融的原料中含有铝、硅、氧，以及钠离子。
3. 接下来，将熔融的原料送入一个狭窄的垂直结构中，康宁公司称这种垂直结构为“隔热管”。熔融的原料从隔热管的两侧溢出，沿着隔热管的外部向下流，到达底部后，从两侧溢出的熔融的原料融合到一起。
4. 熔融的原料形成玻璃薄片，并顺其自身的重量将其从隔热管的底部拉出。拉出过程中，不接触可能危及玻璃质量的任何材料。这样形成的玻璃质量非常高，有着很高的光学清晰度， 接下来就是增加它的强度。

5. 康宁公司采用离子交换法，用原子量较大的钾离子取代玻璃表层的钠原子。在熔融钾盐的容器中将玻璃加热至约400℃，钾离子扩散到玻璃表层。当玻璃冷却时，原子量较大的钾离子在玻璃表层增加了一层压应力，而玻璃中心则处于张力之下。通过精确控制应力和张力的平衡，就能让玻璃达到最佳的强度。
6. 在玻璃的表面增加一层易于清洁的涂层，以防止灰尘和油附着在玻璃上。玻璃表面没有灰尘和其他残留物，就不会因与玻璃发生摩擦而产生小的划痕，也就不会降低光学清晰度。

有源矩阵有机发光二极管显示屏

7. 目前，大多数制造商都在向生产有源矩阵有机发光二极管显示屏发展。这种显示屏是通过在玻璃表层应用一系列功能层来制成的。附加功能层的方法被称为有机气相沉积（OVPD）。加热氮气（通常低于400℃），将蒸发的有机分子输送到冷却的基板上，使它们在基板上凝成薄膜。
8. 清洁玻璃并涂上非晶硅。非晶硅经过激光退火处理后，形成结构更为规整、透明的多晶硅层。多晶硅层被用作下一层的导电基板。
9. 将叠加的功能层都涂上一种光敏材料。将光通过掩模版照射单个表层，去除某些区域的感光材料，而将其他区域留作保护层。将未受保护的区域进行化学和电处理，以去除一些底层的多晶硅。然后，去除剩余的光敏材料。至此，在基板上蚀刻出了该层所需的图案。之后，对每一功能层重复这个过程。
10. 敷上阳极层。阳极带正电，吸引电子形成电流。
11. 有源矩阵有机发光二极管中的“AM”代表“有源矩阵”。这一层被敷在阳极层的顶部，并提供一个薄膜晶体管（TFT）矩阵，以掌控单个有机发光二极管的像素。
12. 敷加聚苯胺有机分子导电层和由不同的有机分子组成的聚氟发射层。有机导电层和聚氟发射层是有源矩阵有机发光二极管被称为“有机”显示屏的原因。
13. 敷加阴极层或负电荷层。阴极释放出流向阳极的电子。

触摸屏、数字转换器

14. 触摸屏、数字转换器通常处于盖玻片和显示屏之间。采用多种层状材料制作电容式触摸屏。
15. 将诸如氧化铟锡（ITO）这样的导电材料成排地印刷在薄膜晶体管塑料片的一面。接着，将导电材料印到薄膜晶体管塑料片的另一面，并按列创建交叉贴图模式。将电极触点也印刷到薄膜晶体管塑料片的两面，以便连接到一块柔性电路板上。
16. 通过光学透明胶黏剂（OCA），将数字转换器与盖玻片和显示屏连在一起。
17. 近来，一些智能手机采用了一种新技术，将数字转换器直接融入盖玻片或显示屏中，从而使屏幕更薄、更轻。

多层印刷电路板

18. 智能手机内的印刷电路板上安装有大量的功能层，每层所需的空间很小。一块10毫米厚的印刷电路板可能有8到12个功能层，导电迹线薄至76.2微米。
19. 芯板是由绝缘材料制成的覆铜板构成的，在印刷电路板内形成两层。准备多个芯板，每个芯板都有一块用于所需电路设计的掩模版。
20. 在显影过程中，采用一种光敏层压板覆盖在芯板上。让光线通过一块掩模版照射在芯板上。随即，层压板的暴露区域发生改变，在层压板上留下所需电路的图案。使用化学方法处理层压板的未暴露区域，只留下未暴露区域。
21. 蚀刻层压板未暴露区域。
22. 将剩余的层压板剥离，留下铜迹线。
23. 如上所述，一旦所有的层压板都蚀刻完毕并处理好，就可以进行多层组装，形成多层板。先铺上一层铜的外层，再在其上放一层被叫作半固化片的绝缘层。接下来添加芯板，每层芯板与下一层芯板之间都有一层半固化片。在最后一层芯板上，再加一块半固化片，最后覆上一层铜。
24. 将多层板加热至约185℃，并以超过14千克/平方厘米的压力压合在一起。压合后，修剪多层板，以确保边缘光滑平整。
25. 用数控机床（CNC）在多层板上钻孔，清洁孔，然后进行电镀，在各层之间提供导电路径。

26. 对外表的铜层进行类似于芯板的处理。不同的是，除了需要的地方，多余的铜层被蚀刻掉，并且电路板和迹线都处理完成。
27. 在印刷电路板的两面都涂上一层耐焊材料保护层。使用类似的掩模和显影工艺去除可焊接部件的安装垫或孔上的阻焊剂。在可焊区域，通常用金或银作为表面处理材料。
28. 在电路板上进行丝网印刷或通过激光蚀刻来做标记。
29. 用数控铣床做最后的机械加工，以形成完整的印刷电路板。
30. 在焊接元件之前，仔细检查电路板是否存在机械或电气故障。
31. 用自动贴装机将电子元件填充到印刷电路板上，然后在适当的位置进行焊接。

外壳

32. 因为设计不同，所以智能手机的外壳的使用材料和制造方法存在很大差别。一些智能手机在中心部位使用镁合金一体式机身，机身夹在塑料边框和塑料后盖之间。一些智能手机的外壳主要是由金属制成的，还有一些智能手机的外壳是由硬玻璃制成的。
33. 先制作外壳的基本形状。低端手机通常使用薄铝板，在高压下冲压成型。高端手机则使用较厚的塑料、金属或玻璃坯料，通过数控铣床铣削出中间区域，为显示屏和电子元件腾出空间。
34. 采用不同类型的工具，利用数控铣床在外壳的外部铣削出倒角或圆边。
35. 现在，一些智能手机制造商采用纳米成型技术（NMT），将塑料直接注塑到金属外壳上。这使得外壳更轻、更坚固。
36. 利用数控机床，在外壳上钻出按钮和连接器的孔和槽（如耳机插孔和USB端口）。在扬声器和麦克风的格栅上也钻出小孔。
37. 为使外壳形成高亮效果，需利用数控车床进行额外的铣削，并进行多次抛光。每次抛光都使用较细的研磨剂。
38. 用激光雕刻机在外壳上刻上公司的标识和文字。

组装

39. 与智能手机的其他大部分生产流程（高度自动化）不同，组装通常是由人工完成的。并且，当智能手机下线时，每个工人还检查前一个工人的组装质量。所以，质量保证是建立在组装正确的基础之上的。
40. 先组装印刷电路板，将可插拔组件，如扬声器、麦克风和独立传感器（如加速度计）并联在一起。
41. 屏幕上最小的尘埃颗粒对使用者来说都是不可接受的，因此屏幕是在一个洁净的房间里组装的，并通过0.5微米的过滤器过滤灰尘颗粒。灰尘颗粒被控制在每立方米1 000颗以下。工人组装显示屏、数字转换器、覆盖屏幕的玻璃板，以及柔性带状电缆和连接器。
42. 沿着装配线向下道工序传送待组装的智能手机，每个工人执行一组操作，直到手机组装完成。接下来为最终的测试和包装做好准备。

包装

43. 在所有的组装和测试完成后，将智能手机软件操作系统进行重置，以恢复其初始状态。这将删除在测试期间调试的任何数据或设置，以方便使用者使用。
44. 每部手机都有一个独特的国际移动设备识别码（IMEI）。工作人员核实该识别码，并在手机背面贴上识别标签。有时，将标签贴在手机内部的电池组下，或贴在包装上。
45. 将智能手机净化并放置在一个保护套内。
46. 将手机自配的所有部件（充电器、说明书等）都放在包装盒内。
47. 对包装盒称重，以确保所有零件不缺失。打印标签贴到盒子上，其中有一个重量标签，这样分销商就可以验证盒内的物品是否完整。

48. 最后，用收缩膜包装包装盒，并做好装运准备。

质量控制

制造商对新上线的智能手机进行100%的测试，随着在生产线上不断解决出现的问题，其后逐渐减少测试。另外，在单个的智能手机零部件的制造过程中，也进行了许多测试。

如前面所述，质量控制已融入智能手机的组装过程。组装工人测试智能手机的物理缺陷和功能缺陷，包括确保屏幕、扬声器和麦克风正常工作。测试总耗电量，以确保它不高于预期，否则可能存在问题。

智能手机组装后，仍要对其进行质量测试。射频（RF）测试是为了确保手机符合全球移动通信系统（GSM）和码分多址（CDMA）规范。在测试过程中，从智能手机拨打电话到工厂里的一个迷你手机发射塔，以此测试通话质量。

质量测试人员还对智能手机进行客户体验测试，包括运行手机的各种功能，以确保一切正常。工作人员检查耳机，测试USB连接线和触摸屏，播放视频，并进行许多其他测试。

在包装前的最后阶段，对智能手机进行外观检查。

副产物

智能手机含有一些有毒物质，如重金属六价铬、砷、铍和镉。这些重金属对环境带来长期危害，很难当作废物处理。智能手机内部的印刷电路板含有铜、铅、锌、金、铍、铌钽铁矿和其他物质。大多数国家严格控制使用和处置含有这些物质的材料。

未来的智能手机

随着技术发展越来越快，我们很难预测在智能手机领域还会出现什么样的发展。如果说过去能给我们什么启示，它就是在智能手机上将继续配置更多的功能，对使用者来说它越来越不可或缺。

如今，制造商试图继续扩充智能手机电池的容量，为向用户提供的所有功能供电。电池技术的进步可能会使设备充电更安全，充电间隔时间更长。

用户希望屏幕更大、更好，但他们也希望自己的手机更紧凑。制造商已经开始使用柔性有机发光二极管材料来制造曲面而非平面的屏幕。未来，智能手机的屏幕可能会像卷轴一样展开。

允许使用者直接从智能手机上购物的应用程序和服务早已出现。随着智能手机使用率接近100%，智能手机使用者和制造他们购买的手机的公司都将受益于数字货币的广泛使用。

感烟探测器

发明者：伦道夫·史密斯（Randolph Smith）和肯尼斯·豪斯（Kenneth House）（发明于1969年）

美国年销售额：约4亿美元

顶级品牌：凯德（Kidde）、第一警报（First Alert）

美国自1951年起就有离子感烟探测器上市，但由于其价格昂贵，最初只在工厂、仓库和公共建筑中使用。

感烟探测器是一种能够感知建筑物中存在的烟雾，并向建筑物中的人们发出警报的设备，它能让建筑物中的人们在吸入烟雾或被烧伤之前逃离火灾现场。在家庭居室中，安装一个感烟探测器，可以使家庭居住成员在火灾中死亡的概率至少降低一半。在20世纪70年代初，平价感烟探测器在美国得到广泛使用。在此之前，美国家庭平均每年因火灾致死人数为1万人，但到了20世纪80年代初，这一数字下降为不到6 000人。

感烟探测器类型

目前，住宅型感烟探测器有两种基本类型：光电感烟探测器和离子感烟探测器。光电感烟探测器利用光束探测烟雾。当烟雾粒子遮挡光束时，光电管感应到光强度减弱就发出警报。这种类型的探测器对释放大量烟雾的阴燃火灾反应最快。

离子感烟探测器能更快地探测到产生少量烟雾的火灾。它利用放射性物质来电离感应室内的空气（产生带电粒子）；烟雾出现后会影响离子在两个电极（导体）之间的流动，从而触发警报。

美国消防协会（NFPA）建议安装光电和离子互联感烟探测器。

大多数住宅型感烟探测器都是独立的设备，使用9伏电池供电。现在，美国部分地区的建筑规范要求，在新住宅中安装的感烟探测器必须与住宅线路相连，并提供应对停电的备用电池。

早期感烟探测器

1939年，瑞士物理学家恩斯特·梅里（Ernst Meili）发明了一种能够探测矿井中可燃气体的电离室装置。真正的突破是梅里发明了一种冷阴极管，它可以将探测装置内小型报警器发出的电子信号放大到足以触发警报的程度。

自1951年起，美国就有离子感烟探测器上市，但由于其价格昂贵，最初只在工厂、仓库和公共建筑中使用。直到1971年，民用离子感烟探测器才走向市场。这种探测器每台的价格在125美元左右，每年的销量为几十万台。

从1971年到接下来的5年里，应用技术取得较大进步，感烟探测器的成本降低了80%。1976年和1977年，美国的两种感烟探测器的销量分别达到800万台和1 200万台。其时，固态电路已经取代了早期的冷阴极管，从而大大减小了感烟探测器的尺寸，并降低了成本。更节能的警报器上可以使用常用尺寸的电池，电路系统可以即时监控电池的电压和内阻，并在需要更换电池时发出信号。新一代感烟探测器使用更少的含有放射性物质的材料，并对感应室和感烟探测器外壳进行了重新设计，以使其更有效地工作。

今天的感烟探测器

如今，与离子感烟探测器相比，更多的家庭和企业使用光电感烟探测器，但使用互联感烟探测器正变得越来越普遍。

美国消防协会推荐家庭使用互联感烟探测器。当其中任何一个感烟探测器检测到烟雾时，互联的其他感烟探测器都会发出警报。

一些感烟探测器中还装有一氧化碳探测器。一氧化碳是燃烧如火炉、煤气烘干机和灶台上使用的燃料产生的。一氧化碳积聚是危险的，因为人体吸入后，它会阻碍血液输送氧气的能力。由于它是无色无味的，建议在家里一氧化碳源附近安装一氧化碳探测器。它与感烟探测器是两种独立的探测器，因而将它安放在感烟探测器中并不是正确的做法。

现在，推荐使用互联警报器，并且将其用于所有新建住宅。制造商正在试验智能感烟探测器，让用户可以通过智能手机上的自定义应用程序进行联系。

针对听力受损的人，除了传统的电子喇叭外，制造商还为他们提供了频闪灯，以及录制语音警报功能。

感烟探测器的材料

玻利维亚的拉巴斯市实际上并不需要感烟探测器，就如同在镇上也不需要消防车，消防车只能放着积灰一样。拉巴斯市海拔3 658米，这个海拔几乎不发生火灾，因为这个海拔的空气中的氧气稀薄，几乎无法支持燃烧。

离子感烟探测器的外壳由聚氯乙烯或聚苯乙烯制成，内部由小型电子报警器、装有各种电子元件的印刷电路板、检测室和参考室组成，每个检测室和参考室包含一对电极和含放射性物质的材料。

镅–241（^{241}Am）是一种放射性物质，含有镅–241的材料，自20世纪70年代末以来一直是离子感烟探测器的首选材料。镅–241非常稳定，半衰期为458年，通常将含镅–241的材料与黄金一起进行加工，并密封在金银箔中。

对于离子感烟探测器本身应妥善处理，不得焚烧它，以免将放射性物质释放到空气中。

光电感烟探测器有一间包含一个光电二极管和一个红外发光二极管的光室。

有放射性但无害

虽然感烟探测器中含有放射性物质，但这并不意味着它们对健康有害。感烟探测器中的放射性物质的照射剂量远远低于其损害健康的照射剂量。事实上，人们从睡在自己身边的人呼出的碳-14中吸收的照射剂量远比从感烟探测器中吸收的照射剂量大。当然，当感烟探测器达到使用寿命时，我们必须妥善处理它。

制造过程

生产离子感烟探测器主要有两个步骤。其一是将含镅-241的材料制成可安装在检测室和参考室中的形体（通常为箔）。其二是使用单个部件，或从现有的含放射性物质的材料制造商处购买预制的检测室和参考室，然后组装成完整的离子感烟探测器。

光电感烟探测器有一间包含光电二极管和红外发光二极管的光室、一块电路板和一组外壳。

互联感烟探测器是将两个组件合并到一个装置中。

放射源（仅用于离子感烟探测器）

1. 制作过程从获得镅-241氧化物开始。将镅-241氧化物与黄金充分混合，然后加压加热，当温度超过800℃时，混合物熔融成一个坯块。将该坯块背面贴银、正面覆金（或金合金），密封热锻。然后，将坯块分步进行冷轧处理，以达到所需的厚度和放射性辐射要求。最终的厚度约为0.2毫米，其中黄金覆盖层的厚度约占1%。由此产生的箔条宽约为20毫米，长为1米。

2. 用冲床在箔条上冲出圆形电离室源元件（圆盘）。每个圆盘直径约为5毫米，安装在金属支架上。将支架上的薄金属边缘翻转过来，以完全密封圆盘周围的切边。

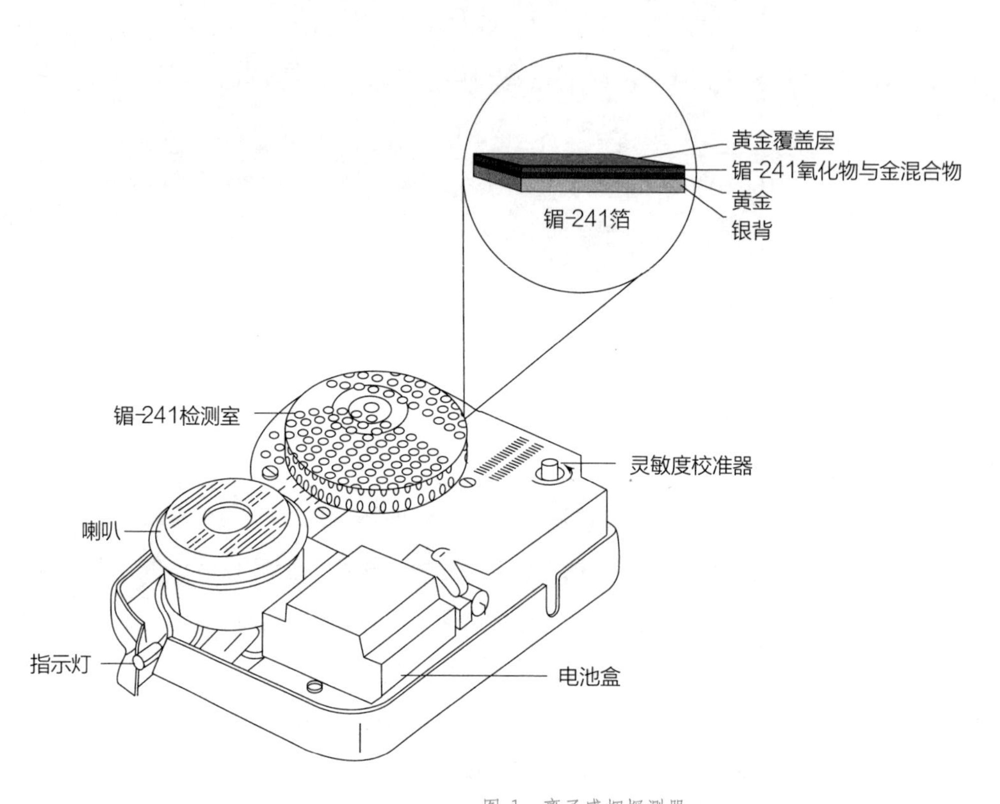

图 1 离子感烟探测器

设有报警喇叭、印刷电路板，以及含有放射性物质的检测室、参考室。

检测室和参考室

3. 对于离子感烟探测器，将含有放射性物质的圆盘安装在检测室中，将另一个圆盘安装在相邻的参考室中。将电极分别安装在两个室中，将连接电极的引线从室底部引出。
4. 将光电感烟探测器的光室注塑成型，上面有适合安装光电二极管和红外发光二极管的孔。

在装配的每个阶段都进行测试和检查，以确保产品质量可靠。

电路板

5. 根据设计图，在印制电路板上冲孔引线，以安装元件，并在背面敷设铜导线。在装配线上，将各种电子元件（二极管、电容器、电阻等）插入印制电路板上对应的孔中，同时修剪掉延伸到板背面的多余的电子元件引线。
6. 在印刷电路板上安装检测室和参考室（离子型）或光室（光电型），以及报警喇叭。
7. 使用波峰焊机，将电子元件在印制电路板上焊接到位。

外壳

8. 塑料外壳包括底座和盖。这两种材料都通过注塑成型。将塑料颗粒和颜料混合、加热，压入模具，然后冷却，即为成品。

质量控制

总装

9. 将印刷电路板安装在塑料外壳底座上，同时安装测试按钮，用于设备安装后的定期测试。再在底座上安装上支架，然后装上盒盖，完成组装。
10. 将感烟探测器、电池和用户手册一起装在包装纸盒中。

感烟探测器未来发展

未来的感烟探测器会有更多的互联互通，它可连到家庭安全系统、住宅无线网络和智能手机上。

美国国家标准与技术研究院（NIST）建筑消防研究实验室（BFRL）的研究人员发现，木材、塑料等各种类型的房屋材料和干的墙体在快速受热膨胀时，会发出可识别的声音。压电（晶体状矿物质受压引起的电极化现象）换能器（电能转换成声能的装置）甚至在材料开始燃烧之前就能探测到这些声音。这将特别有助于在火灾发生前就探测出建筑物墙壁内的电线出现过热问题。

记得换电池

记住：每年更换电池与在第一时间安装感烟探测器一样重要。根据美国消防协会的数据，尽管在美国每12个家庭中有11个家庭安装了感烟探测器，但其中三分之一的感烟探测器是无用的，因为感烟探测器中要么没有电池，要么电池没电了。因此，该协会建议感烟探测器的使用者最好选在每年某个纪念日更换电池，像生日、周年纪念日或夏令时结束日，应该每月至少检查一次感烟探测器及其中的电池，以确保它们都能正常工作。

条码扫描器

发明者：伯纳德·西尔沃（Bernard Silver）和诺曼·约瑟夫·伍德兰德（Norman Joseph Woodland）（1952年7月，美国工程师伯纳德·西尔沃和诺曼·约瑟夫·伍德兰德在宾夕法尼亚州的费城取得首个条形码专利）

起源：开发条形码，最初的设想是用于超市，但是最早为铁路行业所采纳，他们在火车车厢上贴上条形码，以使火车车厢与相应的火车匹配。

全球年销售量：120亿台

主要制造商：康耐视（Cognex）公司、得立捷（Datalogic）公司、霍尼韦尔（Honeywell）公司、施克（SICK）公司、斑马（Zebra）公司

一维（1D）和二维（2D）条码

条形码的首个专利在1952年就被授予，但在授予专利12年后才首次投入使用。1974年6月26日是扫码界历史性的一天，在俄亥俄州的特洛伊（Ttoy Ohio）收银台，收银员扫描了第一个带有条形码的产品——10片装的箭牌果味口香糖。这包口香糖曾在史密森学会的美国历史国家博物馆展出。

线性条形码是一组可以用特殊扫描仪器读取数据的条形码。最常见的是在超市里随处可见的通用产品条形码（UPC），由黑白条纹排成列，条纹底部印刷一行数字。线性条形码储存一维数据，出现在杂志、麦片盒子、糖果包装纸、汽车、图书馆卡片上，包括本书的背面。一维条形码只在一个方向（一般是水平方向）保存数据，而在垂直方向不保

存任何信息，其具有一定的高度，通常是为了方便扫描仪器对准。

最近你可能注意到二维码中的快速响应矩阵图码（QR），这种二维码以小方块组合的形状出现在各种物品上。在水平和垂直方向的二维空间存储数据的条码叫二维码。美国邮政服务公司、联合包裹运送服务公司（UPS）、航空公司、医疗保健供应商及其他很多地方使用了另外一种二维码——PDF417码。严格地说，二维码不是条形码，但是很多人仍然习惯这么称呼它。因此，本书使用一维码和二维码两个术语来表述。

超市使用的扫描仪器（零售终端扫描仪器）是专门设计的，用来读取形状各异的、潮湿的、脏的或易碎的杂货物品的条形码。

条形码可以由激光扫描器或成像扫描器来读取。激光扫描器能非常迅速地将光线照射到条形码上，并将反射光线解码。成像扫描器使用相机拍下条形码的图像，然后由专门的软件解读条形码信息。这两种条码扫描器有各种不同样式。有固定不动的，比如超市的柜台扫描器，将购买的商品包装上的条形码对准固定不动的扫描器下方的扫描口即可完成扫码；有手持的；还有无线的，用于移动位置操作。

激光扫描器

激光扫描器利用自身光源照射条形码，再接收反射的光线。也就是，激光扫描器捕捉并记录下反射光和非反射光的模式（照射到白条上的光全部反射，照到黑条上的光几乎全被吸收，没有反射光），然后将这种模式转换成计算机可以处理的电信号。大多数激光扫描器只能读取一维条形码。

接下来，介绍一下激光扫描器的工作原理。

要将按照一定规则编译出来的条形码转换成有意义的信息，需要经历扫描和译码两个过程。物体的颜色是由其反射光的类型决定的，白色物体能反射各种波长的可见光，黑色物体吸收各种物体的可见光。所以当条码扫描器光源发出的光在条形码上反射后，反射光照射到条码扫描器内部的光电转换器上，光电转换器将强弱不同的反射光信号转换成相应的电信号。

电信号输出到条码扫描器的放大电路并增强信号之后，再送到整形电路，将模拟信号转换成数字信号。白条、黑条的宽度不同，相应的电信号持续的时间长短也不同。要知道条形码所包含的信息，则需根据对应的编码规则（如UPC码）将条形码符号转换成相应的数字、字符信息。最后由计算机系统进行数据处理，这样物品的详细信息便被识别了。

图 1　条形码示例

从左至右：用于众多产品的UPC码、美国邮政服务公司使用的PDF417码、二维码。

第一台条码扫描器需要人工专注操作才能进行扫描，它使用了非常简单的发光二极管（不是激光）作为光源来照射条形码。用一个光电二极管检测反射，将反射光转换成电信号。光笔式条码扫描器采用最原始的扫描方式，需要用手移动光笔，还要与条形码接触，因为它狭窄的光源只能分辨出笔尖端的条形与条形之间的差异。到了20世纪70年代中期，激光扫描器诞生了。通过一个激光二极管发出光线，照射到一个旋转的棱镜或来回摆动的镜子上，产生更强的光源——激光束。激光扫过条形码表面，无须人工移动扫描仪器或移动含有条形码的物品。这种技术大大提高了扫描的速度和可靠性。

后来用全息（物体被激光照射时，在全息胶片上构成三维图像）光盘代替镜子，它的作用就像镜子，但重量比镜子轻并且机动性好。早期的扫描仪器是通过旋转一面镜子来工作的，而全息扫描器是通过旋转一张存储有一个或多个全息图的光盘来工作的。

1980年，全息扫描器在零售终端上市，全息扫描成为首选。全息光盘比镜子更容易旋转，在同一张光盘上存储不同的全息图，能将光反射到不同的方向。这有助于解决条形码定位问题，也就是说，条形码不再必须直接对着扫描窗口。

现代的条码扫描器读取信息的速度达到每秒数百次，有多种不同的读取信息的方法。如果你在收银台旁观看激光扫描器的表面，你会看到许多纵横交错的光线。之所以采用这种方式，是因为它可以读取任何方向的条形码。

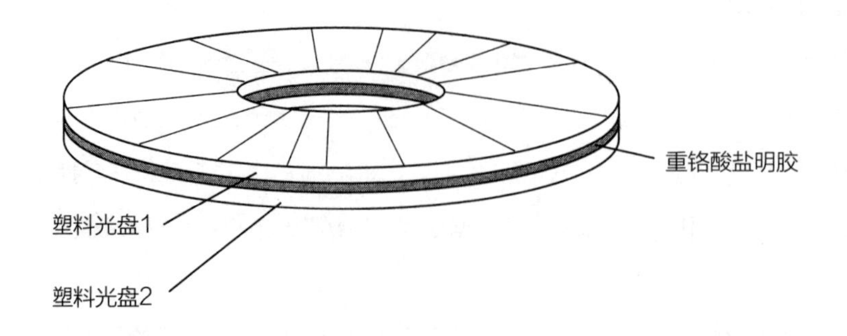

图 2　全息光盘

旋转的全息光盘由两张光盘和夹在两张光盘之间的重铬酸盐明胶（DCG）组成。

重铬酸盐明胶是一种活性优良的全息记录材料，具有高分辨率、低噪声、低吸收等特点，已经在全息显示、全息光学元件、全息存储方面取得较好的应用。

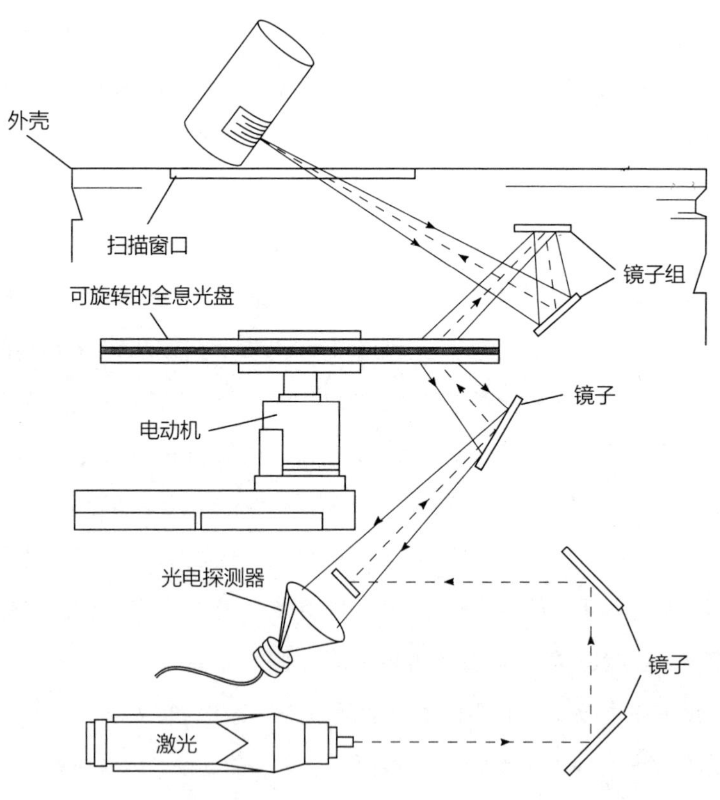

图 3　超市里使用的全息激光扫描器扫描食品、杂货工作原理图

激光扫描器非常适合扫描一维条形码，有些甚至可以用来扫描几米之外的目标，非常适合仓库工人扫描大型物件。不过，随着应用需求越来越多，能同时读取一维条形码和二维码的成像扫描器已变得越来越普及。

区域成像扫描器

早期的条码成像扫描器是作为激光扫描器的替代品而发展起来的，只能读取一维码。线性成像扫描器优于激光扫描器之处是能读取损坏的或印刷不好的一维码，所以至今仍有应用市场。

如今的成像扫描器堪称扫描界的全能王，既可以读取一维码，也可以读取二维码，以及可以读取所有种类的条形码。因为它们比激光扫描器更不依赖于反光，所以成像扫描器能够在电脑和智能手机屏幕上或者其他显示终端上读取代码，包括印在纸上或塑料上的标签（代码）。

人们甚至可以在智能手机上找到一个条码扫描器应用程序，然后调用手机摄像头，把手机摄像头作为成像扫描器。（请尝试安装一个APP，并读取图1中的一维码和二维码。）

如今，许多激光扫描器仍在市场销售，随着技术进步和企业对条码扫描器性能要求的提高，以及客户需求旺盛，成像扫描器的市场份额正在不断增加，很可能会持续扩大。

扫描器材料

本节集中讨论二维区域成像扫描器——它正在迅速取代激光扫描器。二维区域成像扫描器由高纯度硅图像传感器、印刷电路板上的译码器、光电耦合电路和外壳等组成。

在条码扫描器中，需要各种化学物质和材料来制造用于形成图像传感器的半导体。然后用这些半导体制造光电探测器（当光线照射到它们时，这些半导体可以传输电流）及高纯度硅图像传感器内部的支持电路。在硅中加入杂质可改变其电学特性。使用耐光性和光反应性的化学品、蚀刻剂和其他化学品制作半导体电路。

使用各种染料和颜料的滤色镜把光分解成红、绿、蓝三种颜色。图像传感器的主体一般由环氧树脂或硅树脂制成，上面有一面微透镜（非常小的透镜）。

译码器电路也由硅半导体材料构成。译码器连着的印刷电路板和集成电路通常含有少量的有毒有害物质，如铅、汞和镉。

条码扫描器的外壳通常是高强度的塑料，但柜台式（固定式）条码扫描器通常使用金属外壳。扫描器外壳上的透明窗口通常是一种合成树脂，可以是聚甲基丙烯酸甲酯（PMMA），也可以是烯丙基二甘醇碳酸盐（也用作眼镜镜片的材料）。

用于照明的发光二极管是由用于红色发光二极管的铝镓磷化铟或用于白色发光二极管的氮化铟镓等半导体制成的。手持式扫描器的激光二极管也是由半导体制成的。

制造过程

本节将重点介绍能够同时读取一维码和二维码的成像扫描器。尽管这些扫描器可以用于许多不同的需求或场所，但其基本技术是相似的：图像传感器用于捕获条形码的图像，译码器用于读取该图像。

成像扫描器

1. 图像传感器，也称感光元件，是一种将光学图像转换成电子信号的设备。它是由一个像素矩阵构成的，每个像素矩阵包含一个红色传感器、一个绿色传感器和一个蓝色传感器。就像其他半导体集成电路一样，图像传感器也是由硅材料制作而成的。制作时保持室内洁净，采用专门工艺，将原始硅片制成一组光敏光电探测器。在光电探测器上方形成用于增强数据传输的半导体层。半导体层之间用于连接的导电金属触点是通过所谓的沉积工艺添加的。
2. 在光电探测器、晶体管和触点制作完成后，加入一组滤光片。用于制造彩色滤光片的材料因制造商而异。用染料或颜料将某种底材加工为红色、绿色和蓝色的滤光片。滤光片阵列中的每个滤光片元件只允许其特定的颜色通过其下面的光电探测器。

3. 接下来在芯片上制作微透镜，微透镜将入射光聚焦到每个单独的像素上。在滤色片上涂抹一层透明的树脂，使滤色片表面光滑。然后在滤色片上再加一层树脂，在每个滤色镜上形成单独的圆顶透镜（见图4）。
4. 完整的成像由像素阵列形成，如一个成像可能宽752像素、高480像素。

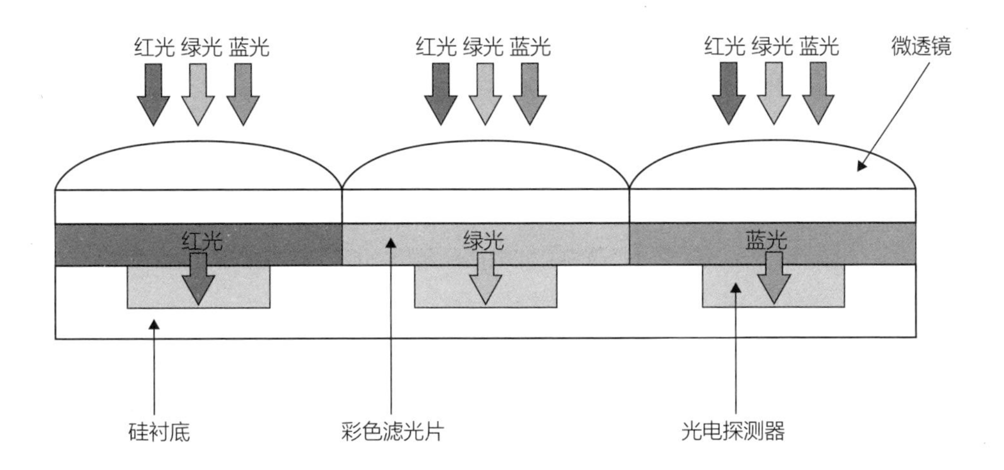

图 4 像素形成示意图

形成像素的仪器包括用于聚焦入射光的微透镜，将红光、绿光、蓝光分离开的滤光片，独自分离每种光的光电探测器。

译码器

5. 条码扫描器不仅能读取条形码的影像，还能处理影像数据，并根据已知的一维码和二维码的编写规则对其进行解码。条码扫描器包含微处理器、存储器和通信模块，能将解码后的条形码信息输出到主机系统。这些功能模块集成在印刷电路板上。
6. 成像扫描器可以被直接安装在主电路板上，也可以用电缆或连接器连接主电路板。

其他功能

7. 条码扫描器还具有其他功能，如照亮条形码的方式，通常通过合并白色和红色发光二极管后的光来完成。手持式扫描器采用激光或其他方式扫描。另一个常见的功能是，当扫描条形码成功时，音频输出会发出“哔哔”声。这些功能可以集成到解码器的电路板上，或者集成到与主电路板接口的单独的子板上。

包装和使用

8. 完整的条码扫描器组件可以作为一个独立的单元出售给第三方，也可以包装在附件中赠送，或者打包在手持式扫描器或柜台式扫描器中，作为成品条码扫描器解决方案出售。最终包装的大小和形状因设计而异。

有些条码扫描器可以固定安装，只需让待扫描的物品在传送带上前行即可；有些条码扫描器用于在工厂或仓库中对物品进行手持扫描；有些条码扫描器被设计成具有坚固的外壳，以适应恶劣的工作环境或防止跌落到坚硬的地面上摔坏。

质量控制

质量检查被纳入生产过程的各个环节，完整的扫描器必须经过几个工作测试过程才能获得行业认可。比如测试扫描器读取代码的一致性和速度，以及针对特定符号，在给定扫描角度下的读取距离。

现代成像扫描器可以以每秒60帧甚至更快的速度读取图像。这使得扫描器可以通过多次扫码来保证读码的准确性，或快速读取随传送带移动的物品的代码。

另外，还测试扫描器的纠错能力，即检验扫描器能否更好地读取在某种程度上稍有瑕疵的代码，如代码含有墨迹、宽度不准确等，要求扫描器必须能够容许在代码打印过程中的一些错误，并且仍然能够准确地识别和读取代码。

展望未来

更好的条形码正在研发中，相应的读取条形码的扫描器研制也紧紧跟上。许多公司正在开发三维码（蚀刻条码），或者使用颜色或灰度来增加可以在其上编码的信息量。随着图像传感器和图像处理技术的不断完善，成像技术也在不断进步，未来扫描器会变得越来越小巧，价格越来越便宜。一些扫描器将包含多个传感器，这样可以获得更大的景深，也能够有效地扫描移动物体上的条码。

在大多数情况下，扫描速度越快越好。为了提高结账速度，一种新的方法是添加数字版权信息系统。该系统使用半透明水印，可以放置在所有的包装上，但不会模糊产品标签。这可以节约收银员时间，收银员不必浪费时间在扫描前寻找条形码。

条码扫描器的成像技术与数码相机、智能手机的成像技术非常相似。它们不仅能够读取条码，还能为许多可能的应用程序打开大门。随着条码扫描器变得越来越智能，许多公司开始对其越来越多的产品信息进行编码。扫描器可以用来获取客户忠诚度ID（身份证）的信息，扫描优惠券，等等。可以想象，未来图像处理和信息存储应用的可能性几乎是无穷无尽的。

服饰穿戴

牛仔裤

发明者：李维·斯特劳斯（Levi Strauss，1873年，发明牛仔裤）

全世界每年售出的牛仔裤数量：12亿条

美国年度牛仔裤销售额：137.2亿美元

休闲经典

据说，克里斯托弗·哥伦布（Christopher Columbus）所乘航船上的帆是由牛仔布制作的。

在以变化无常著称的时尚界，一个多世纪以来，牛仔裤一直是衣橱里的基本款式。尽管服装的风格会发生变化，但粗布牛仔服仍然很受欢迎，年复一年，一年四季——甚至一代又一代都有需求，且变化很小。牛仔布料可能会褪色，但穿牛仔服的时尚似乎永远不会消逝。

牛仔裤是用结实而舒适的布料制成的休闲裤。长期以来，它们一直是农民、水手、矿工和牛仔们最喜欢的结实的工装裤。20世纪50年代，埃尔维斯·普雷斯利（Elvis Presley）、马龙·白兰度（Marlon Brando）和詹姆斯·迪恩（James Dean）等好莱坞明星在影片中都穿着舒适、大方

牛仔布可以被预洗、预缩、石磨、酸洗、漂白、褪色、过度染色、喷砂或撕破。设计师们甚至修改了牛仔布原始的蓝色基调，如今的牛仔布有多种颜色可供选择。

的牛仔裤。这些大牌明星引领着潮流，受他们影响，牛仔裤在当时成为一种时尚标志。他们对牛仔裤成为国际流行风潮起了不可低估的作用。从那时起，学生和年轻人就把牛仔裤当作非正式的制服来穿。如今，牛仔裤几乎受到所有年龄层次的人的喜爱。

牛仔布历史悠久，产于法国尼姆，是一种结实的粗斜纹布料。最初它是由羊毛制成的。其名字“Denim”来自“serge de Nimes”（尼姆哔叽）。18世纪，纺织工人们在布料中掺入棉花，后来就只用棉花制作牛仔布。起初，坚韧的牛仔布被用来制作船帆，后来，一些聪明的热那亚水手决定用这种结实的布料来缝制裤子，可以说，“genes”一词就是牛仔裤“jeans”一词的起源。

牛仔裤是蓝色的，因为牛仔布是用靛蓝植物的蓝色染料来染色的。早在公元前2500年，靛蓝就在亚洲国家、埃及、希腊、罗马、英国和秘鲁被用作染料。牛仔裤制造商之前一直依赖从印度进口靛蓝染料，直到20世纪人工合成靛蓝被开发出来。

众所周知，牛仔裤是1873年由德国移民李维·斯特劳斯发明的。斯特劳斯在旧金山经营着一家五金店，他的库房里额外放置了一些蓝色牛仔布。他注意到，那些涌向加利福尼亚寻找黄金的矿工们需要穿结实的工装裤，便创立了“李维斯”（Levi's）品牌，设计并销售以“李维斯”命名的牛仔裤。之后的10年间，矿工、农民和牛仔们每天都穿着牛仔裤。

最初的李维斯牛仔裤在接缝处并没有安装铆钉。打铆钉是一位名叫雅各布·戴维斯（Jacob Davis）的俄罗斯移民裁缝发明的，起因于一名矿工跟他抱怨说，粗纹布料虽然比其他布料耐磨，但是牛仔裤上简单的缝线还是不够结实，没法装很沉的矿工工具。于是，这个聪明的裁缝在牛仔裤的承重部位打上铆钉加固。1873年，斯特劳斯以69美元的价格从雅各布·戴维斯那里买下了这个创意，这也是在美国申请专利的价格。在接下来的一个世纪里，牛仔裤几乎没有出现其他变化。

1937年，牛仔裤后袋的铆钉被做成了内藏式，因为学校董事会抱怨说，学生穿的牛仔裤上的铆钉刮坏了课桌。同样的原因，牛仔们担心铆钉损坏马鞍、父母担心裸露的铆钉会损坏家具和汽车挡泥板。20世纪60年代，铆钉彻底从后口袋里消失了，后口袋处以条棒形短线代替铆钉固定。

20世纪50年代，牛仔裤开始在青少年中流行。1954年，开始销售带拉链的李维斯牛仔裤，拉链基本上取代了纽扣，尽管至今对于安装门襟纽扣的牛仔裤仍有一些支持者。1957年，牛仔裤生产商在全球销售了1.5亿条牛仔裤；10年后，仅美国消费者就购买了2亿条；1977年，美国消费者购买了5亿条。当第一次流行穿牛仔裤时，时尚专家认为低成本是牛仔裤生产商取得巨大成功的原因。然而在20世纪70年代，牛仔裤的价格翻了一番仍然供不应求。有时生产商为了满足需求，会出售一些不合规格的产品，即存在一些缺陷、平常不会卖的产品。

对牛仔裤的需求在20世纪70年代后期实际上有所下降，但随着名牌牛仔裤进入市场，需求出现了短暂的激增。世界各地受欢迎的时装设计师们开始推销自己设计风格的牛仔裤，而且定价极其昂贵。生产商们一直设法寻求市场对牛仔裤需求旺盛的办法。他们仔细分析购买趋势，设计出足够舒适的牛仔裤，以满足各个年龄段的人——从婴儿到老年人的需求。令人吃惊的是，96%的美国消费者至少拥有一条牛仔裤。

你知道吗？

牛仔裤英文“denim jeans”一词源于欧洲的两个城市，即意大利的港口城市Genoa（热那亚）和法国的南部城市Nimes（尼姆）。也许也源于美国人不愿在其词典中使用听起来像欧洲名字的词。在牛仔布从意大利热那亚传入美国之前，这种布料通常被用来制作牛仔裤。法国编织工称这种布料为“genes”，在美国变成为“jeans”。由于这种相对柔软的布料大受欢迎，导致法国尼姆的纺织业欣欣向荣。在欧洲，这种产品被称为“Nimes”，或称“Serge de Nimes”。在美国，它被称为“Denim”（牛仔布）。

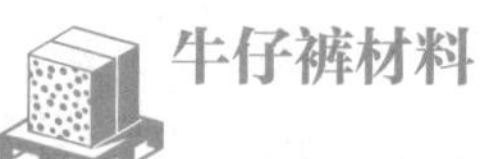

牛仔裤材料

真正的牛仔裤是由100%的棉布制成的，包括缝纫线也是纯棉的。将棉纤维与人造弹性纤维混纺，这样制作的弹力牛仔布肥瘦变换自如。最常使用的染料是人工合成的靛蓝，但牛仔裤也有许多其他颜色。传统的铆钉是用铜制作的，拉链、装饰件和纽扣通常是用钢制作的。设计师的标志牌是由布料、皮革或塑料制成的，有些是用棉线在牛仔裤上刺绣而成的。

牛仔裤有不同的面料和颜色，下面介绍仍然流行的100%纯棉牛仔裤的生产工艺流程。

制作过程

制备纱线

1. 刚从地里采摘来的棉花经轧花机轧制后就成了皮棉，将皮棉制成棉线要经过多道工序。打开棉包进行检查，然后进入“梳棉”工序（见图1），将棉花从装有弯曲钢丝刷的机器中穿过。这些钢丝刷也叫梳棉刷，可以清除杂质、理顺和拉直纤维，并把棉花纤维收集到一起，此处收集的棉花纤维被称为棉条。
2. 用机器把棉条连接在一起，用力拉押和捻搓以增加强度，此过程即所谓的“并条”工序。接着进入“纺纱”工序，把这些棉条放在纺纱机上，进一步拉押和捻搓，纺成纱线（见图1）。

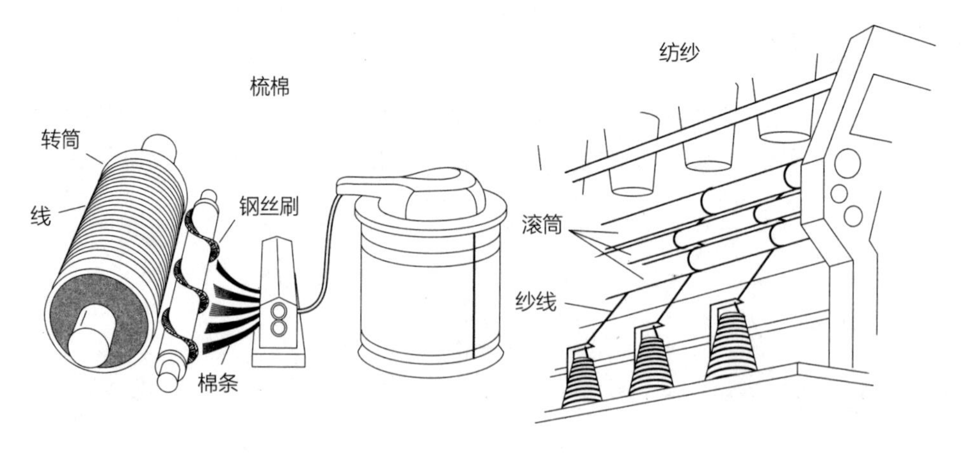

图 1　生产牛仔布前的梳棉和纺纱

纱线染色、浆纱

3. 通常的做法是，先将纱线织成布料（参见步骤5）再染色，但制作牛仔布不同，是先将纱线染色，然后织成布料。

   染色时，先将大团大团的纱线，也就是所谓的经纱，反复浸入合成靛蓝染料中，让染料逐层渗染（见图2），每层吸收染料的分量各不相同，这就解释了为什么越洗牛仔裤的颜色会越浅。染色过程中使用什么样的化学原料仍然是商业秘密，据了解，添加少量的硫黄能够稳定染料的上层或底层的颜色。

4. 将染色后的纱线送入“浆纱”工序，在纱线上涂抹一种淀粉类的浆料，俗称上浆，上浆使纱线变得坚韧。至此染色的纱线——经线可以与无须染色的纬纱一起上机编织布料了。

织布

5. 接下来，使用大型织布机将棉纱织成布料（见图2）。牛仔布并不是100%的纯蓝色，因为它是由蓝线构成经线（长的、垂直的线）、白线构成纬线（较短的、水平的线），经纬交织而成的，只不过蓝色线比白色线排列得更紧密，所以看起来是蓝色的。

6. 机械织机与普通的手工织机的织造程序基本相同，但前者体积更大，速度更快。现代的“无梭子”织机使用一种非常小的载体代替传统的梭子，将纬线织入经线中，一周可以生产2 743米的布料。布料长度每超过914米，就可以将其卷成一大卷。

7. 以上工序完成牛仔坯布生产，接着进入“整理”工序。“整理”指的是对织造后的布料进行各种处理。刷去布料表面的棉绒和线头，钉紧松散的缝线以防缠绕。也可以对布料进行砂磨或预缩处理。经过三次洗涤后，经砂磨处理的牛仔布的收缩率不超过3%。

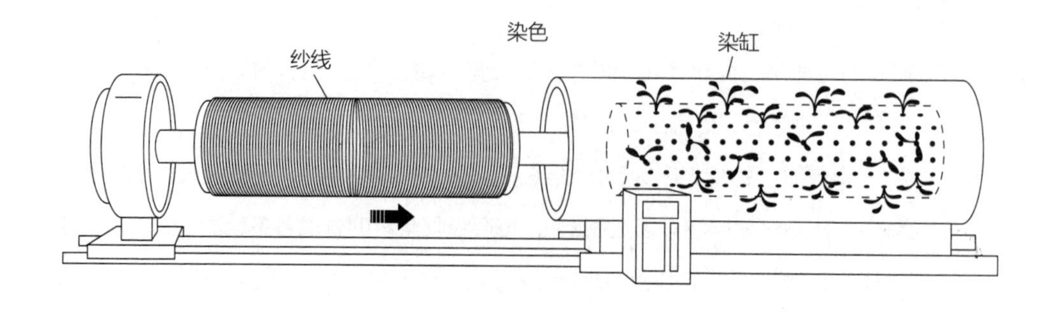

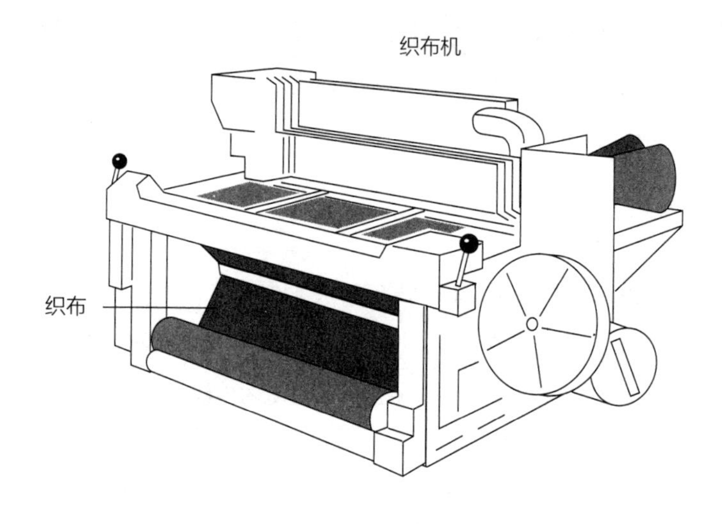

图 2 染色和织布

织布之前，将纱线反复浸入染缸里，以让染料逐层渗染。

牛仔裤的制作

8. 选中某个设计方案后，就将多达100层的布料铺在一张大桌子上进行裁剪。过去人们是从厚纸或硬纸板上剪下图案，然后依样画在布匹上，以便工人用纺织裁剪机进行裁剪。现代工厂使用程控高速裁剪机（见图3）。一个样式可能有多达80种不同的尺寸。除了铆钉、纽扣和拉链，一条牛仔裤大约包含10到15个不同的部分，包括口袋、裤腿、裤腰和皮带环。

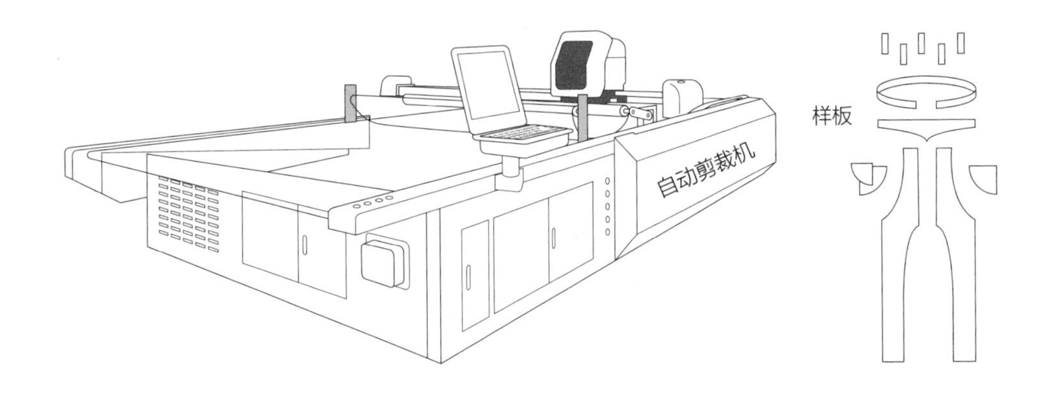

图 3 裁剪

从一摞厚达100层的布料上裁剪下牛仔裤的各个部分，然后拼接缝制成牛仔裤。缝制工作是由工人操作缝纫机在流水线上完成的。

9. 裁剪后进行缝纫。一般通过流水线作业，由许多缝纫工在成排的缝纫机上进行操作。每个缝纫工被分派专门从事一种工作，如缝制牛仔裤的后口袋等。

10. 后口袋上往往有刺绣图案。缝纫工将裁剪成口袋的牛仔布拉伸在绣环上，然后由自动刺绣机将程序设计好的图案绣到口袋布上。

11. 前一名缝纫工将口袋与裤腿缝合，后一名缝纫工将两片裤腿缝合在一起，紧接着的缝纫工缝上裤腰——一块片状的布料；再就是缝上皮带环、装上纽扣和拉链；最后将铆钉压在特定的接缝处，并缝上有关生产商信息的标签。

12. 有些牛仔裤通过预洗和石磨来改变外观或质地。“预洗”是指用工业洗涤剂短时间清洗牛仔裤使其变得柔软。在洗液中加入一定大小的浮石以达到做旧和褪色效果。在洗液中加入2.5厘米或更小的石头来打磨，能使布料褪色更均匀，而10厘米的大石块用于突出接缝和口袋处的不均匀的褪色，取得做旧效果。

13. 然后熨烫牛仔裤。一台大型熨烫机熨烫一条完整的牛仔裤大约只需一分钟。熨烫完成后，在牛仔裤上打上尺码标签，再把牛仔裤折叠、堆放在一起。接下来，根据样式、颜色和尺寸将牛仔裤分类装入包装盒。成品牛仔裤储存在仓库里，直到被打包装箱，通过火车或货车送到商店销售。

副产物

生产布料时需要用到许多化学物质，染色、砂洗等每一处理过程都会产生副产物，其中大部分是可以通过生物降解的，对环境无害。

然而，生产布料过程中也有一些副产物是有害的，如淀粉和染料等。这些废物不能倾倒在溪流或湖泊中，因为它们会污染水源、伤害动植物。所以，生产商必须依法处置这些有害物质。

质量控制

棉花是一种很受欢迎的天然纤维，因为它既结实又柔韧。生产时，检验所有棉包的颜色、纤维长度和强度。强度是通过重物下拉棉花纤维来测量的。棉纤维断裂所需重力的大小决定了棉花的强度等级。

仔细检查成品牛仔布有无瑕疵，对每一个缺陷都按照政府规定的标准进行评级。非常小的缺陷记1分，主要缺陷最多记4分。劣质布也可以贴上“破损”的标签出售。还须测试牛仔布的耐久性和缩水率。为了检验样品布是否能穿，需对其进行多次洗涤和干燥。对于成品牛仔裤，也要经过这样检查。如果发现是可以改正的问题，就将牛仔裤送回加工处重新缝纫，并再次接受检查。再就是检查纽扣的大小是否与扣眼匹配；检查装饰片、金属纽扣和铆钉的强度和防锈性能；对拉链进行数百次的开、合测试，以确保其足够坚固，能够承受厚重布料的压力。

未来的牛仔裤

从设计之初到现在基本保持原样，牛仔裤广泛的通用性足以满足市场需求。现在，设计师们设计出新的风格、颜色的牛仔裤，并一直使用新的混合面料，甚至可以设计高价定制的牛仔裤。

工厂的缝纫作业一直很难实现自动化，主要是织物的弹性难以处理。当然也有一些公司正在致力于自动缝纫机的研发，随着技术进步，相信未来会实现自动缝纫。

有机牛仔裤

自1982年以来，有机作物农场主莎莉·福克斯（Sally Fox）一直与科学家一道，在她的亚利桑那州（Arizona）农场种植和培育柔软的绿色和棕色的天然棉花。她希望有一天能培育出黄色、红色和灰色——但绝不是蓝色（棉花基因中不存在这种颜色的染色体）的棉花。通常情况下，棉织物的颜色是通过染色工艺得到的。“Foxfiber Colorganic”是她的棉花商标，这种彩色有机棉具有的优势是，无须漂白和染色——所以生产过程中不会产生有害的副产物，而且洗后也不褪色。

跑　鞋

美国运动鞋年销售总额：175亿美元（其中约四分之一为跑鞋）
最大的销售商：耐克公司（全球年销售额为198亿美元）

始于足下

一般人希望买到的鞋既舒适又美观。运动员则不同，他们对鞋的要求更高，需要鞋来支撑、保护自己的脚，并且提高自己的运动成绩。为提高运动员们的运动成绩，制造商与医学顾问、运动员共同努力，希望制造出更好的鞋。在过去的30年间，跑鞋发生了巨大的变化，这没什么可大惊小怪的，因为越来越多的人参与比赛，或者为了娱乐和健身，参加各种各样的运动，如竞走、徒步旅行、散步和跑步等。

赤脚的奥林匹克比赛

1960年，在罗马奥运会上，埃塞俄比亚长跑运动员阿贝·比基拉（Abebe Bikila）在马拉松比赛中获得金牌。看到他光着脚完成这一壮举，全世界的制鞋商都感到震惊。

古希腊人早就开启了跑步运动，拥有强健的体魄和健全的头脑的思想已深深地植根

人的每只脚有26块脆弱的骨头。每条腿和连着的脚共有30块骨头。

通常，我们的两只脚大小不同。如果是这样，那么建议买一双更大的鞋，然后在另一只鞋里垫上鞋垫。

跑步者"踩到地面瞬间"的落地力（地面的反作用力）相当于自身体重的两到三倍。为了缓解这种作用力的冲击，跑鞋制造商试图在鞋底夹层中加入空气、凝胶、泡沫塑料、液体、特殊气体、塑料，乃至小橡胶球。

于他们的文明中。在古希腊的竞技比赛中，运动员们光着脚，而且常常是赤身裸体地参加比赛。后来，古罗马人坚持让他们的使者穿着薄底凉鞋。几个世纪以来，随着制鞋技术的发展，经久耐用的皮革鞋一直深受人们的喜爱。1852年，第一双专为跑步设计的鞋问世，历史学家注意到，在当时的一场比赛中，跑步者穿着钉鞋参加比赛。

1900年，第一款运动鞋（或称全能运动鞋）被设计出来。这款运动鞋主要由帆布制成，其特点是使用舒适的橡胶镶边。这是1839年查尔斯·固特异发现硫化橡胶后才得以制成的。查尔斯·固特异在加热橡胶并将其与硫黄结合时，给了这种应用范围有限的旧产品一个新的生命。这种硫化过程阻止了橡胶硬化和失去弹性。在这种运动鞋中，橡胶鞋垫有助于缓冲在硬地面上跑步时受到的冲击，但持续的时间不长。这种鞋对跑步者来说，因为橡胶不够结实，经不起跑步者的高强度训练，所以很快皮革就成为跑鞋的首选材料。

但皮革远非理想的跑鞋材料。因为由皮革制成的皮鞋除了价格昂贵外，还会磨伤运动员的脚，所以穿跑鞋的人不得不购买麂皮或者羊皮制作的鞋垫以让脚得到更多保护。

一位被称作"老先生"的苏格兰人里金斯（Richings）想出了解决办法，他发明了一种特别定制的鞋。这种鞋的鞋头处有一个无接缝的脚趾盒，用来保护脚趾，其方法是在鞋头和鞋里衬之间插入一块材料，并用一种硬化物质处理。脚趾盒可以保护脆弱的脚趾免受摩擦。

1925年，德国鞋匠阿道夫·达斯勒（Adolf Dassler）与兄弟鲁道夫（Rudolf）合伙开了一家公司，专门制作运动鞋。该公司制作的跑鞋提供了足弓支撑和快速系鞋带功能，大大提高了鞋的品质，很快赢得了包括一些奥运会选手在内的杰出运动员的青睐。

达斯勒兄弟后来各自成立了新公司。阿道夫创立了阿迪达斯（Adidas）公司，鲁道夫创立了彪马（Puma）公司，这两家公司至今仍是运动鞋界的两大巨头。20世纪中期，出现了另一家跑鞋制造商——新英格兰海德体育公司，其强项是制造足球鞋。1949年，海德公司对其跑鞋的描述为：袋鼠皮、沿条（沿条是用来连接鞋帮和鞋底的带子）构型、弹性三角封盖（鞋帮上的三角形皮革片）和附有皱纹橡胶的皮革鞋底。

20世纪中期，赢得1951年波士顿马拉松赛冠军的日本选手田中茂树穿了一双不同寻常的跑鞋。这双鞋子的名字叫“老虎”，是仿照传统的日本鞋设计的，这种鞋把大脚趾和其他四个脚趾分开。

20世纪60年代，一家名为纽巴伦（New Balance）的公司开始研究跑步对脚的实际影响。作为这项研究的成果，纽巴伦在研究骨骼系统的基础上开发了一款新的跑鞋，鞋底有波纹，后跟是楔形的，可以减轻震动。

从海滩到奥运会

虽然鞋和防护鞋已经有几千年的历史了，但是第一双胶底鞋［众所周知的“橡胶底帆布鞋”（Plimsolls）］是由利物浦橡胶（Liverpool Rubber）公司生产的，它是一种沙滩休闲鞋。1916年，美国橡胶公司将其旗下所有的鞋类品牌合并为一个名称——“Keds”（科迪斯），并于1917年生产了美国第一双适用于普通大众的运动鞋。但是，要想占领职业运动员和各个年龄段儿童需求的高端运动鞋市场，他们还有包括顶尖设计等在内的很多工作要做。1962年，俄勒冈大学赛跑运动员菲尔·奈特（Phil Knight）加入运动鞋行业。奈特的鞋子采用华夫饼形状的鞋底、楔形鞋跟、有缓冲的中底，以及比帆布鞋更轻的尼龙鞋面。10年后，忙于俄勒冈州尤金（Eugene）市的奥运会选拔赛的奈特，正式推出以希腊胜利女神命名的耐克（Nike）运动鞋。

随着跑步运动越来越流行，跑步者对鞋的要求也越来越高，他们希望穿上在运动中能少受伤害的鞋。很多跑步者要求跑鞋既轻便又能提供支撑。发明于第二次世界大战期间的尼龙，显然满足了这一要求，开始取代以前用于制作跑鞋的较重的皮革和帆布。

现如今，舒适的跑鞋已不单单是跑步者的专享。制鞋商会根据不同运动特性设计出不同类别的运动鞋，如分别适应篮球、网球、棒球、足球、交叉训练、健美操等运动的运动鞋应运而生。几乎所有热爱舒适和时尚的人都穿上运动鞋，而不仅仅是运动员。即使是着装正式的上班族也开始穿着运动鞋出现在上下班途中。只要不是非常正式的场合，你会发现来回穿梭的人大都穿着运动鞋，而那些一天大部分时间都站着工作的人更是独爱拥有良好舒适性和支撑力的鞋。每年消费者花在跑鞋及其他运动鞋上的费用达数十亿美元。有专家指出，大多数人购买跑鞋是因为穿着舒适，而不是要参加什么运动。

跑鞋材料

跑鞋由多达20个部分组成，构成这些部分的材料大都不相同。下面介绍最基本的几个部分，其中最主要的部分是鞋面和鞋底。鞋面遮盖着脚背及其两侧；鞋底与地面接触，分为三层，分别为内底、中底和大底（见图1）。

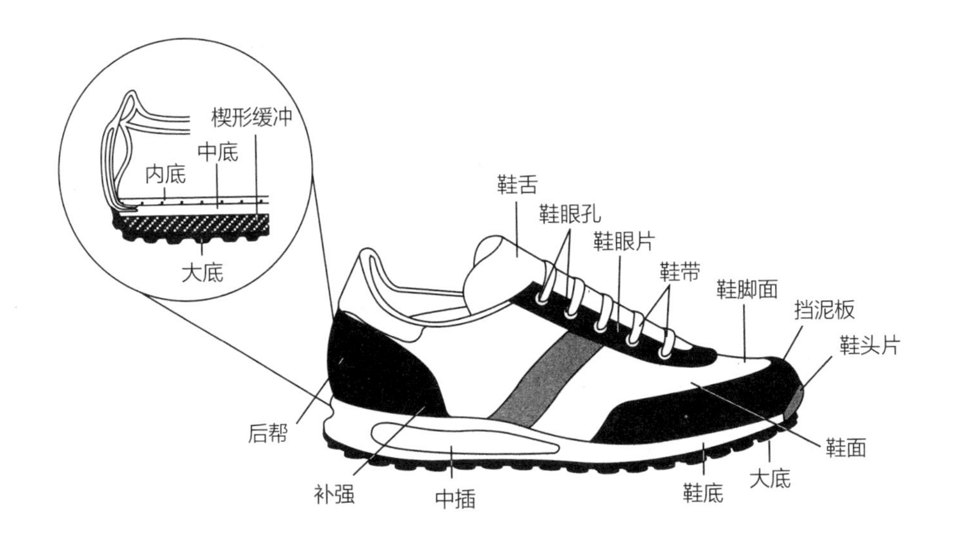

图 1 跑鞋构成图

内底位于鞋内，包含拱形支撑（有时称为“脚掌拱形片”），是由轻质薄层缓冲材料制成的。这些材料通常为乙烯–醋酸乙烯酯共聚物（EVA）泡沫塑料、开孔聚氨酯泡沫塑料或闭孔氯丁橡胶泡沫塑料。可以单独定制内底，然后根据运动员的具体需要添加。如在缓冲层下面增加一层硬塑料层来提高鞋的支撑作用。

中底是专门为减震设计的，有楔形支撑体。不同制鞋商采用不同的材料制造中底。一般来说，中底是由聚氨酯（一种泡沫塑料）包裹另一种材料如凝胶或液体硅酮制成的，或是由制鞋商指定特殊品牌的聚氨酯泡沫塑料制成的。在某些情况下，中底可能是由聚氨酯包裹压缩空气或热塑性聚氨酯橡胶（TPU）制成的。

大底可以提供牵引力和减轻冲击力。尽管制鞋商使用各种各样的材料来生产不同质地的大底，但大底通常都是由硬的碳橡胶或软的吹制橡胶制成的。

鞋面是由合成材料如人造麂皮或尼龙织物制成的，并用塑料片或塑料板塑形，通常带有网眼。制鞋商也可能采用皮革，或尼龙与皮革混搭在一起制作鞋面。穿过鞋眼的鞋带是机织物。

使用不同的构型（或拉帮）技术，将鞋面与鞋底缝合或使用胶水黏合在一起。鞋楦是制作鞋的构型模具。构型技术包括车缝套楦工艺（Slip–lasted，将缝好的鞋面与中底上方的软板缝在一起，套楦后与中底粘连）、缝帮套楦工艺（Strobel–lasting，将鞋面先套入鞋楦，在底部加

品牌运动鞋制造商设计了一种鞋内支架系统，可以减少或阻止脚向内或向外扭转。支架系统有助于跑步者的脚在鞋内沿着直线和限定的范围活动。

跟腱软组织

跟腱是连接足跟骨和小腿肌肉的坚韧软组织，是以希腊神话中的英雄阿喀琉斯（Achilles）的名字来命名的。阿喀琉斯的唯一弱点就是脚后跟。

上一块纤维板，然后加压与中底粘连在一起），或者综合使用这些技术。缝帮套楦工艺与拉帮套楦工艺（Board-lasting）非常相似，但用于中底的材料更轻，更有弹性。前者是现在最常见的一种工艺，后者已经很少用于制作运动鞋了。车缝套楦工艺更灵活，但提供的支撑较少。

绕着鞋子看（见图1），从前面开始，挡泥板覆盖了鞋的前部，直到大底的边缘。鞋脚面通常单独使用一块形状适合鞋子的材料，由其给脚趾提供足够的空间。鞋面上的附件，如鞋口部分，包括鞋眼片和系鞋带部分。在鞋口下面是鞋舌，它保护脚背，让其不直接接触鞋带。鞋面两侧还附着补强材料。缝在鞋外面的补强材料，被称作“马鞍”；缝在鞋里面的补强材料，被称作“足弓带”。鞋后面是后帮，通常在后帮内侧有一层跟腱保护材料。外片塑造鞋后面的形状，其内是塑料后套，用来支撑脚后跟。

在过去的30年间，制鞋商对跑鞋做了极大的改进，也就有了现在的很多款式和配色。时尚鞋设计师专注于研究脚的结构和脚的运动性能。他们通过运用摄影和电脑来分析肢体运动等因素，包括不同的地形及脚的位置对鞋的冲击的影响，如跑步者的脚向内扭转，则称其为旋前肌，反之则称其为旋后肌。

说做就做

1972年，俄勒冈大学（University of Oregon）田径教练、耐克（Nike）公司联合创始人比尔·鲍尔曼（Bill Bowerman）将聚氨酯倒进妻子的华夫饼机里，结果把华夫饼机弄坏了。幸运的是，没有人尝试去吃它，但鲍尔曼的这次“厨房发明”导致在牵引力和舒适性方面超过其他材料的大底诞生。第二年，耐克公司推出“华夫训练鞋”。

设计师们把有关跑鞋的压力点、摩擦模式和冲击力信息输入电脑，电脑根据这些条件进行模拟并做出最佳调整。然后通过对慢跑者和专业跑步者使用跑鞋的情况进行研究，测试并开发样品鞋，为量产定型设计做准备。

制作过程

制鞋业需要大量的熟练工人，生产的每个阶段都要做到技艺精湛和准确到位，靠投机取巧来降低成本只会降低鞋的质量。

大多数跑鞋使用车缝套楦工艺，本节重点介绍将鞋面车缝到中底上面的一块轻质柔韧材料底部的制作过程。

织物的运输和冲压

1. 将备好的合成材料卷和染色、裁剪过的绒面革卷（用来制作鞋面）送到工厂。
2. 用钢模机给鞋样打上标记，用模切机切出带有各种标记样式的部件，以方便组装其他部分（见图2）。将这些部件捆扎和贴上标签后，送到工厂的另一个地方进行缝合。

连接鞋面和内底

3. 将构成鞋面的部分缝合及粘连在一起，然后打出鞋眼。这些部分包括鞋脚面、挡泥板、鞋口（包括鞋眼片和鞋眼部分）、鞋舌、补强（如“马鞍”或“足弓带”）、后帮（含保护跟腱的材料）和商标。这时的鞋面看起来更像一顶圆帽子，而不像鞋，因为鞋面有多出的一层边。这层边叫拉帮边，当它与鞋底粘连时，会被折叠在鞋底上。
4. 将鞋面与鞋内底缝合到一起，并在鞋内底加入能使脚跟和脚趾区域变得硬挺的化学物质。

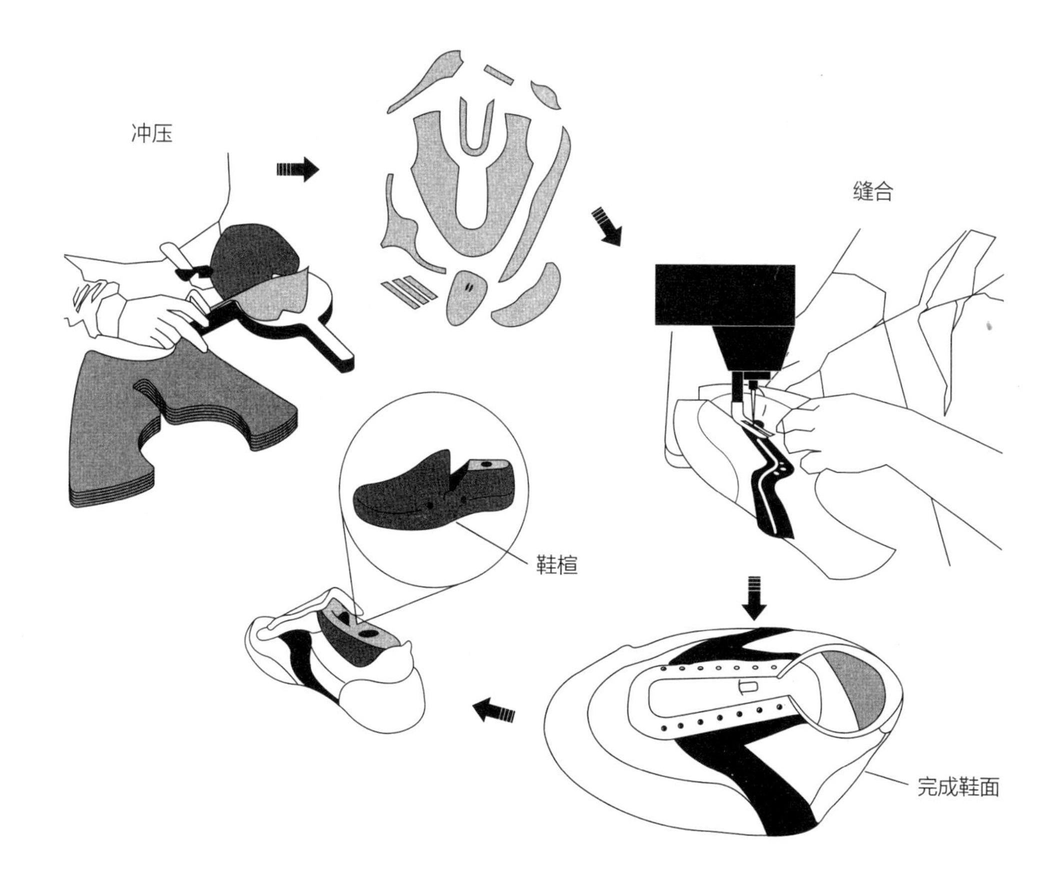

图 2 制作鞋面

制造跑鞋的第一步是用模切机（用于切割、成型或冲压材料的机器）模切鞋部件。接下来，将构成鞋面的部分缝合及粘连在一起。将鞋面加热后套在鞋楦上，与内底、中底和大底粘连到一起。

连接鞋面和鞋底

依据鞋类贸易研究协会（SATRA）发布的检验程序对成品跑鞋进行质量测试。检查跑鞋在拉帮、粘连、缝合等方面是否存在缺陷。

5. 加热缝合及粘连好鞋面，然后套在鞋楦上——鞋楦是制鞋的构型模具，接着通过一台自动拉帮机将鞋面拉下来。
6. 通过喷嘴在鞋面和柔韧的内底板之间涂上胶，然后通过机器将两部分压合在一起。至此，有了成品鞋的完整形状。
7. 将预冲压和切割的中底、大底、楔形物分层与鞋面胶结到一起。其步骤是，先将大底和中底对齐并粘连在一起，接着将粘连的大底和中底与鞋面对齐，放置在加热器上加热，让胶受热软化，冷却后就与鞋面粘连在一起。

8. 将鞋从鞋楦上取下并进行检查，刮掉鞋上多余的胶。

质量控制

制鞋商依据鞋类贸易研究协会发布的检验程序来测试跑鞋的材料，并通过该协会设计的设备来测试跑鞋的每个部分。制鞋完工后，检验员检查跑鞋在拉帮、粘连、缝合等方面是否存在缺陷。跑步会对脚及腿部的肌腱、韧带造成伤害，目前人们正在开发另一种测试方法，以评估鞋的减震功能。

未来的跑鞋

制鞋商将持续改进设计方案，使用更轻质的材料，以制作出能提供更好的支撑和稳定性的跑鞋。

改进生产工艺可以让企业根据个人消费者的需求制作定制的跑鞋，高端制鞋商为高要求的运动员提供定制鞋服务已成为一种趋势。

鞋跟装有电子芯片的“智能”跑鞋，能据其测量跑步者的速度、跑动距离、心率和消耗的能量。该芯片可以与电脑或智能手机通信，以便读取和分析数据。

既然有人愿意持续花费数百万美元来购买舒适性的跑鞋，为了争夺这个市场，制造日常鞋的制鞋商也在考虑设计跑鞋，这对普通消费者来说是件值得庆贺的事。

手　表

发明者：彼得·亨莱因（Peter Henlein，1504年，发明了第一只可携带的但不是很准确的表）、约斯特·伯基（Jost Burgi，1577年，发明了分针）、法国科学家布莱士·帕斯卡（Blaise Pascal，1642年，发明了滚轮式加法器）、克里斯蒂安·惠更斯（Christiaan Huygens，1656年，发明了钟摆）、布莱士·帕斯卡（用一根细绳把怀表系在手腕上，“手表”就这样诞生了）

全球手表年销售量：12亿只

测定时间

自有时间概念以来，人类就在为守时而努力。对于不能守时，《爱丽丝梦游仙境》中的白兔也许表达得最为恰当：“我迟到了，我迟到了，去赴一个非常重要的约会。”那么，古人是如何测定时间的呢？他们利用太阳的位置、公鸡的鸣叫、日晷投下的阴影，以及沙漏中流失的沙子来测定时间。当精确的计时器被发明后，人们便没有了迟到的借口。

最古老的测定时间的方法是，观察太阳在天空中的位置。当太阳在头顶上方时，时间大约为中午12点。发明日晷后，人们测定时间的方法便不再完全依赖于个人的判断。白天，阳光照射着放置在晷面（带刻度的表座）中心的晷针，在晷面上投下阴影，不同时刻阴影所在的刻度不同，从而产生相对准确的时间。

机械式钟表既精密又复杂，内部装满了轮子、齿轮、控制杆和弹簧。电子式钟表内部安装的是石英晶片、电路板和微型芯片，它能非常准确地计时，以满足人们按时行事的需要。

据相关历史记载，前现代时期，古希腊人、古罗马人、中国人和叙利亚人在计时器中使用了各种闹钟。在德国，使用闹钟可以追溯到15世纪；在英国，使用闹钟可以追溯到17世纪。1787年，美国新罕布什尔州的列维·哈钦斯（Levi Hutchins）发明了一种带有定时功能的闹钟。该闹钟可以在凌晨4点叫醒他，以让他起床，然后去上班。

14世纪，机械钟的发明是一项重大的技术进步。机械钟体积更小，计时更一致、稳定，包括一系列复杂的轮子、齿轮和操控杆，由落锤和钟摆（或后来出现的发条）提供动力。这些部件协同工作，移动刻度盘的指针来显示时间。其后不久，准确报时的鸣钟被设计出来，它们能每隔一小时、半小时或一刻钟响起报时鸣声。到18世纪，装上钟匣或密封的小型时钟走进各个家庭。

对时钟来说，机芯部件的做工越精细，计时的精度就越高。从发明钟表到20世纪中叶以来，制造钟表的技术主要集中于让机芯部件尽可能精确地工作。钟表业想持续发展，就必须在各种材料加工和专业技能方面有所改进，比如在金属加工技术、小型化和小零件润滑方面取得进展。钟表工匠需要具备加工宝石的技能，如加工红宝石、蓝宝石、钻石或石榴石（以及后来出现的人造红宝石、人造蓝宝石）的技术。为了降低钟表内传动件的磨损，在承受压力最大的地方使用宝石制作钟表的轴承（珠宝机芯），显著提高了机芯寿命。

测时技术是一种非常精确地测量时间或制作钟表的技术。

19世纪末，小型怀表的直径大约是5厘米~7.5厘米。到20世纪60年代，机械手表在美国已成为日常用品，但手表和钟表制造商所面临的核心问题依然未变，它们是机械零件磨损、不准确和损坏。

如今的手表不仅是计时器，还给我们带来更多的便利。许多使用石英机芯和机械机芯的指针式手表都有附加功能，如附加时区、日历、月相跟踪器、深度和高度计、计时器等。电子表和智能手表还可以增添更多的附加功能。

古代计时器

早在两万年前的冰河世纪，人类就开始测量时间了。当时猎人们在树枝和骨头上刻下线条、钻出小孔，用来计算各种月相之间的天数。苏美尔人在5 000年前创造了一种与现代年历类似的年历。4 000年前建于英格兰的巨石阵，是为了与天体对齐而建造的，揭示了月食和至点。公元前4236年，埃及人根据天狼星的位置和尼罗河每年的泛滥记录，创造了365天的历法。公元前2000年左右，位于今天伊拉克的巴比伦人和中美洲的玛雅人（古印第安人的一支）创建了基于太阳时间表的历法。我们今天使用的历法与这些古代的计时历法几乎没什么不同。

指针式手表

机械表机芯（内部滴答作响的部件）是由一系列微小的齿轮、弹簧和其他纯机械零部件构成的。机芯不需要电池提供动力，可分为自动上弦表和手动上弦表两种。手动上弦表有一个小拨轮，被称为表冠，需要定期上弦。自动机械表依靠机芯内的一个额外的转子捕获佩戴者移动时的机械能来给主发条上弦。极其复杂的机械机芯必须在很小的空间内组装起来。

当石英被外力作用时，石英两端会产生电荷。相反，对石英施加电场，石英就具有变形及伸缩的性质，这就是众所周知的“压电效应”。当电场施加到石英上时，石英就以精确的频率振荡。通过电池提供电压来激活石英晶体振荡，从而为微型集成电路芯片（简称“微芯片”）中的电子电路供电。

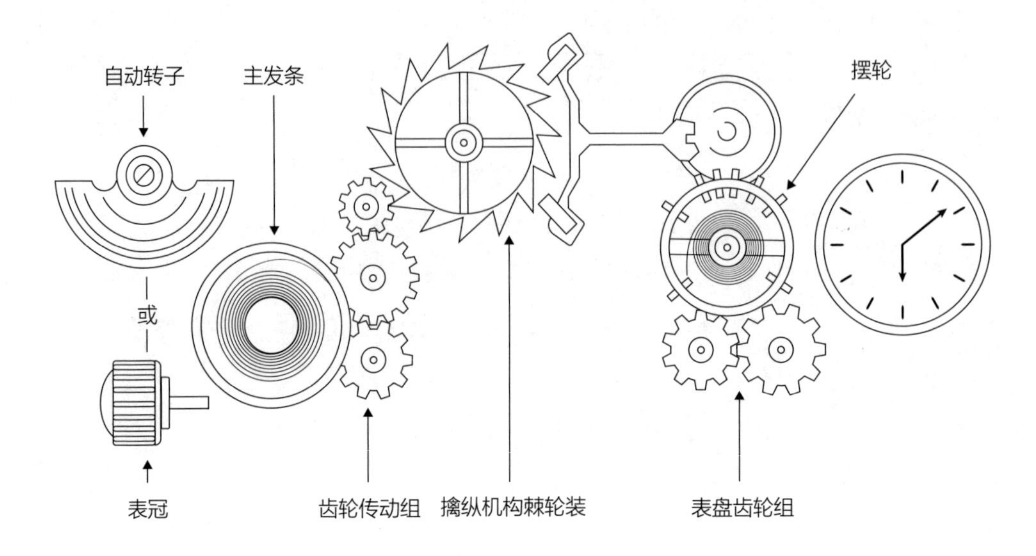

图 1 机械表构件

机械表机芯的能量储存在主发条中，一般使用表冠给发条上弦，或者通过自动转子捕捉能量传递给发条带动机芯。发条驱动齿轮传动链，齿轮传动链通过擒纵机构和摆轮机构提供动力。擒纵机构控制着齿轮传动链的转速，它是机械表的核心。

石英晶体以32 768赫兹的频率振动，微芯片是手表的“大脑”，它控制着石英谐振器的振动，并起着分频器的作用。微芯片将石英谐振器振荡频率降至每秒1次。该振荡信号用于驱动步进电机。这是一种特殊类型的电机，它会根据接收到的每个脉冲信号旋转一定的角度，从而驱动一组齿轮，带动手表上的指针转动。

原子时代的计时器——原子钟

在第二次世界大战结束后的几年里，人们对原子物理学的兴趣推动了原子钟的发展。原子钟内放射性物质以已知的稳定速率发射粒子。这时，取代机械钟通过齿轮啮合和部件运动来计时的是另一种模拟钟表运动的装置。原子钟通常用于实验室或通信环境中，在这些环境中需要始终保持精确的基准时间。

电子表

20世纪70年代、80年代随着微芯片的发展，一种新型的手表被发明出来。将晶体振荡器与微芯片技术相结合，人们发明了数字式电子手表。时间可以显示在液晶显示屏（LCD）上，完全取代了传统指针式手表的运动部件。因为电子表内没有运动的机械装置，所以不存在机械磨损或需要上发条之类的操作。此外，可以给电子表增添各种各样的新功能，如计时器、日历和电子闹钟等。

随着微芯片变得更小，功能更强大，制造商开始在手表中加入更多的先进功能，智能手表就这样诞生了。智能手表通常配备液晶触摸屏，通过蓝牙、无线网络、近场通信（NFC）或移动电话进行无线通信和全球定位系统导航。当然，要实现这些功能还得预装许多应用程序。将智能电子表安装“健康追踪”应用软件，可变身为智能健康跟踪器，实时监控佩戴者的心率变化和行走步数等。

买得起的计时器

曾经，手表是皇室成员或富人们的专属。1969年，日本精工公司发明了石英表。其后手表的价格变得便宜起来；电子手表出现，价格不断降低，更加亲民，几乎人人买得起一块手表。虽然石英表和电子手表计时更准确，但还是有许多人喜欢复杂而精密的机械表。

手表材料

虽然智能手表越来越受欢迎，但大多数人仍然使用更传统的石英表或机械表。因此，本节和制造工艺部分将重点介绍具有机械机芯的手表。

机械表机芯将能量储存在主发条中，并通过擒纵机构和摆轮机构将能量传递给一系列复杂的齿轮。机芯的齿轮、销、轮、枢轴、齿和弹簧都是由金属制成的，一般是黄铜和钢。为了使机芯运转平稳，轴承通常由人工合成的红宝石或蓝宝石制成，由此降低了活动件之间的摩擦损耗，延长了使用寿命。

石英机芯中采用人造石英作为晶体振荡器。微芯片是由硅制成的。对电子手表来说，液晶显示器由夹在玻璃片之间的液晶组成。零件之间的电触点通常是由少量的黄金（或镀金）制成的，这是一种近乎理想的导电体，但使用量很少。

不管手表里面的机芯是什么类型，表身或表壳都可以采用多种材料制成，从塑料到贵金属等各种材质的表身或表壳都有，最常见的是不锈钢。手表表带也可以由许多不同的材料制成，金属、皮革、塑料和合成纤维等材料都很受欢迎。手表正面的表蒙子清晰显示手表的指示值。表蒙子可以由玻璃、丙烯酸树脂、矿物晶体（一种合成玻璃）或蓝宝石制成。蓝宝石表蒙子最防刮耐划，只是价格昂贵。

制造过程

如今，许多手表制造商从其他制造商那里订购机芯，将其组装到自己设计的机身上。还有一些手表制造商则是自家制造手表的每一个零部件。

本节先分别描述机械机芯和石英机芯的制造过程，因为机械表和石英表的总装工艺基本相同，所以接着将它们的总装工艺一起介绍。

机械机芯

1. 机械表机芯可能包含成百上千个经精密加工和精确组装的零件。零件的数量取决于具体的机芯设计要求。虽然非常高端的奢侈品手表可能完全由高超技能的工匠用手工制作，但大多数机械表的零部件都由计算机控制，通过铣削、切割和抛光机加工工艺完成。
2. 在高度自动化制造的过程中，可以对同一种零件一次加工成型多个，如同复制。例如，根据特定齿轮的图样可以用激光切割成数百个黄铜薄片。将切割后的零件在另一台机器上打磨抛光。
3. 由于机芯结构微妙和复杂，大多数的机械机芯仍然需要在一定程度上进行手工装配和调整。这是一项高技能的工作，需要训练有素的工人与非常稳定的双手在放大镜下精心操作。

4. 一旦所有的零部件组装完毕，完整的机芯就可以装配到表身上，或运往第三方制造商那里装配到表身上。

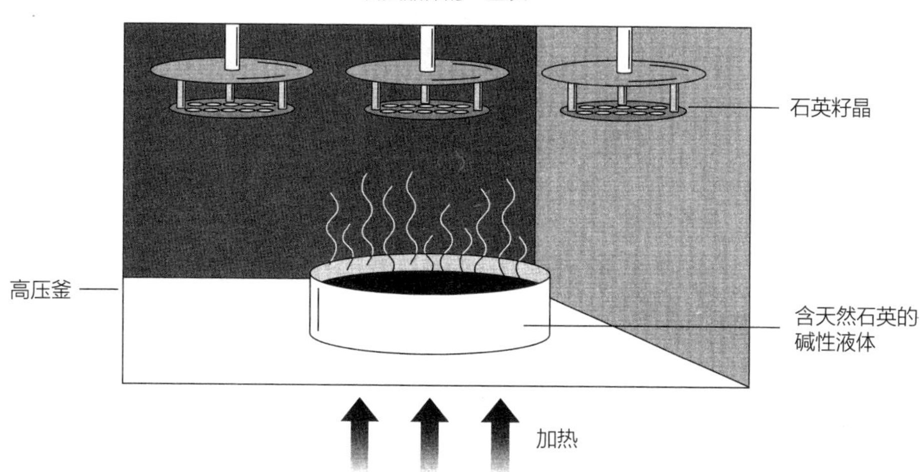

图 2 制造石英晶体

在自然状态下，将石英装入高压釜中。悬挂在高压釜顶部的是理想晶体结构的籽晶或微小的石英颗粒。接着将含有天然石英的碱性物质泵入高压釜底部，通过高温加热，使石英溶解，经蒸发后附着在籽晶上。

石英机芯

5. 石英表的核心是一小片石英。将天然形态的石英装入高压釜（医生和牙医也使用同样的设备对仪器进行消毒）中（见图2）。悬挂在高压釜顶部的是理想晶体结构的籽晶或微小的石英颗粒。将含有天然石英的碱性物质泵入高压釜底部，并加热到大约400℃。石英熔化，经蒸发后附着在籽晶上。附着时，它形成籽晶的结构模式。大约75天后，打开高压釜盖，取出新生长的石英晶体，并用金刚石锯（用于切割极其坚硬的材料）切成准确的大小。采用不同的角度和厚度切割，可以实现符合设计要求的振荡频率和模式（类似于钟摆在两点之间来回摆动）。

6. 为了保证石英晶体最有效地工作，将石英晶体使用真空密封。最常见的是将石英晶体放在一种容器里，容器两端连接着电线，通过焊接或其他方式将其连接到电路板上。

7. 微芯片是由手表制造商的供应商制造的。与制造石英晶体过程一样，制造微芯片也经历一个头绪多而复杂的过程，它涉及使用化学方式或X射线蚀刻微小的电子电路（用于传导电流）到一个小型二氧化硅片上。印刷电路板由微芯片、振荡器、电池连接器和步进电机组成（参见图3）。
8. 将印刷电路板组件与手表机芯的机械部件（步进电机、齿轮等）一起连接到机壳上。然后将组装完成的机芯安装到表壳上，或运往第三方制造商那里安装到表壳上。

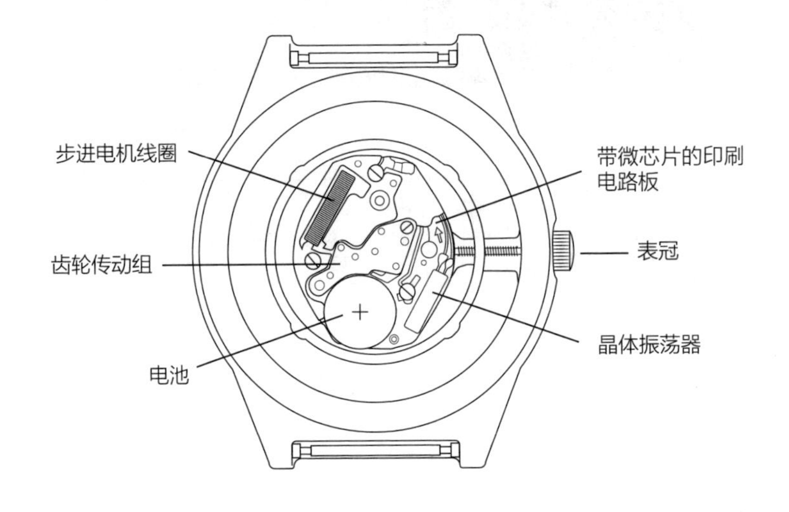

图 3　石英表机芯

在石英表机芯中，石英晶体和微芯片在印刷电路板上。电池为石英晶体送电，激发晶体振荡，同时给微芯片供电。微芯片接收来自晶体的计时信号，并驱动步进电机，步进电机通过齿轮传动机构移动手表指针。

增添手表附加功能所添加的零件和总装

9. 手表可以由多种材料制成。大多数手表的表身都是不锈钢的，但高档的奢侈手表的表身往往是由黄金或白金等贵金属制造的。手表表盘和指针通常也是由金属制成的，可以刷漆或保持材料基色以凸显原材料的美感。其操作选择权掌握在手表制造商手上。金属手表零件可以通过手工加工，也可以通过自动化机械加工，这

瑞士钟表制造公司声称，他们在“江诗丹顿”（Vacheron Constantin）品牌中推出了世界上最复杂的手表，其型号为57260，共有57种附加功能，以及2 800多个零部件。

也取决于手表制造商。便宜的手表表身可以采用成本较低的金属乃至塑料制成。

10. 水晶是保护表盘和指针的较好的透明材料。天然矿物质、合成玻璃或丙烯酸通常是制造高清晰度薄片的材料。将制成的薄片切割成小的正方形块：可以通过加热直接成型，制成表蒙子；也可以研磨成凸面表蒙子坯料。对于凸面坯料，可以进行精确研磨或切割，以适合手表的直径。接下来，对表蒙子的边缘进行斜切和精加工，然后组装到表身上。
11. 同样，可以采用从金属到皮革再到织物的各种材料制成表带。大多数金属表带是由一片片小模块组装成的，每一片小模块都经过精加工，通过分段添加或卸除它们就能适应不同粗细的手腕。对于皮革和织物表带，是根据设计的样式进行裁剪和缝合的，然后通过设计好的表带扣来固定。有些表带是由塑料制成的。
12. 所有的零部件都组装好后，将机芯安装在机身内，然后小心仔细地安装表盘、指针和表蒙子，将表带通过特殊的弹簧销与表壳连接。最后，将完工的手表进行包装，等待运输出货。

质量控制

手表的所有部件都是在严格的质量控制体系下制造的。例如，在将石英晶体应用于手表之前，对其进行频率测试。必须在“无尘室”中制造微芯片，必须对空气进行特别过滤，因为即使最微小的尘粒也会带来破坏。在使用微芯片前要仔细检查，并进行准确性测试。经过精密切割和抛光的齿轮及其他机械零件，必须满足非常严格的公差要求，必须小心仔细地调整机械表摆轮中的游丝。

对于完工的手表，在运往市场之前还应再次测试。除了进行“计时性能”测试外，还有可能进行“跌落测试”。手表跌落测试之后如果运转正常，就继续进行其他项目的测试，如 “温度测试”“防水测试”。通过适当的测试和验证，制表师就可以声明手表在没超过“一定深度”的水中是“防水的”。孤立地说一块手表能“防水”是不严谨的，因为没有具体的设计和限制性说明，这种说法是毫无意义的。

有些手表制造商自己制造所有的零件，为的是确保在制造过程的各个阶段都能对产品质量监管到位。

未来“计时”

与外部如无线电原子钟、全球定位系统或互联网时间服务器时间源同步的手表，具有前所未有的精确度。苹果公司声称，其手表不仅能与外部时间源同步，而且其内部对同步时间的跟踪比苹果智能手机更精确。因此，从理论上讲，世界上每只苹果手表上的秒针都是同时移动的。

今天的石英表计时非常精确。一些手表制造商声称，他们的石英表能够保持每年时间误差不超过10秒。纯机械表达不到这个精度，但是精密复杂的机械表增添了很多附加功能，不再仅是个计时器，还被用作装饰品以体现佩戴者的身份和品位等。另外，高档机械表可以保值传承下去。当然，现在一些手表与高度精确的外部时间源同步，能够非常精确地计时。

智能手表或许是手表市场上增长最快的部分，毫无疑问，制造商将继续发掘有趣的功能，并将其增添到手表上。未来，制表业可能会结合许多不同领域的技术，以满足消费者最想得到满足的功能。富有创意的用户界面设计也许会让智能手表有朝一日取代智能手机。制造商可以根据佩戴者的需求轻松定制智能手表，以让所有的用户端及其功能都是佩戴者最想得到的。时间不朽，创新不止。

眼　镜

发明者：意大利的萨尔维诺·达尔马特（Salvino D'Armate，发明于1284年）、本杰明·富兰克林（Benjamin Franklin，1780年，发明了远视、近视两用眼镜）、约翰·艾萨克·霍金斯（John Isaac Hawkins，1827年，发明了三焦距眼镜）、阿道夫·尤金·菲克（Adolf Eugen Fick，1888年，发明了隐形眼镜）

最大的眼镜制造商：法国依视路国际（Essilor International）公司

视觉追求

超过2亿的美国人通过光学镜片来矫正视力。人们用时尚的眼镜或几乎看不出的隐形眼镜来聚焦自己的世界。这两款产品都有适合不同审美要求的款式——花哨的或素色的、透明的或彩色的。

发展史

2 000年前，中国人偶然发明了眼镜。然而，他们似乎只是用眼镜来保护自己的眼睛免受邪恶力量的伤害。

眼镜镜片是安装在镜框内的玻璃或塑料光学制品，能增强或矫正佩戴者的视力。放大镜被发明于13世纪早期，它是第一种用于增强视力的光学透镜。其镜片是由水晶和绿柱石制成的。这项发明带来一个重大的发现，即当折射（意思是“光线偏向”）曲面被磨成一定的角度时，可以用来矫正视力缺陷。

13世纪后期，意大利僧侣亚历山德罗·迪·斯宾纳（Alesssandro di Spina）将眼镜介绍给大众。随着对眼镜需求的增加，玻璃镜片取代了沉重而昂贵的石英和绿柱石镜片。在十八世纪发明舒适的眼镜之前，为了看清物体，人们忍受着眼镜带来的折磨，比如将眼镜压在鼻子上、拉扯在耳朵上、绑在脑袋上等。

凸透镜的中间部分较厚，它是第一种用于矫正远视的光学透镜，能让人看清近处的物体。凹透镜的中间部分较薄，它是用于矫正近视的光学透镜，能让人看清远处的物体。

科学视野

13世纪，英国学者、方济会修士罗杰·培根（Roger Bacon）推广使用由玻璃镜片制成的放大镜，以观察天空中的物体。到13世纪末，他推广的放大镜已演变成矫正视力缺陷的眼镜，他本人却被关进了监狱，被关的理由是：他是个魔法师。

今天的眼镜

多年以来，眼镜框的外形和尺寸发生了极大的变化，如从令人惊艳的圆形到学究气的正方形，再到边角尖尖的猫框形。

过去，眼镜商依靠单独的光学实验室制作眼镜镜片。今天，有许多提供全方位服务的眼镜店，验光师在现场检查、验光、配镜，客户在店内等候片刻就可以取走配置的眼镜。也有许多网上商店接受顾客订购眼镜，只需顾客提供验光处方及瞳距（两眼瞳孔之间的距离）即可。

眼镜店从光学实验室进购镜片坯，这些具有可塑性的镜片坯已经被加工成型且其曲面已接近准确的尺寸。工厂生产的成品镜片屈光度和直径分不同的规格范围，眼镜店根据验光处方选择镜片坯进行打磨加工。

供运动员佩戴的护目镜和眼罩已经成为许多运动场所和球场的标准配置，在眼镜店也能买到它们。最安全、坚固的聚碳酸酯塑料镜片，没有可拆卸的部件，上面的涂层能过滤有害的紫外线（UV）。

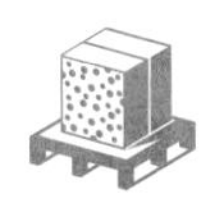

镜片材料

如今，90%以上的眼镜使用的是轻便的塑料镜片，但有不同的类型。

过去经常使用冕玻璃来制作眼镜镜片，但玻璃镜片材质较重，在一定程度上影响了佩戴的舒适性，加上玻璃镜片质地易碎，因而现在越来越少使用玻璃镜片了。随着使用塑料制作镜片的技术的提升，如今的眼镜镜片大多是由塑料制成的。就塑料镜片来说，有多种选择。除了标准塑料外，还有密度更大的中折射率塑料和高折射率塑料，它们能降低高度近视群体眼镜镜片的厚度。复合材料，如聚碳酸酯，能用来为儿童和活跃的成年人制作防碎镜片。另一种复合材料叫作高级氨基甲酸乙酯聚合物（Trivex），与聚碳酸酯的抗冲击性能差不多，但更清晰，并减少了聚碳酸酯镜片中常见的一些光学像差。

塑料镜片和玻璃镜片都是经过连续的精细研磨、抛光和成型来生产的。同样的工艺也用于制造望远镜、显微镜、照相机和各种投影仪的镜片，只是这些镜片通常比眼镜镜片更大、更厚，对精度和性能的要求更高。

从光学实验室进购的镜片塑料坯是圆形的塑料块，如聚碳酸酯等，是类似于飞机挡风玻璃的坚固塑料，大约有2厘米厚，形状与眼镜框相似但稍大一些。大多数成品眼镜镜片的厚度至多为6毫米，具体的厚度可能有所不同，取决于验光处方或特定的“性能”要求。制作眼镜镜片的其他材料有胶带、含铅合金（金属化合物）的液体、金属、染料和颜料。

你知道吗?

眼镜镜片可以矫正或治疗各种视力问题，满足不同的需求。

凹透镜能够矫正近视，凸透镜能够矫正远视。这种矫正近视或远视的眼镜镜片被称为球面镜片，每个镜片都有一个反射球面。对于散光患者（角膜非球面），可在镜片上增加一个圆柱结构，以产生额外的曲面。非球面镜片对高度近视的人来说极有吸引力，它比球面镜片更平、更薄。最先进的高清非球面镜片采用所谓的“波阵面”或“自由式”设计，由计算机精确控制镜片的形状，以解决特定个体的视力问题。

传统上，双焦镜和三焦镜通过组合镜片来矫正近视和远视，但现在许多人选择先进的镜片，一副镜片能解决多种眼疾。镜片的曲面在不同焦距之间平滑过渡，没有可见的纹路。

镜片在成型之后、装入镜框之前要经过多道复杂的工艺处理、色彩添加。将镜片浸入装有涂层或着色液的金属箱加热，能给镜片表面覆上涂层或着色。在镜片表面直接涂色或在镜片制作过程中添加一些化学物质，能制作出镜片呈现色彩的太阳镜，其能有效阻挡紫外线，避免强光刺激眼睛。在镜片表面涂覆一层一定厚度的加硬液，固化后能增强镜片的防刮擦性能。给镜片加膜，还可以提高眼镜的耐用性和抗冲击性。在镜片中加入允许垂直光波通过的偏光膜而形成的偏光太阳镜，能有效抑制强光，起到防眩目的作用，最适合户外如驾驶、滑雪或钓鱼等运动中佩戴。一些复合材料如高级氨基甲酸乙酯聚合物，原料中已经含有防紫外线的成分，因而在镜片加工过程中无须添加防紫外线涂层。

偏光太阳镜能防眩光、防紫外线。在阳光下或者在积雪地域驾驶汽车的时候，偏光太阳镜能保护眼睛不受强光的长时间刺激。可是，当汽车突然由明处驶向暗处时，戴着偏光太阳镜反而成了累赘。为此，更好的选择——变色镜（AKA）出现了。变色镜结合了普通透明眼镜的优点和太阳镜的保护功能，在白天变暗，在黑暗中变亮。因此，它能在有需要时提供防晒保护。

制造过程

以下步骤，参照的是光学实验室的制作工艺。

1. 光学实验室技术人员从计算机中获取一对镜片的验光参数，然后用计算机打印出验光的相关资料，并对一些特殊要求做出标记。
2. 根据获取的资料，技术人员选择合适的塑料镜片坯，并将其与顾客的眼镜架和原始订单一起放在托盘中（见图1）。在整个制作过程中，始终由技术人员保管托盘。
3. 镜片坯的正面已经预磨了几种不同规格的曲度，技术人员根据客户验光处方选择与之相匹配的镜片坯。其他的参数或性能要求，通过研磨镜片坯的背面来满足。

浇注遮挡片

4. 焦度计是一种用来定位和标记“光学中心”的仪器。技术人员将镜片坯放入该仪器中，测量镜片坯的光学中心与顾客的瞳孔中心是否重合（见图1）。接着在合格的镜片坯的正面附上一层塑料薄膜，以防止镜片在浇注遮挡片的过程中受损。然后，技术人员将镜片坯放入一台含有熔融的铅合金的“锻模”机器中。将熔融的铅合金浇注在每块镜片坯的正面形成遮挡片。遮挡片在镜片上固定到位后，接着对镜片进行研磨和抛光。

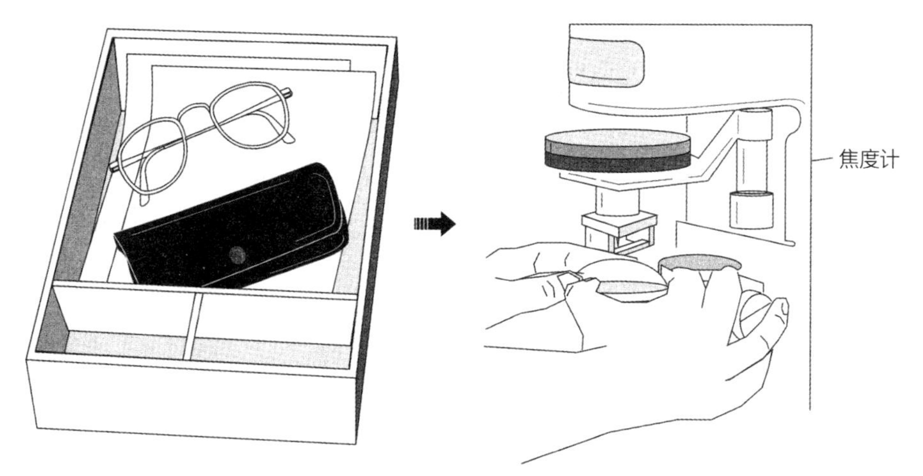

图 1　测量光学中心

光学实验室技术人员选择合适的镜片坯，并将其放入焦度计中，测量镜片坯的光学中心与顾客的瞳孔中心是否重合。

研磨、抛光

5. 技术人员将镜片坯放入曲面铣磨机（见图2）。铣磨机上的参数设定，以托盘上的验光参数为依据。根据这些参数，研磨机自动将镜片坯的背面磨薄，并加工出相应的曲度，然后进行“精细处理”。
6. 技术人员选择一个与要研磨的镜片相匹配的金属固定圈，将两块镜片都放入固定圈中，背面趋向一致，接着对镜片的正面进行精细研磨。使用由软砂制成的磨砂垫研磨镜片，再用由光滑塑料制成的磨砂垫进行抛光。
7. 取出镜片，用热水浸泡几分钟。然后将镜片重新放到固定圈中，更换新的磨砂垫进行最后一次研磨和抛光。
8. 取出镜片，用小锤子轻轻敲下先前在镜片上浇注的遮挡片，然后用手撕去镜片正面的保护膜。
9. 将每块镜片都用红色的油脂铅笔标注“L”或“R”，表示哪块是左镜片，哪块是右镜片。将镜片再次放入焦度计以检查和标记光学中心，并检查镜片曲度是否符合验光参数，然后在镜片的背面安装一个小小的、圆形的金属支架。

边缘和倾角加工

10. 技术人员选择与镜框相匹配的镜片样式，将镜片装入磨边机研磨（见图2）。根据镜框来切削镜片的边缘倾角，使镜片适合安装在镜框上。整个研磨过程中，始终保持有水流过镜片研磨处。

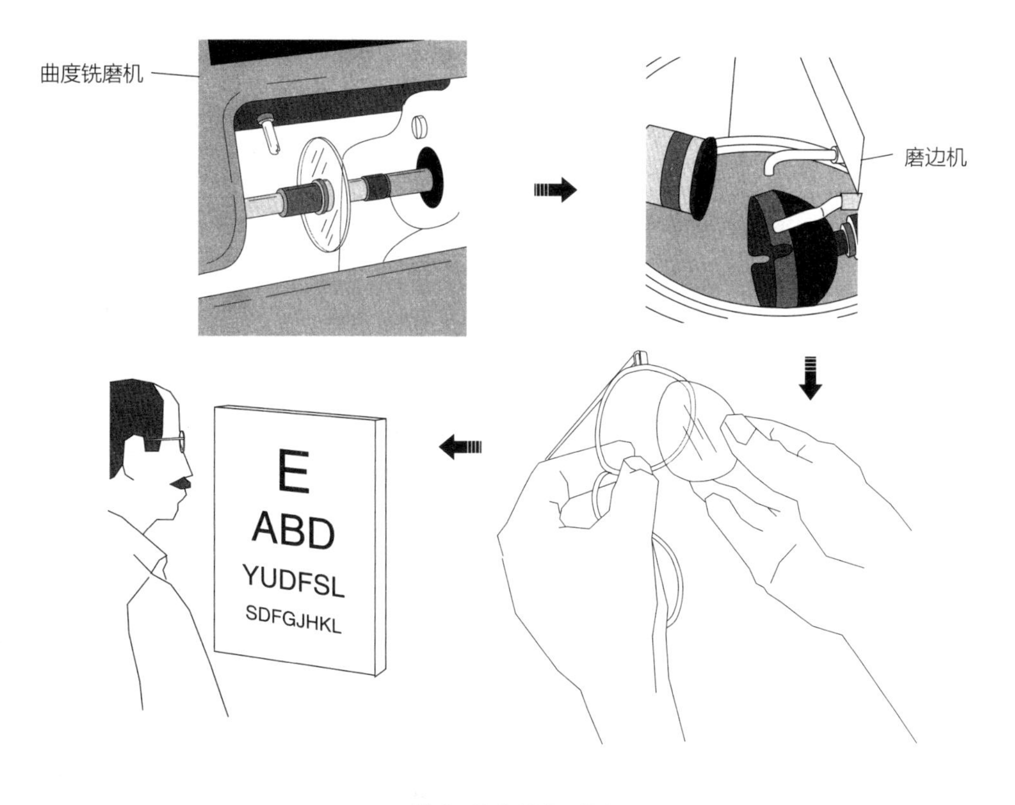

图 2　镜片研磨、抛光

将镜片放入曲面铣磨机，技术人员持续研磨镜片的背面，以加工出相应的弧度。再将镜片抛光，然后放入磨边机，将镜片的边缘磨成适合镜框安装的倾角。经过染色后，将镜片放入镜框中，对佩戴者进行测试。

11. 对于金属镜框或无框眼镜使用的镜片，需要更精确的倾角，所以需要对镜片进行额外的研磨加工。这个过程通过手工操作砂轮机来完成。
12. 最后，将镜片浸入需要处理或着色的容器中，然后将镜片干燥，再装到镜架上。也可将镜片送到眼镜店，由眼镜店将镜片装到镜架上。

环境问题

制造商必须知道，他们在生产中使用的材料或化学品是否对环境有害，任何剩余的材料或化学品必须妥善处理。制造过程中产生的副产物或废物，包括塑料粉尘或细屑，以及由化学物质组成的液体抛光剂，与医疗垃圾一样，放置时间均不得超过48小时。

质量控制

在美国，镜片必须符合美国国家标准学会（ANSI）和美国食品药品监督管理局（FDA，后文简称“美国药监局”）制定的严格标准。此外，所有获得许可的光学实验室都属于美国国家光学协会（NOA）会员，该协会要求会员严格遵守质量和安全规则。

在整个正常生产过程中，对塑料镜片进行四项基本检查。其中三项发生在实验室，另一项发生在眼镜交给客户之前的眼镜店，也可以进行其他定期检查。四项检查包括：（1）生产前对验光参数进行检查，并验证镜片的光学中心；（2）目测检查镜片是否有划痕、缺口、毛边或其他瑕疵；（3）在将镜片放入焦度计测量之前，目视检查验光处方，在将镜片放入焦度计中时进行验光；（4）测量和核查镜框规格是否符合标准。

展现自我

眼镜已成为一种装饰品，在时尚圈也有着一席之地。市场上眼镜的款式琳琅满目，不论是镜框还是镜片，可供人们选择的范围越来越大。展现自我、追随潮流、引领时尚的眼镜让人目不暇接。人们可以选择金属的、木质的或者塑料的镜框，也可以挑选各种颜色的镜片和镜框，如钻石、亮饰和卡通等镜框配饰，让眼镜更加炫彩夺目。

隐形眼镜

发明者：德国玻璃吹制工穆勒（F.E.Muller，1887年，设计了第一副玻璃眼罩，戴上勉强可以看东西）、德国生理学家阿道夫·尤金·菲克（Adolf Eugen Fick）和巴黎眼镜商爱德华·卡尔特（Edouard Kalt）（1888年，使用隐形眼镜矫正视力）、匈牙利医生约瑟夫·达洛斯（Joseph Dallos，1929年，从活体中取出晶状体，使其与巩膜更紧密地贴合在一起）、纽约验光师威廉·费恩布鲁姆（William Feinbloom，1936年，发明塑料镜片）、美国验光师乔治·巴特菲尔德（George Butterfield，1950年，发明角膜镜片，镜片的内表面与眼睛形状一致，非平面）、捷克化学家奥托·威特勒（Otto Wichterle）和德拉霍斯拉夫·林（Drahoslav Lim）（1960年，研制出一种吸水后会变软，能适合人体使用的柔软塑料，制作出第一副软性隐形眼镜）

全球隐形眼镜年销售额：大约为72亿美元，其中美国约为25亿美元

隐形眼镜的种类

在美国，有一半的人需要某种形式的助视，其中佩戴隐形眼镜者超过4 100万人。

戴隐形眼镜者，其年龄从12岁到112岁不等。

隐形眼镜是一种贴合在眼球上用来矫正视力的器物。不过，有些爱美人士喜欢佩戴彩色的隐形眼镜来增强或改变眼球的外观颜色。隐形眼镜形状像一只小碗，是一种薄薄的塑料镜片，贴合在角膜外层的泪液膜层上。对于预防一些眼部问题，佩戴隐形眼镜比佩戴传统眼镜更有效。越来越多的人喜欢佩戴隐形眼镜，比如爱美的人，喜欢运动的人。

隐形眼镜一般有两种类型：硬性隐形眼镜和软性隐形眼镜。如今，几乎所有的硬性隐形眼镜都是由塑料、硅树脂或其他聚合物制成

的，并且都具有良好的透气性，也就是说，它们都具有透氧性。不适合使用球面镜的散光者、戴传统眼镜易过敏者或存在其他问题者大多选择佩戴软性隐形眼镜。在美国，在超过4 100万佩戴隐形眼镜的人中，只有10%的人佩戴硬性隐形眼镜，大约2%的人佩戴中间坚硬、边缘柔软的混合隐形眼镜（半硬性隐形眼镜）。

设计为日常佩戴的隐形眼镜，只需在夜间睡觉时取下并定期更换。对于可以戴着入睡且长时间佩戴的隐形眼镜，每周至少需要取下清洗一次。显然，一次性隐形眼镜无疑是最方便的，只需白天佩戴晚上取下扔掉即可，但其价格实在太贵。

在美国，佩戴隐形眼镜者中大约四分之一的人佩戴的是软性复曲面隐形眼镜。可使用复曲面隐形眼镜来矫正散光，但在矫正散光方面还是硬性隐形眼镜更有效。

美国销售的隐形眼镜近20%是双焦点或多焦点隐形眼镜。它们可以纠正多种眼睛视力问题，如近视、远视和散光。从材质上说，它们可以是软性隐形眼镜，也可以是硬性隐形眼镜。

还有一种具有美容功能的隐形眼镜，俗称“美瞳”。时下，美瞳受到众多年轻消费者喜爱，社会上也掀起了佩戴美瞳的潮流。不过，即使只是为了好玩，也应该由有资质的眼科专家检查并开出处方，以确定是否适合佩戴美瞳。许多处方中，美瞳的颜色可以根据佩戴者的喜好来确定。有些人喜欢佩戴美瞳只是为了改变眼球的外观颜色，或者是为了形成某种特殊的效果，比如使他们的虹膜看起来更大，就如同动漫人物的大眼睛。

如果保养不当，隐形眼镜可能会对佩戴者的眼睛造成感染或带来其他眼部问题。因此，医生建议每天佩戴隐形眼镜的人在睡觉（包括午睡）前取出隐形眼镜；佩戴隐形眼镜时如果感到有什么不适，也取出隐形眼镜。

早期隐形眼镜

第一副隐形眼镜是德国生理学家阿道夫·菲克于1888年制作的。该眼镜镜片是玻璃材质，覆盖住整个眼球，包括巩膜和眼白部分，所以被称为“巩膜眼镜”。1912年，德国眼镜商卡尔·蔡司（Carl Zeiss）研制出一种覆盖角膜的玻璃镜片。1937年，西奥多·恩斯特·奥布里格（Theodore Ernst Obrig）和欧内斯特·穆伦（Ernest

早在1508年，意大利的达·芬奇就提出把镜片直接贴合在眼球上的想法，即通过佩戴隐形眼镜来矫正视力。他把这个想法也添加到他的发明创意之中，与直升机、自动遥控飞行器等排在一起。距此之后不到480年，罗纳德·里根（Ronald Reagan）成为第一位佩戴隐形眼镜的美国总统。

捷克化学家奥托·威特勒在遭遇光学同行们的嘲笑之后，开始在家里与妻子一起改进和完善软性隐形眼镜的功能。功夫不负有心人，1961年，夫妇俩在自家厨房里生产了5 500副隐形眼镜。

Mullen）两位科学家发明了由有机玻璃制成的巩膜眼镜。因为它比玻璃轻，所以有机玻璃眼镜更容易佩戴。1948年，美国发明家凯文·托伊（Kevin Tuohy）制作出第一副塑料角膜眼镜。

早期，为了使隐形眼镜适合患者佩戴，先要依据患者的眼球制作一个模子，再依据该模子制作出镜片。这个手术过程让患者很不舒服，而且镜片本身也经常有不少问题，比如：巩膜眼镜透气性差，造成眼球缺氧；镜片易滑动，从眼球上脱落；佩戴上后，取出困难等。托伊制作的第一副角膜眼镜的直径为10.5毫米，1954年他将镜片直径进一步缩小到9.5毫米，使其更便于佩戴。大约在同一时期，位于纽约州罗切斯特市（Rochester）的博士伦（Bausch & Lomb）公司开发了一种角膜曲率计，它可以测量角膜曲率半径，淘汰了直接在眼球上制作模子的做法。

第一副成功的隐形眼镜是由捷克斯洛伐克的化学家研制出来的。1952年，布拉格技术大学（捷克理工大学）塑料系的教授们自我设定了一项任务：研发一种与活体组织相容的新材料。他们研发这种材料原本并不是用来制作隐形眼镜的。1954年，当一种叫作亲水凝胶（或水凝胶）的物质被研发出来时，他们发现这是可用作眼睛植入物的塑料，并意识到这种新型塑料作为矫正视力的镜片的潜力，于是开始在动物身上进行试验。

他们的努力遭到了光学领域同事的嘲笑，但作为研发团队一员的奥托·威特勒毫不气馁，在自家厨房里不断改进和完善软性隐形眼镜的功能。1971

年，博士伦公司获得技术许可推出了软性隐形眼镜。仅在当年，博士伦公司就售出了大约10万副隐形眼镜，从此以后，软性隐形眼镜就一直很受欢迎。

隐形眼镜的材料

所有的隐形眼镜，其基本成分都是塑料，只是类型不同，其所使用的塑料也不同。例如，早期的硬性隐形眼镜使用聚甲基丙烯酸甲酯（PMMA），如今的透气性硬性隐形眼镜中加了硅胶，大大提高了镜片的透氧性能。软性隐形眼镜是由聚甲基丙烯酸羟乙酯（pHEMA）之类的聚合物制成的，这种材料吸水后变软，但是仍然保持其形状和光学性能。现在大多数的软性隐形眼镜使用硅酮水凝胶制作镜片。硅酮水凝胶比最初使用的水凝胶更透气，也就是透氧性更好，增加了佩戴的舒适性，克服了因镜片透气性差而导致角膜缺氧性水肿。如今，用于制作隐形眼镜的特殊材料各不相同，因制造商而异。

相关研究表明，来自太阳的紫外线可能会加速白内障的形成并引起其他眼部问题。为了防止这些问题的发生，将无色透明的阻挡物质加入隐形眼镜中，就形成可阻挡紫外线的隐形眼镜。事实上，隐形眼镜并不能为眼睛提供完全的阻挡紫外线的保护，只能保护被镜片遮住的部分，而不包括眼白、眼睑和眼睛下方的皮肤。为此，要想实现防晒，还得戴上太阳镜。

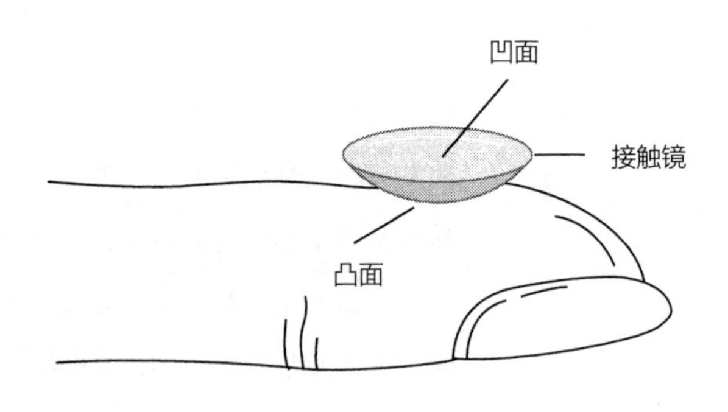

图 1　隐形眼镜

面朝外的曲面（凸面）被称为中央前凸面（CAC），面朝内的曲面（凹面）被称为中央后凹面（CPC）。

制造过程

随着售价下降，消费者越来越喜欢一次性隐形眼镜，因为佩戴它们方便且安全。所以，本文重点描述一日型一次性隐形眼镜的制作过程，其他类型的隐形眼镜的制作过程大同小异，不再赘述。

隐形眼镜呈碗状，分为内外两个曲面（见图1）。面朝外的曲面（凸面）被称为中央前凸面（CAC）。当光线进入眼睛时，中央前凸面产生矫正屈光变化，以达到矫正视力的效果。面朝内的曲面（凹面）被称为中央后凹面（CPC），将它制作成凹面，能更好地贴合佩戴者的眼球。

以销定产

1. 大型工厂通常按照零库存的设计来制定生产流程。根据这个流程，制作隐形眼镜所需要的各种材料在有需求时才开始配送到位。当它与医生的处方系统联网时，这一流程进一步简化。由此，消费者在眼科医生那里订购的隐形眼镜就能出现在第二天早上制作工厂的工作列表中，当天就能制作好眼镜，并送到医生办公室。

铸模成型工艺

2. 制作隐形眼镜的工艺有多种，铸模成型是其中的一种，适宜制作软性一日型一次性隐形眼镜。每个镜片是通过一副公模和母模铸模成型，铸成镜片的内外曲面。公模和母模本身是由塑料颗粒注塑成型的，即将熔化的液态塑料施压注入模具成型。制作好公模和母模，就可用其制作隐形眼镜了。隐形眼镜铸模成型大致包含注料、铸模、固化成型、脱模四道工艺。
3. 用机器将熔化的单体溶液注入母模（见图2）。单体是聚合物的最小分子单位，多个单体相互交联形成高分子聚合物材料。在单体溶液中可以加入其他成分，如为了防晒加入防紫外线的添加剂。
4. 机器将公模精确地放到母模中，小心地排除所有能损坏成型镜片的气泡。然后将两个模具塑合在一起。

固化和水化

5. 将含有单体溶液的塑合模具放入烘箱中进行固化，并严格控制固化的温度和时间。固化后单体变成了质硬但易碎的聚合物。
6. 使用自动化机器从模具上取下镜片，并分组进行吸塑包装，每一个镜片都采用独立的吸塑包装。吸塑包装的吸塑包本身也是通过注塑成型的。

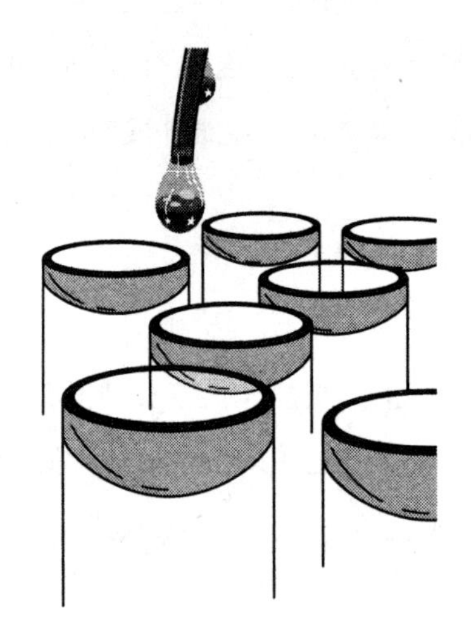

将单体溶液注入母模，与公模塑合，并进行固化，然后脱模切削成正确的形状。

图 2 铸模成型

7. 使用灌注机向吸塑包中加水使镜片水化，镜片吸水后变软。水化过程往往持续几个小时。

包装和灭菌

8. 完成镜片水化后，在吸塑包中添加盐水，再在吸塑包上热封一层箔片。
9. 将热封箔片后的吸塑包放置到高压釜中，在121℃下持续90分钟，以对其消毒。接着对吸塑包进行检查，在检查合格的吸塑包上打印生产批号、保质期及规格型号，然后装箱，以备发运。

质量控制

隐形眼镜属于定制医疗设备，质量控制尤为重要。为此，在每个制作环节都置于放大镜下仔细检查，随时发现存在的缺陷。

未来的超级隐形眼镜

随着制作隐形眼镜的新材料不断被研制出来，佩戴隐形眼镜已变得更加舒适和健康。业内人士将持续专注于新材料方面的研究，但这不再是发展隐形眼镜的唯一领域。

使用计算机对人类的眼球结构建模，将提高我们对隐形眼镜的认识，并能改进隐形眼镜的设计。届时，可以根据佩戴者的眼睛进行个性化定制，从而使隐形眼镜更加切合个人需要，佩戴起来更加舒适。

智能隐形眼镜

人们正在研究可以安装到隐形眼镜中的透明传感器。这种传感器可以监测各种生理指标，跟踪药物使用情况，甚至捕捉到某些癌症的早期信号。一些研究人员正在研究一种带有酶的生物传感器，这种酶可以对血糖水平做出反应。对于糖尿病患者来说，监测和管理血糖可能是至关重要的。未来人们有可能开发出成千上万种不同的传感器并集成到隐形眼镜中。但这种技术仍处于初期阶段。

防弹衣

发明者：美国女化学家斯蒂芬妮·路易斯·克沃勒克［Stephanie Louise Kwolek，1966年，发明凯夫拉（Kevlar）防弹纤维）］

全球市场年销售额：约40亿美元

防弹衣发展史

《武备志》是中国明代（1368—1644）重要的军事著作，其中记录了纸甲的使用。纸甲夹层由纸和丝帛的混合物填制，背面缝着2.5厘米厚的棉絮。

有史以来，不同文明的地区都研制出了用于战斗的盔甲。早期的原始人裹上一层层的动物皮毛来让自己免受敌方棍棒的攻击。大约在公元前5世纪，波斯人和希腊人使用多达14层的亚麻来防身；而19世纪之前，西太平洋岛屿上的密克罗尼西亚人使用椰子树纤维编织的衣服来防身且非常有用。

早在公元前11世纪，中国人就穿着5层到7层的犀牛皮来防身，而美洲肖肖尼人则将多层犀牛皮胶粘接或缝制到夹层里。哥伦布到达美洲大陆前，西方社会使用浸过盐水的棉花和皮革制成绗缝铠甲。这种盔甲能像金属一样抵抗长矛和箭的袭击。英国人在17世纪穿上了绗缝铠甲，直到19世纪印度才开始使用这种防护盔甲。

锁子甲是由铁、钢、黄铜的链环或金属丝制成的。早在公元前400年，乌克兰的基辅附近就有人在研制锁子甲。罗马帝国征战的士兵都穿着锁子甲。直到14世纪，锁子甲仍是欧洲的主要盔甲。同时期的日本、印度、波斯、苏丹和尼日利亚也制作锁子甲。

大约从公元前1600年到现代，整个东半球地区广泛使用由金属、角、骨头、皮革或动物身上的鳞片（如有鳞的食蚁兽）重叠制成的鳞甲。

12世纪，欧洲人用笨重的金属板甲武装自己，但最好的金属板甲是16世纪和17世纪骑士们所穿的全金属板甲。有些骑士甚至在出征前给马也披上铠甲。

背心式和绗缝夹克式锁子甲更加灵活实用。其制作方法是：将长方形的小铁板或钢板用螺栓固定在一根根皮条上，然后将皮条堆叠，使上面的铁板或钢板像屋顶上的瓦片一样排列。大约在公元200年，中国人拥有了类似的盔甲。1360年以后，在欧洲，佩戴一块带盖子的胸甲成为一种规范，后来逐渐演变成穿戴一件镶嵌着胸甲的短外套，直至1600年，胸甲才固定下来。许多人认为，背心式和绗缝式锁子甲是今天防弹衣的前身。

随着火器（枪械）被投入使用，制作盔甲的工匠们起初试图使用一块较厚的钢板加上另一块比较重的钢板来加固胸甲和保护躯干。然而，当火枪在战场上普及时，笨重的防护盔甲最终遭遇冷落，被弃之不用。

不过，研制更有效地防御炮火、枪弹的防弹衣的工作一直在继续，特别是在美国南北战争、第一次世界大战、第二次世界大战期间。火器的快速发展使防弹衣对速度超过183米/秒的弹药毫无防护作用。即使是现代的防弹衣也不能保证能防御所有的弹药。据说奥地利弗朗茨·斐迪南（Francis Ferdinand）大公一直穿着防弹衣，但还是被子弹击中颈部，其遇刺身亡事件直接引发了第一次世界大战。

20世纪40年代，随着塑料工业崛起，执法人员、军事人员和其他人员才有了真正起作用的防弹衣。早期的防弹衣由坚固的尼龙制成，并辅以玻璃钢、陶瓷和钛板（钛由于强度高、重量轻，常用于制造飞机）。陶瓷和玻璃纤维的组合被证明是最有效的。

1966年，美国杜邦公司的化学家斯蒂芬妮·路易斯·克沃勒克发明凯夫拉纤维，凯夫拉是聚对苯二甲酰对苯二胺的品牌名称。聚对苯二甲酰对苯二胺是一种低温液态聚合物，可以纺成纤维并织成布。这种纤维被称为对位芳纶。

1964年，斯蒂芬妮·路易斯·克沃勒克在研究轮胎材料时偶然发现了一种质地轻薄的乳状液体，后经过改良，该液体成为一种强度超过钢的纤维，它就是凯夫拉纤维。起初，凯夫拉纤维被用于制造汽车轮胎，后来被用于制造各种各样的物品，如绳索、垫圈，以及飞机和船只的各种零部件。

1971年，美国国家执法和刑事司法研究所的莱斯特·舒宾（Lester Shubin）建议，用凯夫拉纤维取代笨重的尼龙来制造防弹衣。

为了与凯夫拉品牌竞争，一些公司也推出了自己研制的对位芳纶纤维，如荷兰帝人芳纶（Teijin Aramid）公司销售一种类似凯夫拉纤维的材料，叫特威隆（Twaron），它是对位芳纶中的一种。

1989年，美国联信公司（Allied Signal，现在的霍尼韦尔公司）研发了一种不同类型的防弹材料，将其命名为“光谱”（Spectra），它是超高分子量聚乙烯（UHMWPE）纤维。这种纤维最初被用于制作帆布，现在人们用它来制造更轻、更结实的无纺布，并与传统的芳纶一起用于制造防弹衣。荷兰帝斯曼（DSM）公司开发出超高分子聚乙烯纤维，将其命名为“迪尼玛”（Dyneema），并推向市场。

凯夫拉、特威隆、光谱、迪尼玛等品牌的纤维，如今都被用于生产防弹衣。

今天的防弹衣

防弹背心可以防弹，但它不会让你刀枪不入。

防弹衣是现代式轻型盔甲，旨在保护穿戴者的重要器官免受弹药伤害。

美国国家司法研究所（NIJ）制定了一个防弹衣评级系统。对于抵御弹药穿透、冷兵器的刺击穿透能力，有单独的评级标准。还有所谓的防止尖刺、抵御锋利刀刃或临时起意使用的武器（如冰块）等的评级标准。本节重点讨论防弹衣的等级分类。

很多制造商根据抵御多重危险的类型，各自制定了自家防弹衣的等级。可见，防弹衣的防弹级别有很多标准，但常用的是美国NIJ标准。

美国NIJ-0101.06标准中，对防弹衣的防弹能力有如下规定：

◆ⅡA型防弹衣能提供最低限度的保护，能抵御小口径手枪发射的子弹。

◆ Ⅱ型防弹衣能抵御多种手枪发射的子弹，这些手枪包括普通的手枪、带标准压力弹药的小口径手枪，以及左轮手枪。

◆ ⅢA防弹衣提供了更高级别的保护，通常可以抵御大多数口径的手枪发射的子弹，包括许多执法武器，以及许多大威力的左轮手枪发射的子弹。

◆ Ⅲ型和Ⅳ型防弹衣能抵御步枪发射的子弹，通常在作战时或者在受到威胁需要保护时穿上。

防弹背心的风险

美国南北战争期间，制造商向士兵出售防弹背心。这种防弹背心是将金属板缝在织物上制成的。据报道，这种防弹背心拦截子弹的效果并不好。一旦子弹穿过防弹背心进入身体，往往会将背心里的材料带进伤口内，反而增加了细菌感染的风险。此外，这种防弹背心非常沉重，穿在身上让人很不舒服。因此，当时很多防弹背心被丢弃在联邦军队行军的路上。

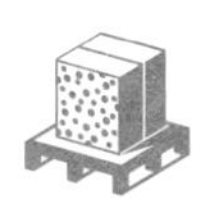

原材料

重量相同时，凯夫拉纤维的强度是钢材的5倍，抗拉强度（抗拉伸断裂能力）是钢材的8倍。

防弹衣是由多层高级塑料织成的背心状的薄织物，这些高级塑料包括对位芳纶（如凯夫拉、特威隆等）或超高分子量聚乙烯纤维（如光谱、迪尼玛等）。将对位芳纶分层编织，然后用相同材料的线缝合在一起。

超高分子量聚乙烯纤维通常不是机织的。其制作方法是，将纤维丝平行铺排，分别涂上树脂粘连成薄纤维片。将两张薄纤维片中的一张翻转90度，使两张薄纤维片的线条图案纵横交错，然后将它们粘连在一起。再在粘连后的面料两面分别用聚乙烯薄膜密封。

防弹衣的防弹层为身体提供了保护，但没带来多少舒适感。防弹层通常被放置在由聚酯纤维、混纺棉或尼龙制成的夹层内。为了让身体感到舒适些，通常会在贴近身体一侧缝上一层吸水性材料，如Kumax，也可以使用尼龙衬料来提供额外的防护。

Ⅲ型和Ⅳ型防弹衣的前后通常有内置的小袋，用来加装由钢、陶瓷、聚乙烯或复合材料制成的硬板，以抵御高速子弹的袭击。有时会在金属板上涂防剥落材料，这种材料可以防止子弹击中金属板时发生危险的反弹。

虽然防弹衣是用来防止子弹穿透的，但子弹在冲击时仍然携带着大量的能量，能对穿者造成钝器创伤。所以，除了在防弹衣中插入软装甲垫和硬钢板外，还添加能帮助吸收子弹能量的垫片。这些垫片通常是由致密的泡沫材料制成的，但有时也使用一撞击便变硬的非牛顿流体层，其可使作用力分布在更大的区域。

紧固防弹衣的方法多种多样。有时会用松紧带紧固，但通常情况下都是用布带或松紧带搭配金属扣、尼龙搭扣紧固（见图3）。

与工作相匹配的防弹衣

人们应基于可能受到的威胁的类型来选择防弹衣。狱警最好选择可抵御临时刺杀武器（如棍、刀）袭击的防弹衣；保镖或警察选择的防弹衣，应能保护自己不受手枪射出的子弹的伤害，还能兼顾抵御带刃利器的袭击；士兵选择的防弹衣，应能保护自己不受高速步枪射出的子弹的伤害。

制造过程

有些防弹衣是根据用户的具体保护需求和提供的尺寸订制的。事实上。大多数的防弹衣是按照服装行业尺寸标准（如38加长型、32缩短型）批量裁剪制作的，完工后发往市场销售。

出于讲述方便，在讲述制造过程时，将对位芳纶代称为凯夫拉纤维、将高分子量聚乙烯纤维代称为光谱纤维。很多厂家也生产与这两种品牌类似的产品，此处并不是刻意为这两种品牌做广告。

制作防弹层布料

1. 凯夫拉纤维和类似的对位芳纶是在实验室生产的。凯夫拉纤维的聚合包括小分子结合成更大的分子，最终合成带有棒状聚合物的透明液体。接着将该液体通过喷丝板（一种布满小孔的小金属板，看起来像淋浴喷头）挤出，形成纤维丝。（见图1）将纤维丝固化，经喷水等工序后就制成适合编织的纤维线。将凯夫拉纤维线织出最简单的平纹或斑纹图案，也就是用纤维线上下交错编织而成的图案。

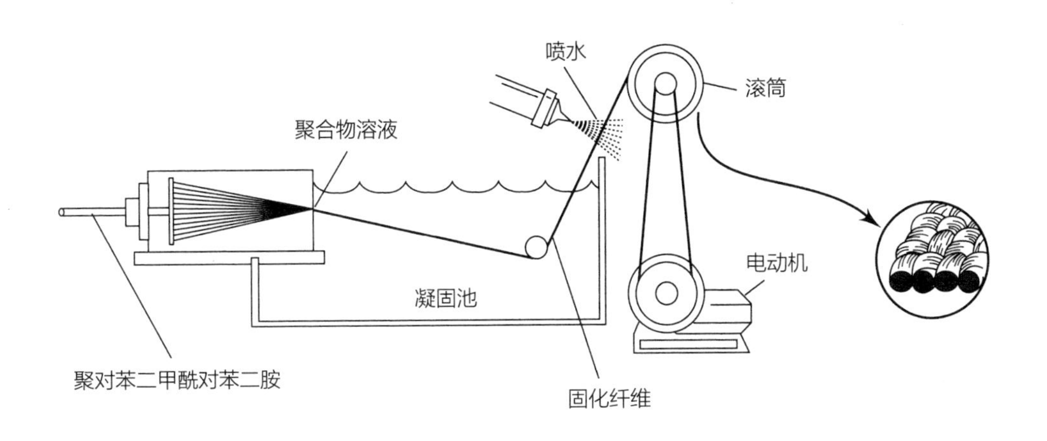

图 1　凯夫拉纤维线生产过程

先产生聚合物液体，接着将产生的液体从喷丝板中挤出，再经水冷却，然后在滚筒上拉伸，最后形成纤维线。

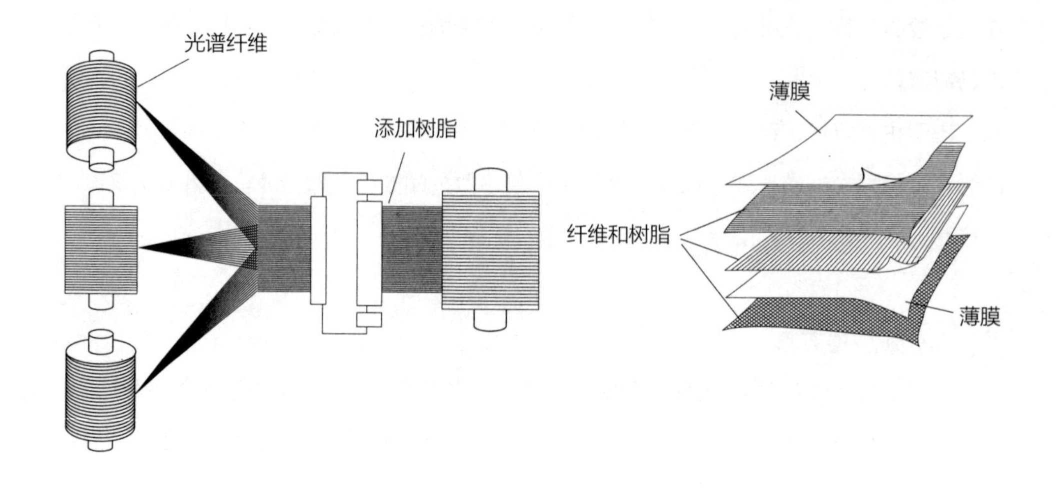

图 2　光谱纤维合成防弹衣面料过程

在光谱纤维表面涂上树脂，形成薄纤维片，然后将薄纤维片分层纵横交错粘连，并密封于聚乙烯薄膜之间。

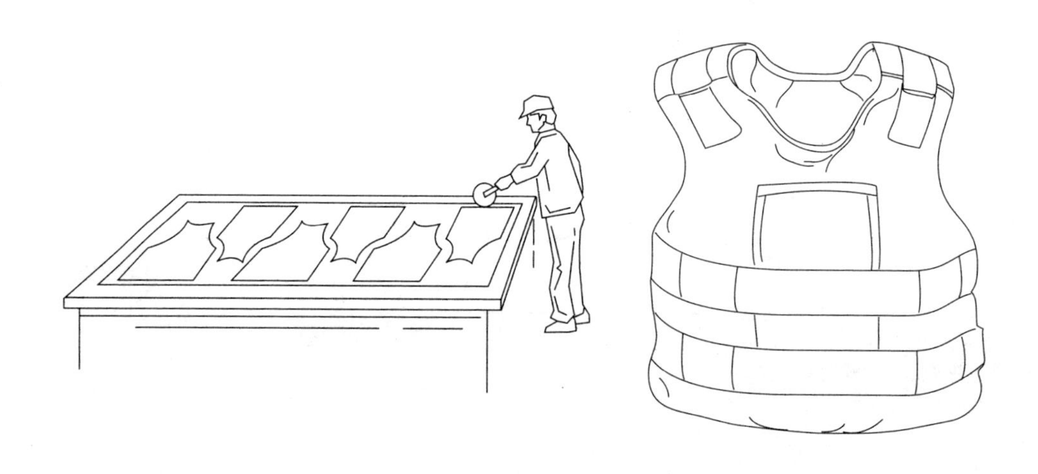

图 3　成品制作

根据设计图样，将制作好的布料裁剪成合适的裁片，然后将这些裁片与附件（如带子）缝合在一起，就制成最终的防弹衣。

2. 与凯夫拉纤维不同，用于防弹衣的光谱纤维及其他超高分子量聚乙烯纤维通常不是机织的。通常的做法是，将超高分子量聚乙烯纤维（如光谱纤维）拉成纤维线，然后在设备上彼此平行铺排（见图2）。将树脂涂在纤维线上并覆盖住纤维线，让它们粘连在一起形成一张薄纤维片。将两张薄纤维片以纹路垂直的方式叠放在一起，再次粘连后密封在两张聚乙烯薄膜中间，形成一块非织造布料，然后从非织造布料上裁剪出防弹衣的形状。

剪裁

3. 将制作防弹衣的布料展开，平铺在长达30米的裁剪台上，同时被裁剪成多个裁片。根据需要，裁剪台上可以铺上尽可能多的层放的布料，少至8层，多至25层。其层数完全取决于所制作的防弹衣的保护级别。
4. 在布料上放上裁剪好的设计纸样，纸样类似于家庭中用于缝纫的样板。为了最大限度地利用布料，一些防弹衣制造商使用计算机图形设计系统来确定裁剪的布层的最佳位置。
5. 工人们使用一种像线锯的手持式裁剪设备，只不过它没有裁剪刀片，而是有一个类似于比萨刀的切割轮（见图3），直径大约为15厘米。工人们根据纸样切割层放的布料，然后将切下的布料精确地堆放在一起。

缝纫

6. 通常情况下，对光谱纤维布料不需要缝纫，因为它已被切割和堆叠成一层一层的布料块，刚好能放进防弹衣的夹层里。对于凯夫拉纤维，是通过绗缝制成防弹衣的，也可以通过包缝制成防弹衣。所谓绗缝，是用长针缝制有夹层填充料的织物，使夹层填充料（比如棉絮等）固定。制作凯夫拉防弹衣时，运用绗缝工艺，将外层织物与夹层填充料以装饰性菱形图案缝合起来。这些菱形图案由缝线走位形成，两两既有间隔又相连。这种防弹衣厚薄均匀，夹层不会移动或缩成团。绗缝工艺需要使用很多人工，而且这样制作的防弹衣穿在身上，其嵌板很难从易受伤的部位移开。而包缝工艺则是在防弹衣的中间走线，形成一个大大的长方形。包缝方式缝合简便快速，可以让防弹衣嵌板自由移动。
7. 在布料的最上层放置一块模板，在布料外露区域用粉笔作上标记，接着沿模板边缘用粉笔画上一条虚线，然后沿这条虚线将这些布料缝在一起，并缝上尺寸标签。

制作钢板插件

8. 制造商根据相关标准精心挑选制作钢板插件的钢板，再将挑选的钢板切割成所需要的形状和尺寸。接着将切割下的钢板去除毛刺、将边缘磨圆，用液压机将其弯曲成符合穿者身躯的弧度，然后在其表面喷上防剥落涂层。
9. 复合陶瓷板能使子弹变形，并将其分解成碎片，然后被复合背衬材料吸收。将碳化硼之类的陶瓷粉末加热到2 200℃，就形成弧形片材，将片材边对边贴合并粘连在复合背衬材料上。复合背衬材料可以是多层凯夫拉纤维或对位芳纶，也可以是多层超高分子量聚乙烯纤维。将由此产生的坚硬的防护板包裹在更薄的片材之间，再缝合上其边缘。

完成防弹衣制作

10. 在同一家工厂，使用标准的工业缝纫机和标准的方法缝合防护层的衣罩。制作时，先将插件塞进衣罩，以及衣罩上配置的内袋里，再将防弹衣的附件如肩带等缝上去（见图3）。成品防弹衣装箱后就可运送给客户。

质量控制

防弹衣测试分干测和湿测两种。这是因为防弹衣的防弹性能在潮湿时与干燥时的表现各不相同。

对防弹衣要进行多道质量检测。纤维制造商测试纤维和纤维线的抗拉强度，非机织的光谱纤维制造商也进行抗拉强度测试。成品厂的工人对防弹衣成品的强度进行测试，包括对防弹硬板（无论是凯夫拉纤维、光谱纤维，还是其他品牌纤维）的强度进行测试。防弹硬板装上衣罩缝合后，根据产品质量控制要求，交由训练有素、经验丰富的品控人员检验测试。

与普通服装不同，根据美国国家司法研究所的要求，必须对防弹衣进行严格的防护测试。不同类型的防弹衣，其性能不同，有些防弹衣可以抵御低速铅弹，有些防弹衣则能够抵御全金属高速子弹。

测试防弹衣，不论是湿测还是干测，都是采用将防弹衣包裹黏土模特，然后对其进行射击的方式进行。根据防弹衣的分类等级来选择对应规格的枪械和子弹，子弹的飞行速度应达到NIJ测试标准的要求。NIJ测试标准规定了射击点与防弹衣表面的距离，以及与前一发射点的距离，还规定了射击次数和入射角（由子弹飞行路径和垂直于防弹衣表面的直线形成的角度）。

测试获得通过时，黏土模特身上的防弹衣没有被撕破，没有留下洞眼和子弹，并且子弹在黏土模特身上留下的凹痕深度不超过4.3厘米。

当一件被测试的防弹衣通过测试时，就表明这个型号的防弹衣是合格的，制造商就可以依其制作出精良的防弹衣复制品。同时将这件合格的防弹衣存入档案，以便在将来生产相同型号的防弹衣时，可以方便地进行比对。

在野外通过实战的方式测试防弹衣是不切实际的，但从某种程度上来看，战士和警察们每天都在测试他们。通过对身穿防弹衣的人受到枪击的情况进行研究，人们发现防弹衣每年可以拯救数百人的生命。

未来的防弹衣

有关防弹衣的材料学在不断进步。复杂的复合陶瓷和层压板材料可能会变得更好，一些制造商已经开始尝试使用非牛顿流体和碳纳米管作为防弹衣的材料。石墨烯是另一种极有希望成为防弹衣的材料。

非牛顿流体在常压条件下像液体，但当突然施加外力时（如子弹的撞击）就变硬，变得像固体。研究人员正在试验使用非牛顿流体制作防弹衣，就像使用凯夫拉纤维等现有的防弹衣材料那样。

碳纳米管是由碳原子组成的圆柱形结构，其直径相对于一般长度而言非常小。这种结构的碳原子之间的键非常强。一些制造商已经在将碳纳米管材料集成到防弹衣中。

中国科学家已经试验了一种智能防弹衣。这种防弹衣可以利用导电纳米管网络探测撞击的位置，可以与通信系统集成，以便在探测到撞击时通过呼叫来求助。也许可以将它与一个通过附加传感器收集穿衣者健康信息的系统结合，并将这些医疗数据传输给紧急施救人员。

石墨烯单体是扁平的碳六边形晶格，每个六边形的顶点上都有一个碳原子。石墨烯的强度是钢的200倍，科学家只能在肉眼几乎看不见的很小的区域生成石墨烯晶格。然而在以1千米/秒的速度向石墨烯薄膜发射比人的头发还细的子弹的实验中，令人惊讶的是，石墨烯吸收的子弹的动能大约是钢吸收的动能的10倍，这表明它可能是一种非常好的防弹衣材料。有科学家用石墨烯做了增强塑料的实验，发现用它可以制造出一种更有实用价值的样品，其强度是同样体积的钢的2倍、是同样重量的钢的10倍。

生活日用

温度计

发明者：伽利略·伽利雷（Galileo Galilei，约于1592年，发明水温计）、圣托里奥·圣托里奥（Santorio Santorio，1611年，第一个发明有数字刻度的水温计）、丹尼尔·加布里埃尔·华伦海特（Daniel Gabriel Fahrenheit，1714年，发明水银温度计）、托马斯·奥尔巴特（Thomas Allbutt，1867年，发明医用温度计）、西奥多·汉内斯·本辛格（Theodore Hannes Benzinger，第二次世界大战期间，发明了耳温计）、大卫·菲利普斯（David Phillips，1984年，发明红外线耳温计）、雅各布·弗莱登（Jacob Fraden，发明热成像耳温计）

全球温度计市场年销售规模：约7.693亿美元

温度测量历史

温度计是测量温度的仪器。伽利略在1592年左右发明的水温计是第一个用来测量温度的仪器。1611年，伽利略的朋友圣托里奥给水温计添加了刻度，使它更容易测定温度的变化量。也就是在这个时候，这种仪器被称为温度计。英语温度计一词源于希腊语单词“therme”（热）和“metron”（测量）。

大约在1644年，温度计的形状为底部有一个大的玻璃泡，玻璃泡连着长长的、敞口的玻璃管，使用酒作为感温液来测量温度的变化。因为它是敞口的，所以对大气压强非常敏感，由此干扰了仪器的精度。为了解决这个问题，意大利托斯卡纳大区的费迪南德二世大公

人的体温因个体不同而有所差异，即使同一个人同一天内的体温也有变化，通常是从早上时的最低温度35.5℃上升到晚上时的最高温度37.7℃。1868年，一位医生把人的体温的“正常值”确定为37℃，并为大家接受。

（Grand Duke Ferdinand Ⅱ）发明了一种完全隔绝空气的温度计，从而消除了大气压强对它的影响。此后，温度计的这种形式就没怎么改变。

现在，公认的温标有3种，即华氏温标、摄氏温标和热力学温标。然而在18世纪时，温标一度达到近35种。

1714年，以精湛技艺闻名的荷兰仪器制造商丹尼尔·加布里埃尔·华伦海特发明了一种温度计，将冰的熔点（32℉）和此时人的标准体温（96℉）作为温标的定点。后来，他又将冰的熔点（32℉）和水的沸点（212℉）作为温标的定点，将两者之间分为180等份，每一等份代表1度，这就是华氏温标。华氏温标是以华伦海特的名字命名的，其标注的温度单位被称为华氏度（℉）。

1742年，瑞典物理学家安德斯·摄尔修斯（Anders Celsius）将水的沸点定为0度，将冰的熔点定为100度。后来，有人建议将这种标度颠倒过来使用，也就创造了我们今天所知道的摄氏温标：水的冰点为0度，水的沸点为100度。很快，在瑞典和法国普及使用这种温标。1948年，为了纪念安德斯·摄尔修斯，人们将这种温标以摄尔修斯的名字命名为摄氏温标，其标注的温度单位被称为摄氏度（℃）。

1848年，科学家威廉·汤姆森（William Thomson）提出了另一种温标，即开氏温标。其原理与摄氏温标相同，是将零下273.15℃设置为绝对零度的定点。1892年，汤姆森被封为开尔文男爵。人们就以这个爵位名称来称这种温标为开氏温标。

其标注的温度单位被称为开尔文（K），它已成为科学研究中最常用的温标单位，如水的凝固点和沸点分别为273.15K和373.15K。

较真的医生

温度计的发明者、内科医生圣托里奥认为，人体的基本特性不是亚里士多德所说的元素和品质，而是数学特性。为了研究体重变化，他把自己放在一个类似小屋的椅秤上，以测量自己摄入固体和液体的量、排泄量。他发现，自己摄入量远大于可见的排泄量，并认为这是由于“不显汗”造成的。他的著作《静态医学》闻名于欧洲。

选择正确的温度计

现在，可使用的温度计有很多种，需要根据使用范围做出正确的选择。

传统的玻璃温度计已有300多年的历史，如今仍被应用于许多领域。玻璃温度计的工作原理很简单：遇热时液体膨胀，受冷时液体收缩。液体膨胀和收缩程度取决于温度。通常，温度计中的感温液有水银、酒精或碳氢化合物液体，被密封于真空玻璃管内。当温度变化时，液体在狭长的玻璃管中膨胀或收缩，液位随之上升或下降。当变化停止时，读取液位对应的刻度值，它就是当前的温度。

另一种大家可能熟悉的一种温度计是表盘式温度计。这种温度计通常被用于测量糖果和肉类的温度。这种温度计有一个封闭的刻度盘，刻度盘下方是灵敏的金属探针。测温时，将探针插入被测物体中。其内部有一个紧密的双金属螺旋片，是由两种金属片连接在一起构成的。因为这两种金属的热胀冷缩系数不同，所以螺旋片会随着温度的变化而变紧或变松，从而导致与它相连的刻度盘上的指针来回移动。指针停止移动时，其所指的刻度数就表示当前的温度。

糖果加热

制糖师能够根据温度计的指示加热用于制糖的混合物，一旦达到所要求的温度时，冷却为混合物就能形成软焦糖色质地或硬裂纹质地。一些温度计还能显示被牛奶或油炸食物烫伤时的温度。

现在，在使用温度计上，一些医院首选铂电阻和热敏电阻温度计，不再建议使用玻璃温度计，特别是水银温度计。

电阻温度计是利用测量材料的电阻值随温度的变化而变化的原理来工作的。其感温材料通常使用高纯度铂丝或一种被称为热敏电阻的半导体。热电阻温度计也被用于实验室和工厂等场所测温。

医院也在用热电偶温度计代替水银温度计。这种温度计在工业生产中也很常见。热电偶是由两根焊接在一起的金属导线组成。当热电偶导线的焊接端与另一端存在温差时，每根导线两端产生不同的电压，可用来测量工作端的温度。

红外辐射温度计是通过检测物体辐射的红外线能量来推知物体的温度。测量时，被测物体辐射的红外线通过透镜聚焦于光电探测器上。如今，大多数医院已经不再使用水银温度计，而是使用红外数字温度计。红外辐射温度计能在不与被测物体接触的情况下测量温度，非常适合用来测量机器中旋转部件的温度。红外辐射温度计通常带有一个集成滤光器，用来瞄准检测点。

在美国，所有种类的温度计都是根据国家标准与技术研究院（NIST）制定的标准进行校准的。

今天，数字温度计在各行各业都得到广泛应用。与传统的测量口腔和直肠温度的玻璃温度计相比，红外耳温计对人的体温的干扰要小得多。使用无线数字温度计，可以读取住宅附近的多个远程温度计中的数据，家庭机修工甚至可以在不触碰汽车的情况下测量汽车发动机的温度。无论数字温度计的形式发生怎样改变，它的内部都必须包含温度传感器，以便对温度变化做出响应。

温度计材料

玻璃温度计有三个基本构成部分：混有酒精的液体（酒精混合物），它能对温度变化做出响应；玻璃管，用来容纳测温的液体；用墨水上色的刻度和数字。制造温度计还需要其他物料：蜡溶液，用于在玻璃管上做标记；雕刻机，用来在玻璃管上刻上等分的刻度标记；氢氟酸溶液，刻标记时，将玻璃管浸入其中。

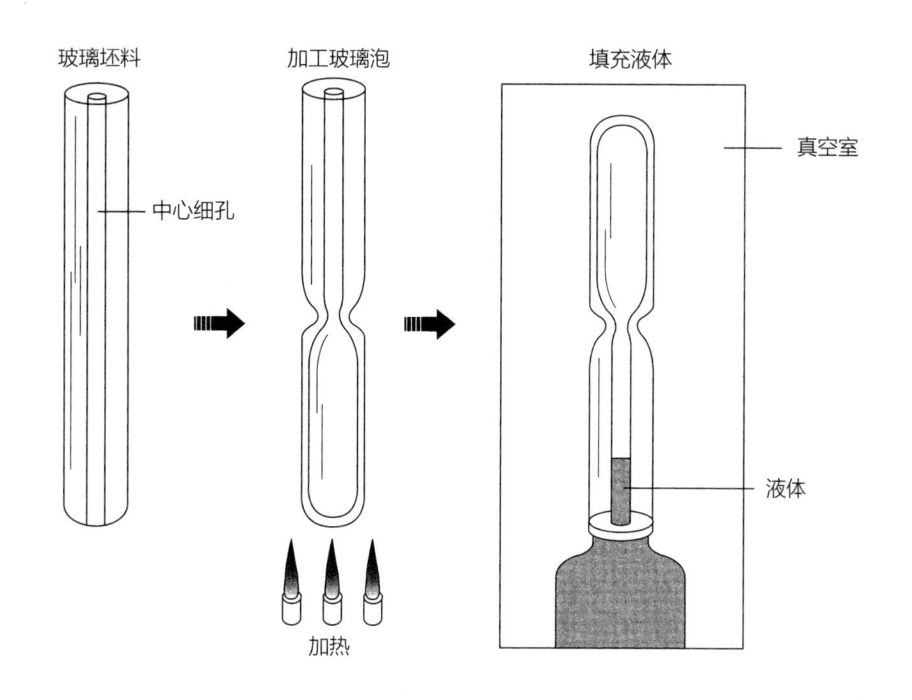

图 1　制造玻璃温度计

加热玻璃管坯料将来储存液体的一端，将加热端的底部密封，然后在距底部一定位置处捏合坯料以形成玻璃泡。接着，将开口端倒置于真空室中，将空气从玻璃管中全部抽出，随即将碳氢化合物液体注入真空管中，直到形成的液柱的高度约为2.5厘米。

构成温度计的玻璃材料通常是从外部制造商那里购买的。有些温度计有一个额外的外壳，由塑料或复合材料制成，可在上面刻上度数，由此就不用在玻璃管上刻上度数。外壳除给玻璃管提供保护，还可以让人方便地将温度计安装在墙上、柱子上、窗户上，或者安装在保护箱中。

表盘式温度计中的双金属螺旋片通常是钢和铜的合金，或者是钢和黄铜的合金。热电偶温度计中需要使用哪两种金属，取决于根据被测物体设定的测温范围。最常见的类型是由镍铬合金或镍铝合金制成的。

如前所述，电阻温度计要么使用高纯度铂电阻，要么使用热敏电阻。制造热敏电阻的材料是金属化合物，如金属氧化物或单晶半导体。

红外温度计中的红外传感器一般是硅红外光电二极管，安装在带有集成滤光器和透镜的印刷电路板上。

制造过程

虽然温度计的种类很多，但是制造数字温度计与制造许多常见的温度计的方法并没有太大的差别。

相比之下，制造玻璃温度计的方法非常有趣。因此，下面就描述老式玻璃温度计的制造过程。

吹制玻璃泡

1. 从外部制造商处采购的玻璃管坯料，其中心有一个细孔（见图1）。首先检查玻璃管坯料的质量，将不合格的玻璃管坯料送供应商处更换。
2. 加热玻璃管坯料的一端，待玻璃软化后使用火焰喷枪吹制玻璃泡，并将玻璃泡与上端的玻璃管捏合到一起。也可以使用实验室材料单独吹制玻璃泡，然后连接于玻璃管的一端。玻璃泡底部被密封，用来储存感温液，上端开口与玻璃管细孔直通。

添加液体

3. 将捏合好的玻璃管开口端置于真空室中，抽出管内的空气，形成真空管。再将碳氢化合物液体注入管中，直到液柱高度约达2.5厘米（见图1）。基于环境保护要求，现在的玻璃温度计很少用水银作为感温液，一般使用酒精和碳氢化合物液体。美国国家环境保护局（EPA）对使用水银做出了限制。

4. 逐渐压缩真空管，迫使液体流到管子的顶部。除了在真空室中加热外，这个过程与添加水银的过程是一样的。
5. 液体流到管子的顶部后，将球泡端放入恒温槽中，将温度升高至204℃（400℉）。这时，一部分液体从管子顶端溢出。接着，将温度降低至室温。这时，管内的液体回流到一个预设的高度。然后将温度计的开口端放在火焰上加热，待玻璃软化后进行密封。

标注刻度

6. 玻璃管被密封后，将其放入100℃（212℉）的沸水槽中，将液体停留时的高度定为上标，然后再将其放入0℃（32℉）的冰水槽中，将此时液体停留的高度定为下标（见图2）。在进行雕刻或丝网印刷前，在玻璃管上标注这两个参考点。

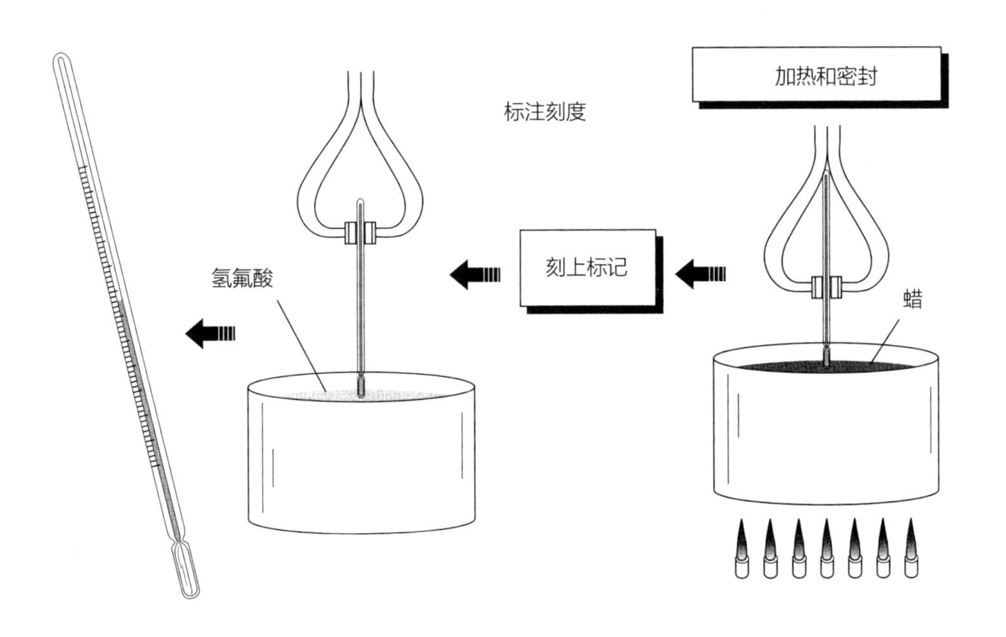

图 2　标注刻度

待玻璃管内的液体达到预设高度后，加热玻璃管开口端并密封。接着，添加刻度标记。将玻璃泡浸在蜡中刻标记，将玻璃管浸在氢氟酸中刻标记。

7. 根据设计要求确定刻度的长度。选择最适合的参考点（冰点和沸点），按所需比例等分这两点之间的位置，并作出标记（最好采用雕刻的方法作出标记）。然后将玻璃泡置于蜡中，使用雕刻机刻上标记；接着，将玻璃管浸在氢氟酸中，刻上标记。刻上标记后，使用油墨涂上。至此，一个刻度清晰、醒目的玻璃温度计就制成了。装在外壳中的玻璃温度计，使用丝网印刷工艺标注刻度。
8. 根据设计要求对温度计进行包装，然后运送给客户。

质量控制

制造温度计，必须遵守公认的行业标准，制造过程要严格执行具体的内部控制措施，包括整个生产过程的质量控制检查。生产设备也必须仔细维护，特别是对数字温度计，更要严格遵守行业规范。

对于生产过程中产生的废弃物，按照环境管理标准进行处理。在制造过程中，必须定期检查和校准用于加热、形成真空和雕刻温度计的设备，并使用已知的标准进行误差测试，以确定读数的准确性。所有温度计都有精度等级，对于普通用途，允许误差范围通常为±2℉，而对于实验室用途，允许误差范围为±1℉。

未来的温度计

虽然传统玻璃温度计不大可能有什么改变，但现在其替代品无水银数字温度计已得到普遍使用，且使用范围越来越广，用量越来越大。随着技术进步和更轻、更强材料的广泛使用，数字温度计可以制作得更小，精度更高，价格更便宜。

数字体温计几乎可以即时测量体温，这使得医疗保健变得更加容易，尤其是当病人是年幼爱动的孩子时。大多数数字温度计都只有钢笔或记号笔那么大，由不易破碎的塑料制成，其电池的寿命通常在一年以上。

随着数字设备变得越来越小、功能越来越强大，通信技术被集成到越来越多的系统中，数字温度计已经能够与医院里的电脑进行无线通信，自动记录病人的体温，由此减少了因人为操作而造成的失误。

判断发烧

1868年，德国医生卡尔·温德利希（Carl Wunderlich）将正常体温定为98.6℉（37℃）。这是他用水银温度计测量了2.5万名成年人的温度后得出的数字。一个多世纪以来，医生和母亲们已经接受了将这一温度作为衡量人体健康的标准。最近，人们使用更精确的设备进行的实验表明，健康人的体温在一天中会发生变化，从早上96.0℉（35.56℃）到晚上99.9℉（37.72℃），人的体温就处在这样一个变化区间。

灯 泡

发明者：沃伦·德·拉·鲁（Warren De la Rue，1840年，发明用铂丝作为灯丝的早期电灯泡）、约瑟夫·威尔逊·斯旺（Joseph Wilson Swan ，1878年，发明使用碳化纸纤维作为灯丝的电灯泡）、托马斯·爱迪生（Thomas Edison，1879年，取得碳丝灯泡专利）、尼克·赫伦亚克（Nick Holonyak，1962年，发明了第一盏LED灯）

全球照明市场变化：到2016年，已安装LED照明光源的用户超过27%，现在LED灯的市场份额超过50%

知名制造商：伊顿（Eaton）电气集团、欧司朗光电（Osram Opto）公司、科锐（Cree）公司、奥德堡（Zumtobel）照明公司、东芝（Toshiba）照明技术公司、飞利浦（Philips）照明公司、数字流明（Digital Lumens）公司和通用照明（GE Lighting）公司

从火焰到灯丝

自有史以来到19世纪初，火一直是人类最主要的光源。人们依靠火把、蜡烛、油灯和煤气灯的火光来生活和工作。使用明火往往会引发火灾，尤其是在室内使用时，不仅光线昏暗，在多数情况下还会产生对人体有害的气体。

英国化学家汉弗里·戴维（Humphry Davy）爵士率先尝试使用电力来照明。1802年，戴维证明，电流可以将金属薄片加热至白热状态，并产生良好的光线。这就是白炽灯的开端。

紧随着白炽灯之后取得重要突破的是弧光灯。弧光灯的关键部分是由碳元素制成的两个间隔很短的电极。电流从一个电极经过另一个电极时，会在两极间形成一道电弧。

弧光灯主要用于室外照明，随后一大批科学家竞相研发高效的室内光源。

灯泡的发明者有很多，然而人们通常将灯泡的发明归功于爱迪生。实际上，与爱迪生同时代的英国人约瑟夫·威尔逊·斯旺在1878年就已经获得第一个白炽灯专利。第二年，爱迪生才申请碳丝灯泡的专利。

白炽灯走向市场之所以遇到瓶颈，是因为没有找到合适的发光材料。戴维发现，铂是唯一一种可以长时间产生白热的金属。他也选用碳试验过，但是碳在空气中很容易被氧化，引发燃烧并被烧成灰烬。解决方法是，将发光材料与空气隔绝，置于真空中，从而保护发光材料。

爱迪生在新泽西州门洛帕克有一家实验室，从19世纪70年代开始研制电灯，并成为一名年轻的发明家。1877年，爱迪生参加了发明实用电灯的竞赛。他从检查他人的实验入手，通过仔细观察和研究，找出了竞争对手失败的原因。在这个过程中，他发现铂是比碳更好的发光材料。1879年4月，爱迪生用铂作为发光材料，制作出不怎么实用的电灯，并申请了第一项专利。之后，他继续寻找既能有效发光又比较便宜的发光材料。

爱迪生还对照明系统的其他部件做了改进。他制作了一个电源，设计了一个全新的布线系统，该系统可以同时控制数个灯泡的照明。最重要的是，他找到了一种合适的发光材料——一种像线一样非常细的金属丝，通过电流时它并不会发生熔化或变性。

早期使用的灯丝，大部分很快就被烧坏，所以制作出来的灯大都没有实用价值。为了解决这个问题，爱迪生再次尝试使用碳丝来作为发光材料。这种碳丝是一种碳化棉线。他采用铂丝作为正负电极，将灯丝夹在正负极之间，这样通电时灯丝上就有电流经过。接着，将这个组件放入玻璃球中，将玻璃球颈部熔化。再使用真空泵将空气从玻璃球中抽出，这是一个耗时但重要的步骤。然后连接从玻璃球中伸出来的引线，一个灯泡就制造完成。

1879年10月19日，爱迪生对这种新灯泡第一次进行性能测试。新灯泡持续亮了2天零40分钟（10月21日，也就是新灯泡的灯丝烧断的这一天，一般被称为第一盏具有商业使用价值的电灯发明日）。这种新灯泡经过一系列改进后，一大批灯泡厂建立起来，供电系统也取得了很大的进步。今天的白炽灯泡与爱迪生最初的灯泡非常相似，主要区别在于钨（一种熔点很高的坚硬金属）丝和各种气体（灯泡内充的稀有气体）的使用，因为钨丝的熔点很高，也就具有更高的效率和照明亮度。

白炽灯是最早使用也是最便宜的一种灯泡，但是现在已经开发出多种用途的其他光源。

- 卤钨灯使用钨作为灯丝，通过充入卤素气体来延长灯丝的寿命。
- 汞蒸气灯是一种双层玻璃罩灯泡，在石英放电管外面另有一个椭圆形玻璃罩。在放电管中，含有比荧光灯更高压力的汞蒸气，使得外玻璃罩内壁没有荧光粉涂层也能发光。
- 霓虹灯的灯管内充满氖气，在高压电场作用下气体放电并发光。光的颜色是由气体混合物决定的，纯氖气发出红光。
- 金属卤化物灯主要被用作体育场馆和道路照明灯，含有金属和卤素化合物。灯的工作原理与汞蒸气灯基本相同，只是在没有荧光粉的情况下，金属卤化物灯能产生更自然、更平和的色彩。
- 高压钠灯也与汞蒸气灯相类似，不过其放电管是由氧化铝而不是由石英制成的，并且含有钠和汞的固体混合物。
- 荧光灯的透明灯管中含有汞蒸气和氩气。当电流通过灯管时，汞会释放出紫外线。当紫外线照射到灯泡内部的荧光涂层时，荧光灯就发光。紧凑型荧光灯（CFL，又叫节能灯）被直接用来替代白炽灯。
- LED灯使用固态半导体发光二极管，当电流通过时发光。它是将发光二极管组件与驱动电路、散热器组合在一起，封装在灯泡中制成的。LED灯能直接取代白炽灯，并且相比白炽灯，它不发热，更节能。

LED灯引领潮流

2012年1月，美国《能源独立与安全法案》（EISA）强制规定，40瓦至100瓦之间

早在20世纪60年代，LED灯就已问世，但是，直到美国2007年《能源独立与安全法案》颁布后，企业才开始寻找用LED灯取代传统白炽灯的方法。

LED灯比传统的白炽灯节能75%~80%，使用寿命约为白炽灯的15倍（有些更长）。节能灯的效率与LED灯差不多，但使用寿命只是白炽灯的10倍，还含有毒性强的汞。

的白炽灯必须达到一定的能效标准。此规定推动了比白炽灯更有效的替代产品的生产。最受欢迎的是节能灯和LED灯。最初，受价格和非自然光因素的影响，LED灯很难获得消费者认可。相比之下，节能灯更便宜。但是，早期很多型号的节能灯在完全点亮之前都有时间延迟，而且节能灯中含有毒性强的汞元素。因此，随着发光二极管技术的进步和LED灯价格的下降，LED灯成为日常照明中销量增长最快的产品。

单个的LED灯发出的光具有很强的方向性，要想达到白炽灯那样的全方位照明效果，就得使用多个发光二极管组成阵列。另外，发光二极管尽管能发出多种颜色的光，但都不是白色。为了提供良好的白光，制造商要么将发出不同颜色的光的发光二极管混合在一起，使它们发出的光在混合后看起来是白色的，要么采取更常用的方法，即在发光二极管上使用磷涂层。带有黄色荧光粉涂层、发蓝光的发光二极管会产生蓝光和黄光的混合光，肉眼看来就像白光。LED灯有多种色温可供选择。色温［以“K”（开尔文）为单位］可以用来比较从烛光（1 850 K）到日光（6 500 K）的一系列光源的颜色。制造商提供的产品说明书中会给出LED灯发出的光通量（以“流明”为单位），通常会标出等效白炽灯使用的功率。

LED灯泡内配有适配器，用来将家用交流电（AC）转换成直流电（DC）。尽管LED灯产生的热比白炽灯少得多，但敏感的半导体通常需要散热器（导热材料，如金属）来散热。

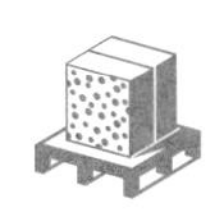

LED灯的材料

本节后面的“制造过程”重点介绍LED灯。目前白炽灯仍在被大量使用，但LED灯在照明市场增长最快。

在弄清如何使发光二极管产生真正的白光之前，制造商们主要依靠两种方法来将发光二极管产生的光转变成适合照明的光。

一种方法是，使用非白色的混合色来产生白光。发出从红光到黄光的发光二极管，通常是由磷化铝镓铟（AlGaInP）制成的；发出绿光和蓝光的发光二极管，通常是由氮化铟镓（InGaN）制成的。

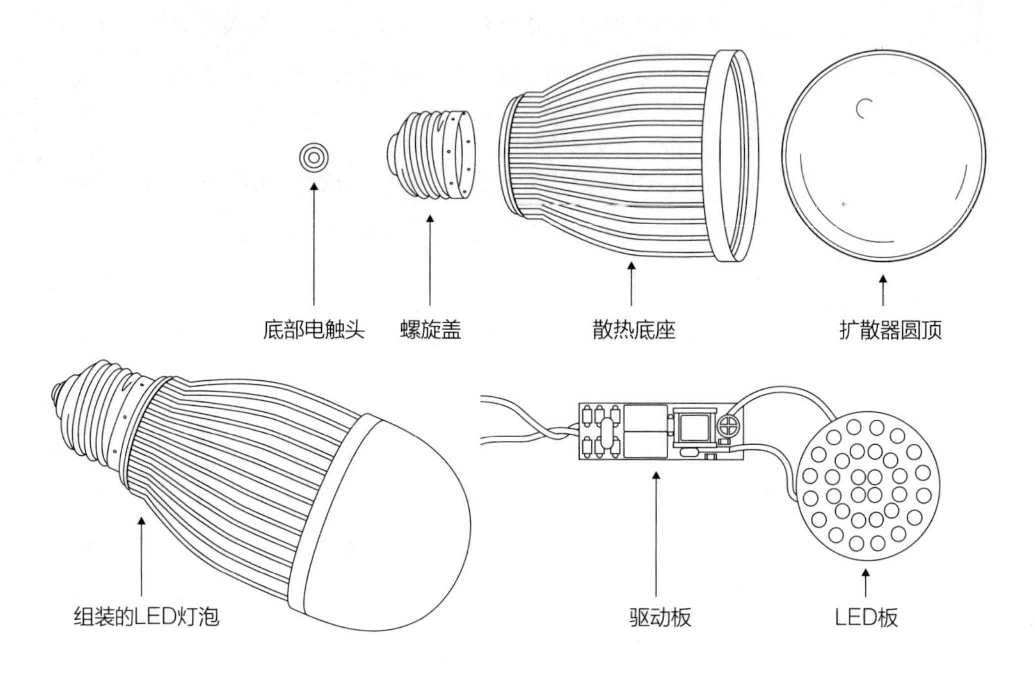

图 1 LED灯泡构成

LED灯泡包括底部电触头、螺旋盖、散热底座、扩散器圆顶、驱动板和 LED板。

另一种方法是，在灯泡内部涂上一层黄色荧光粉，现在更多的是在发光二极管内部涂上一层黄色荧光粉。这种荧光粉会吸收发光二极管中的一些光子（光粒子）并发射黄色的光子。在这种方法中，发光二极管通常发出紫外线或由氮化镓（GaN）或氮化铟镓发出的蓝光。发光二极管发出的蓝光和荧光粉发出的黄光结合在一起，就形成了理想的白光。荧光粉可能是含有锰、含镧的稀土元素、钇铝榴石（YAG）、氧化钡或氧化铝的混合物。

制造过程

驱动板

1. 将驱动多个灯泡的驱动板安装在印刷电路板上，再将这样的印刷电路板安装在支架上，并使用自动贴片机通过表面贴装技术（SMT）来贴装元件。
2. 让贴装上元件的驱动板都处在同一块印刷电路板上，然后移到自动焊接机中，将导线焊接到每块板上。
3. 按预先刻的线将各个驱动板分隔开来。每个驱动板上有两根裸露的导线，导线一端分别连接灯泡底座，另一端分别连接发光二极管。

LED板

4. 用类似焊接驱动板的方式将发光二极管焊在印刷电路板上。这些发光二极管，要么上面被涂上了一层磷光材料，要么它们组合起来能产生白光。
5. LED板通常是用热胶（一种导热较好的特殊黏合剂）粘连在散热器上。

底座

6. 将驱动板插在注塑成型的底座上。根据灯泡的设计，也可以在灯泡底座上安装金属散热器。接着在灯泡底座上填充树脂材料，以确保驱动板被安装在指定位置，将两根导线两端分别在底座上下位置连接好，然后使用加热器来固化树脂。
7. 将底座倒置，拧上金属螺旋盖。现在，使用最普遍的是具有“爱迪生螺纹”的螺旋盖。其中，在北美和日本，E26（26毫米）螺旋盖是最常见的；在欧洲（如英国）和澳大利亚，E27（27毫米）螺旋盖是标准配置。一些灯泡使用推扭式卡口灯头，但现在并不常见。将螺旋盖放置在底座的末端，拧紧，并卷边或粘接到位。将螺旋盖与驱动板侧面的裸导线连接上，接着与从倒置的底座伸出的裸导线连接上，再将一个金属盘接头压接在裸导线上，以为螺旋盖提供第二个接点。
8. 将底座再次向右上方转动。这时，安装了散热器的印刷电路板和发光二极管均已经焊接到位，位于灯泡顶部。再自动焊接两根驱动板导线（正极对正极，负极对负极），然后将印刷电路板上的散热器压接或拧紧到底座的散热器上。

总装与打包

9. 将扩散器圆顶安装到LED板上。
10. 检查人员将灯泡旋进测试插座进行质量检查，以确保灯泡正常工作。
11. 将合格的灯泡装入包装盒，准备装运。

质量控制

美国国家环境保护局推行能源之星产品认证，要求LED照明产品在色温、均匀性、一致性及长时间的发光效率方面满足规定的要求。制造商往往有独立的实验室来验证其产品的性能。LED的发光效率会随着时间的推移而下降，特别是受到热影响。因此，制造商通过测试和修改他们的设计方案，来提高灯具的使用寿命。

未来发展

美国能源部的一项研究表明，与不使用LED灯具相比，到2030年，使用LED灯具有望每年节约用电260太瓦时（1太瓦=1万亿瓦）。

随着制造商不断改进设计、材料和制造工艺，LED技术会越来越好。然而，要想让LED灯拥有比白炽灯更长的工作时间和使用寿命，还有很长的路要走。或许另一种技术会被开发出来，以取代LED技术，并在未来几十年占据主导地位——真的很期待。

一家公司开发了一种LED灯泡的替代品。该公司经营者称，这种灯泡的工作效率和寿命与LED灯泡类似，但在更广泛的可见光光谱中具有更好的色彩表现。然而，这种灯泡确实含有少量的汞，因此会带来回收时的健康和污染问题（如果破损了）。这种灯泡所使用的感应技术是由尼古拉·特斯拉（Nikola Tesla）首创的。它能否成为LED灯泡的挑战者，还有待观察。

一些公司正在研究可见光通信技术（VLC）系统，该系统可以被集成到建筑物的灯泡中。与常见的无线通信（如无线保真或Wi-Fi）相比，这种技术提供了一些安全优势，因为所谓的Li-Fi（其中的Li表示“光”，而不是表示无线的“Wi”）不会穿透墙壁，也就无法被入侵。

制造商们已经将现代智能技术整合到灯泡中，使其能够接受中央集线器、智能手机应用程序或电脑的控制。包括内置安全摄像头的灯泡在内，如果这些产品有市场，制造商就会继续在灯泡上添加新的功能。未来的灯泡到底是什么样的，时间会告诉一切。

铅 笔

发明者：法国化学家尼古拉斯-雅克·孔戴（Nicolas-Jacques Conté，1795年，将黏土和石墨烧制成型，并插入木制笔杆中）、美国人海曼·李普曼（Hymen Lipman，1858年，将橡皮附在铅笔上）、德国人洛塔尔·冯·费伯（Lothar von Faber，1839年，将石墨浆制成具有同样大小的笔芯）、美国人威廉·门罗（William Monroe，发明制笔杆机器）、美国发明家约瑟夫·狄克逊（Joseph Dixon，发明制造铅笔新方法）

美国铅笔年销售额：5.601亿美元

最初的铅笔

铅笔是非常古老且使用十分广泛的书写工具之一。在史前时代，人们使用白垩和烧焦的棍子在兽皮或洞壁上绘制各式各样的图画。希腊人和罗马人用扁平的铅片在纸草上画出颜色浅的线条。直到15世纪末，才出现今天使用的铅笔的最早直系祖先。

早期的铅笔

16世纪，在英国西北部的凯西克（Keswick）附近的岩层中发现了一个大的石墨矿床。石墨是一种质软、有光泽的矿物质，但当时的人们区分不清石墨和铅，所以称石墨为“黑铅”。直到1779年科学家们才确定，之前认为是铅的物质实际上是一种微晶碳。他们借鉴希腊单词“graphein”，将这种物质命名为石墨，意思是“写作”。

石墨是碳的一种同素异形体。1564年，英国人在英格兰凯西克镇博罗代尔的西斯威特（Seathwaite）山上首次发现石墨。很快，英国人将新发现的这种物质用来写字，并把使用这种物质来书写的新型工具命名为“铅笔”。“铅笔”一词取意于以前的“画笔”一词，后者是以前使用的一种书写工具。

现在的铅笔有不同的硬度，一般用“H”表示硬质铅笔，用“B”表示软质铅笔。这要归功于孔戴发明的烧制石墨和黏土的工艺。铅笔的硬度对艺术家和绘图员都很重要。

将石墨切成杆状或条状，用麻线紧紧包裹外部，这样制成的物品被称为铅笔。铅笔被包裹得十分牢固，使用起来手感很舒服，因此在当时很受欢迎。后来，德国发明了一种用细木条包裹石墨条的方法，这就是现代铅笔的雏形。

18世纪晚期，随着英国博罗代尔石墨矿消耗殆尽，寻找其他材料来替代石墨就变得日益重要。法国化学家尼古拉斯–雅克·孔戴发现，将石墨粉、黏土粉与水进行混合、制模且烘烤后，其成品书写起来与纯石墨一样流畅。他还发现，改变黏土和石墨的比例，能制作更硬或者更软的笔芯，石墨越多，铅笔芯就越黑越软。1839年，德国的洛塔尔·冯·费伯发明了一种将石墨浆制成具有同样大小的笔芯的方法。后来，他又发明了一种用于对制造铅笔杆的木材进行切割和开槽的机器。

在博罗代尔石墨矿耗尽之后，世界其他地方陆续建立起石墨矿厂，其中以美国居多。1812年，英美之间爆发的战争终止了美国从英国进口铅笔的贸易。同年，第一支美国铅笔诞生。

早期发明

威廉·门罗（William Monroe）是马萨诸塞州康科德市的一位木匠，他发明了一种用于对木质铅笔杆进行精确切割和开槽的机器。大约在同一时期，美国发明家约瑟夫·狄克逊（Joseph Dixon）发明了一种制作方法，他将由雪松制作的笔杆一分为二，在其中的半片笔杆上放入石墨芯，然后与另半片笔杆粘连在一起。

在铅笔的一端安上橡皮擦，则要追溯到1858年，是美国人海曼·李普曼发明的。1872年，约瑟夫·雷钦多弗（Joseph Rechendorfer）以10万美元的价格购得这项发明专利。1861年，洛塔尔·冯·费伯的兄弟约翰·埃伯哈德·费伯（John Eberhard Faber）在纽约市创建了美国第一家铅笔厂。

铅笔材料

铅笔芯不是由铅制成的，而是由石墨和黏土混合在一起制成的。铅和石墨这两种物质的颜色相近，致使早期使用石墨绘图的人误将石墨称作“铅”。

铅笔的最重要成分是石墨，但人们仍习惯性地将其称作“铅”。至今，人们制作铅笔时，仍采用孔戴将石墨与黏土结合的工艺方法，有时也添加蜡或其他化学物质。今天，几乎所有铅笔中的笔芯是天然石墨与化学物质的混合物。

制作铅笔杆的木材必须能够经得起反复地削剪，并且削剪时既不费力又不易碎裂。铅笔杆大都是用雪松（特别是加州雪松）制作的，长期以来，雪松一直是制作铅笔杆的首选树木。雪松有一种怡人的气味，不会弯曲或变形，并且取材方便。

铅笔橡皮擦是用金属套固定的，可以用胶黏合在笔杆上，也可以形成金属齿固定在笔杆上。橡皮擦本身由浮石粉和橡胶组成。

制造过程

现在，大多数商用石墨都是在工厂生产的，而不是从矿山直接开采出来的。由此，制造商可以很容易地控制石墨的密度。制作时，根据铅笔的类型，将石墨与黏土混合在一起。通常情况下，石墨用量越多，铅笔芯就越软，线条就越黑。彩色铅笔是将颜料添加到黏土中制作而成，因此彩色铅笔中并没有石墨。

制造笔芯

每年，全球铅笔的销售额将近150亿美元，其销量继续超过圆珠笔的销量。

1. 将石墨制成笔芯通常有两种方法。第一种是挤压法，即将石墨混合物压入一个狭窄模具孔内，形成类似意大利面的细条状，然后根据长度要求进行精确切割，并放入烘炉中烘干（见图1）。

挤压石墨混合物

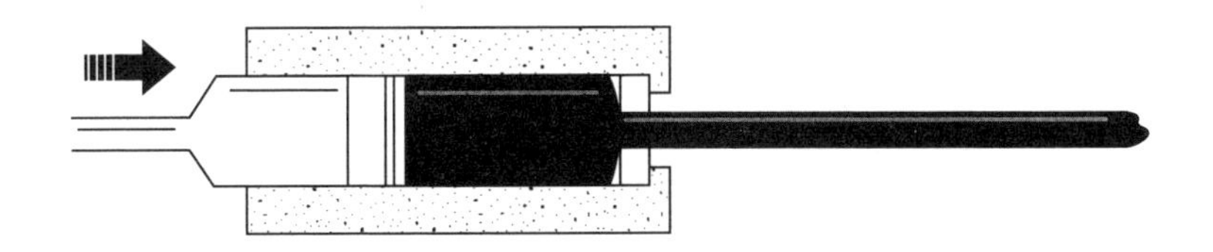

图 1 制造笔芯

制造铅笔的第一步是制造笔芯，采用的方法之一是挤压法，将石墨混合物通过模具孔进行挤压。

2. 第二种方法是将石墨混合物投入石墨坯压力机中。在压力机顶部安装一个塞子，同时底部的金属冲头向上挤压，把混合物压成一个坚硬的固态圆柱体石墨坯，然后将石墨坯从压力机顶部取出，转放入挤压机中。挤压石墨坯通过模具，接着切下大小合适的笔芯。随后通过传送带将笔芯传送并收集在一个槽内，等待插入制作笔杆的条板中。

组装成型

3. 在将雪松原木送到工厂前，通常会对其进行干燥、染色和上蜡处理，以防止上翘变形。接着将原木锯成被称为“条板”的矩形板。这些条板大小相同，长约184毫米，厚约6毫米，宽约70毫米（见图2）。将条板放入进料器中，出来时一个接一个地在传送带上随传送带匀速前行。

4. 将条板表面刨削平整，接着让它们通过传送带从切削刀头下面穿过。其间，切削刀头在每块条板上切割出一排排平行的半圆形槽，槽的深度是笔芯直径的一半。再在一些条板上面涂上一层胶水，然后将切好的笔芯放在条板的槽中。
5. 将既没有涂上胶水，也没有放笔芯的条板放置在另一条传送带上。机器自动将它们夹起翻转，使有槽一面朝下，在传送带上继续前行。随后，两条传送带相互配合，像制作三明治一样，没有涂上胶水的条板被放置在黏合了笔芯的条板上面。再将它们从传送带上取下，放入一个金属夹子中，通过液压机将它们压合，直到胶水凝固为止。凝固后，修整条板，去除多余的胶水。

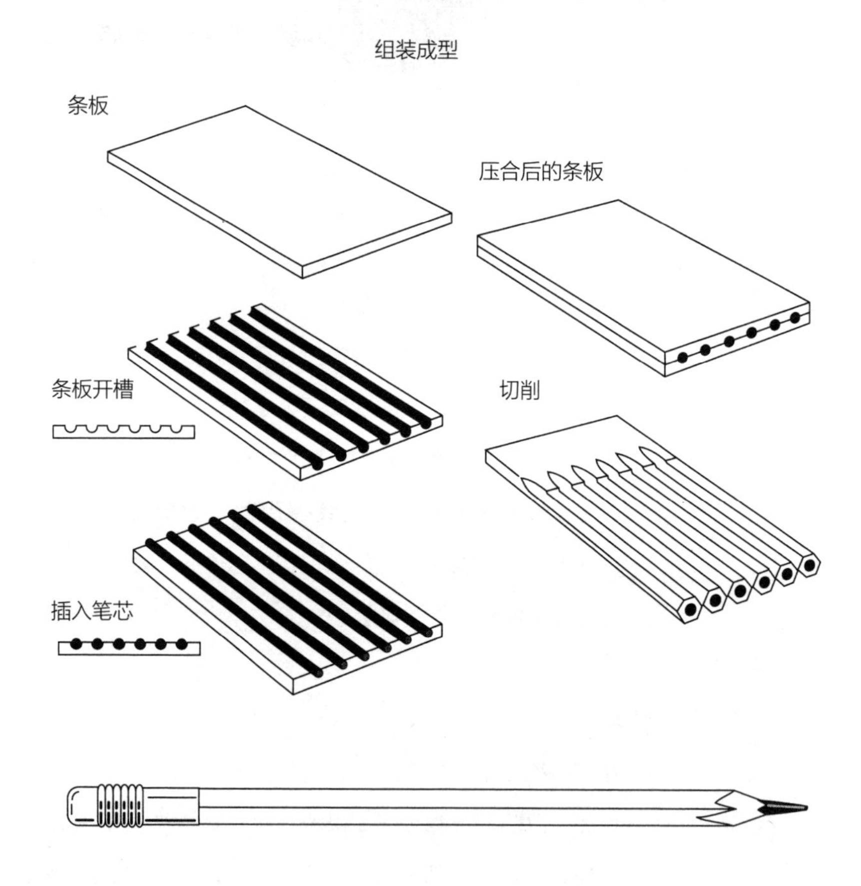

图 2　铅笔成型

制作矩形条板，并在条板上开槽。接着将笔芯插入条板上的槽中，再将另一张开槽的条板覆盖并粘连在已经填充了笔芯的条板上，然后将粘连的条板切割成设定好尺寸的铅笔，最后安上橡皮擦，并使用金属套固定。

铅笔成型

大多数铅笔杆是六棱柱形的，这可以阻止铅笔从平面上滚落。

6. 将装上笔芯且压合的条板经传送带通过上下相对的两组刀具，上方的刀具切削条板的上半部分，下方的刀具切削条板的下半部分，最终切削出铅笔轮廓。大多数铅笔是六棱柱形的，能阻止铅笔从平面上滚落。每张压合的条板能生产6~9支六棱柱形铅笔。

上漆和添加附件

7. 铅笔成型后，用砂纸将铅笔表面打磨平整，然后上色。先将铅笔表面涂上三层水彩颜料，接着上亮漆，最后使用紫外线迅速固化油漆。
8. 将上漆后的铅笔再一次放在传送带上，移送至成型机以去除铅笔末端堆积的多余的漆，并确保所有铅笔的长度相同。
9. 使用圆形金属套将橡皮擦固定在铅笔一端。先用胶水或通过形成小的金属尖刺将金属套固定在铅笔一端，接着将橡皮插入金属套，然后将金属套夹紧。最后，使用加热的钢模将公司的标志分别印在每一支铅笔上。

彩色铅笔

20世纪初，彩色铅笔获得发展，其制造方法与制造普通的黑色铅笔大同小异。不同之处是，彩色铅笔的笔芯使用的是混合了黏土的染料或颜料，而不是石墨。制造彩笔时，在颜料中加入黏土和树胶作为黏结剂，然后将它们浸泡在蜡中，这样可使彩笔书写更光滑。彩笔成型后，将其表面涂上与笔芯相同的颜色。

如今，有70多种颜色的彩笔可供选择，其中又可分为可擦除的和不可擦除的彩笔。绘儿乐（Crayola）公司的标准彩笔配色中，包含7

种不同的黄色和12种不同的蓝色。然而，黑色铅笔的销量仍然超过了其竞争对手生产的彩色铅笔和圆珠笔加在一起的销量。

质量控制

从沿着传送带传送到成品销往市场的整个过程中，制造商对每一个部件都认真地进行检查。训练有素的工人们剔除不规则的铅笔，并在加工完成后对部分铅笔进行削尖测试。制造过程中一个常见的问题是，涂上胶水后进行压合的条板有没有充分黏合，但这个小问题往往都能在切削时被发现。

数字的含义

铅笔的硬度是用数字或字母来表示的，通常会将这些数字和字母印在铅笔顶端。大多数制造商使用数字1到4，其中，1表示笔芯最软且书写颜色最深。2号笔（中等硬度）是最常用的铅笔。有时候，使用字母对铅笔的硬度进行分级——从最软的6B到最硬的9H。

自动铅笔

从19世纪80年代早期开始，人们就希望研究出不需要削尖的铅笔，最终发明了所谓的自动铅笔。这种铅笔有金属或塑料外壳，并使用类似于木制铅笔的笔芯。笔芯被卡在外壳内的金属螺旋体中，并被嵌有金属螺柱的金属杆固定。当扭动笔帽时，金属杆和螺柱会在螺旋体中向下移动，从而迫使笔芯前移一段距离。

未来发展

以高端钢笔和彩色铅笔为代表的书写工具，其市场份额仍在持续增长，但即使是简单的老式铅笔，在数字时代也照样蓬勃发展并占有一席之地。

邮　票

发明者：英国人罗兰·希尔（Rowland Hill，1837年，发明了黏性邮票）
美国每年邮票印刷量：约为190亿枚

邮票起源

邮票是一种相对现代的物品。1837年，英国教师、税务改革者罗兰·希尔爵士出版了名为《邮政局的改革：其重要性与实用性》的小册子。在这本小册子中，他首次提出了邮票的概念，并列举了很多改革措施。重要的是，希尔建议英国人停止使用以信件的运送距离为基础来计算邮资，并且要在投递前收取邮费。他认为，应该根据信件或包裹的重量来收取邮资，并以贴邮票的形式预先付款。

英国邮政局很快采纳了希尔的建议。1840年，第一枚以维多利亚（Victoria）女王肖像为主题的黏性邮票面世。重达14克的信件贴上这枚名为“黑便士”的邮票后，无论信件寄往何处，都无须添加邮资。为了鼓励人们使用邮票，邮政局对没有贴上邮票的信件收取双倍的邮资。

1843年，巴西也开始发行邮票，并由国家铸币厂雕刻印制。同时，瑞士的各个社区也发行了邮票。1847年7月1日，经由国会批准，美国首次向公众发行邮票（面值分别为5分和10分）。到1860年，全球有90多个国家或地区发行邮票。

首位人物

1893年，西班牙女王伊莎贝拉一世（Isabella）成为美国邮票上的第一位女性，此邮票用来纪念她对哥伦布发现之旅的支持。1902年，玛莎·华盛顿（Martha Washington）成为美国邮票上的第一位美国女性。1903年，海军上将大卫·法拉格特（David Farragut）成为美国邮票上的第一位西班牙裔美国人。1907年，波卡洪塔斯（Pocahontas）成为美国邮票上的第一位印第安人。1940年，布克·T. 华盛顿（Booker T.Washington）成为美国邮票上的第一位非裔美国人。

最初的邮票都只有单一颜色，直到1869年美国才开始生产彩色邮票。真正普及彩色邮票的时间是20世纪20年代。“黑便士”等早期邮票需要使用剪刀分开。1854年，英国开始生产凿孔邮票，美国直到1857年才有凿孔邮票。虽然偶尔会印制较大尺寸的邮票，但“黑便士”邮票的尺寸（19毫米×22毫米）一直作为标准尺寸。

起初，邮票是由印制国家货币的企业或本国铸币厂印刷的。很明显，印刷邮票不同于铸造货币，因为不同的纸张类型需要不同的印刷压力。最终，印刷邮票变成一项独立的生产活动。多年以来，印刷邮票的方法不断进步，充分反映了现代印刷工艺的发展。如今，印刷邮票的过程中使用了许多最先进的印刷技术。

富有创意的运输方式

在邮局排队是一种很烦心的体验，为此美国邮政署自成立之初就一直在探索更快、更高效的邮件运输方式，比如使用火车、汽车或飞机运输邮件。1959年6月8日，美国海军巴贝罗号潜艇向佛罗里达州梅波特的海军辅助航空站发射了一枚携带3000封信件的导弹。“在人类到达月球之前，”邮政署署长亚瑟·E.萨默菲尔德（Arthur E.Summerfield）宣称，“邮件将在数小时内通过导弹从纽约送达加利福尼亚、英国、印度或澳大利亚。”然而，使用导弹来运输邮件的方式并没有获得批准。

发行邮票的选择

从2007年开始，美国邮政署发行“永久”邮票，即以当前邮资购买，可以永远使用的邮票。这可以保护消费者免受邮资随时间的变化而变化的影响。第一枚永久性邮票上的图案是自由钟。

在美国，制作什么样的邮票，是由公民邮票咨询委员会（CSAC，以下简称“邮咨委”）决定的。邮咨委成员是由历史学家、艺术家、商人和收藏家组成的，他们定期与邮政署人员会面。发行什么样的邮票、面额多大，以及在什么时候发行，都是经由他们决定的。

尽管邮咨委会推荐一种特定的邮票设计，但是有关邮票设计的建议还是从全国各地纷至沓来，每周都会收到来自收藏家和特殊利益团体的数百个想法。然而，每年只能发行数量有限的邮票，如果发行人物纪念邮票，所纪念的人物应该是已故的。一般情况下，提交针对邮票的设计建议时，最好一并附上图纸和图片，这将有助于增加建议被选中的机会。一旦邮咨委选中某个建议并决定制作时，他们会聘请一位艺术家来针对该建议进行设计或修改。

“猫王”埃尔维斯·普雷斯利（Elvis Presley）的崇拜者们给邮咨委写了6万多封信，建议发行一枚“猫王”纪念邮票。在他们提交的“猫王”的肖像画中，堪称艺术品的超过40幅。邮咨委最终从中筛选出两幅，并且有史以来第一次让公众对这两幅肖像画进行投票。最终的入选者是由“一个年轻的猫王”设计的，他就是马里兰州的艺术家马克·斯图兹曼（Mark Stutzman）。“猫王”邮票于1993年1月8日（“猫王”生日）发行。

通常会在制造邮票的纸张或油墨上加上不可见的荧光或磷光添加剂作为标记，这些标记只有在紫外线照射下才能看得见。附有标记的邮票可以被一台特殊的机器读取，这有助于邮件的自动分类。

从1974年开始，美国邮政署开始发行自动粘贴邮票，以取代普通邮票。到2005年，自动粘贴邮票占比达98%。集邮爱好者对这一改变感到不满，因为大部分新使用的压敏胶黏剂不溶于水，使邮票很难从邮件上取下。

邮票创意接收机构

在美国，你可以将你的邮票创意寄到：公民邮票咨询委员会。

地址：华盛顿特区兰芳广场西南475号3300室，邮编：20260—3501（475 L' enfant Plaza SW，Room 3300 Washington，DC 20260—3501）

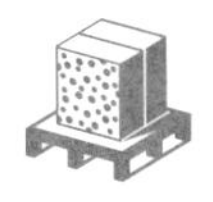

邮票材料

印刷邮票最常用的是直纹纸和布纹纸。直纹纸在光照下可以看见相互交替的明暗纹，布纹纸则没有。这两种纸通常都加上水印——在印刷过程中压印在邮票纸张上的有明暗纹理的图形、人像或文字。用水印纸印制邮票，在其他国家很常见。自1915年以来，美国就不再使用水印纸印制邮票，代之使用的是一种安全性更高、在紫外线下可见的、用荧光或磷光材料作标记的纸张。

如今，美国邮政署发行的邮票是用自粘纸印制的，就是在纸的背面涂上压敏胶黏剂，再在压敏胶黏剂上覆盖可以剥离的蜡光纸。通常使用高黏度油墨、采用胶印的方式印制邮票，这将在下一节里介绍。

制作过程

多年来，印刷邮票的工艺主要有3种，分别是凹版印刷（蚀刻版或雕刻版的凹下部分着油墨）、凸版印刷（像打字机一样，将图案压在印纸上，凸版上凸出部分着油墨）和平版印刷（印版的图文部分着油墨，而空白区域不着油墨）。早期的平版印刷与其他印刷工艺相比，无法做到线条清晰、图案精美，但现代胶版印刷可以让印出来的图片与拍摄出来的相片相媲美，却不需要使用胶片、在暗室进行化学冲洗。

接下来，我们重点介绍使用胶版印刷工艺印刷邮票。

2005年，美国政府印刷局终止了已有111年历史的印制邮票的业务。如今，美国所有的邮票都是由私人印刷商按照联邦标准印制的。

凹版印刷可能是最古老、最耗时的印刷邮票的方法。凹版印刷包括在印版上雕刻、打磨或蚀刻图案，然后将图案印到纸上。众所周知，在凹版印刷工艺中，使用“照相腐蚀凹版”工艺，将图案以拍照的方式转移到印版上，然后在印版上蚀刻。

印刷

1. 印刷厂复制部门使用专业计算机制图工具，对设计好的邮票图案进行排版。
2. 使用专用的计算机制版设备，在铝版上用激光蚀刻出图案。每一种颜色使用一块铝版。通常使用四种颜色：青色、洋红色、黄色和黑色。这些颜色可以组合成其他各种颜色。大多数家庭和办公室使用的喷墨打印机，都使用与此相同的四色系统。
3. 将蚀刻好的铝版分别装入胶版印刷机的独立印刷单元（每个单元一种颜色）中，每块铝版对应一个印版滚筒。
4. 将纸张装入胶版印刷机的纸张输送装置中。该纸张已经在背面涂上了压敏胶黏剂，同时覆上了一层蜡光纸。一般印刷纸张尺寸为24厘米×29厘米。现在使用的都是安全性更高、在紫外线下可见的、用荧光或磷光材料作标记的纸张。
5. 每次印刷机进纸一张。纸张输送装置采用机械系统和喷射气流相结合，以确保纸张不会粘连在一起。
6. 在胶版印刷中，带有邮票图案的印版实际上并未与纸接触。相反，所需的图案被转移到一个单独的印鼓（橡皮滚筒）上，然后将图案印到纸上。先是着水辊在印版上滚动。着水辊上涂有水和化学物质混合物。这种液态混合物随后就黏附在印版凹下的不着油墨的蚀刻区域。

7. 印刷所需的各种颜色的油墨（青色、洋红色、黄色和黑色）从喷墨器中流出，并在多个滚筒之间传递，直到黏附在印版上。但疏水性油墨只黏附在没有涂上液态混合物的凸起的图案区域。

8. 橡皮滚筒滚过印版的图案区域。当多余的油墨被挤出时，图案就被转移到橡皮滚筒上。在印刷单元送纸时，橡皮滚筒与压印滚筒反向旋转。

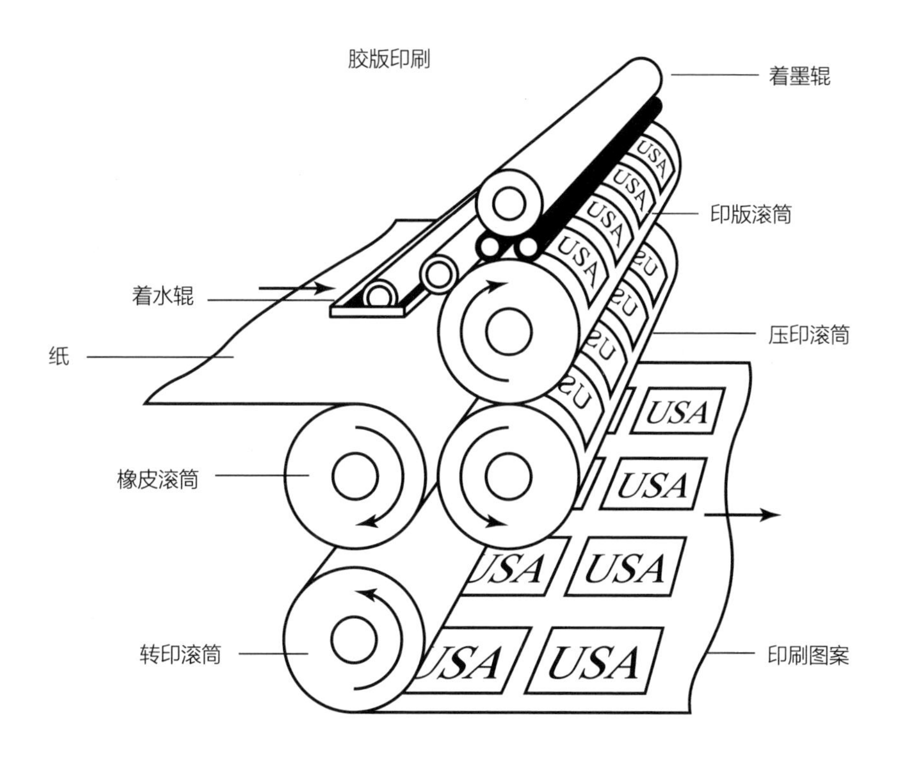

图 1 印刷邮票

采用胶印工艺。在铝板上使用激光蚀刻出图案，将铝版装在印刷机上。先让水与其他化学物质的混合物黏附在印版凹下的不着油墨的蚀刻区域，接着让油墨黏附在印版的凸起部分，然后将印版压在橡皮滚筒上，橡皮滚筒上带有最终图案的反面图案。这时，纸通过橡皮滚筒，产生最终的正面图案。

9. 纸张传送滚筒将纸从一个印刷单元送到下一个印刷单元，并接收所需颜色的油墨。

10. 将纸先通热风，再通冷风，进行干燥处理，然后将其送到印刷机的输出纸张处理器上。

打孔

11. 给印纸打孔，可以由连接在印刷机上的机器完成，也可以在印刷后由单独的机器完成（这种情况不常用）。一种打孔方法是，让纸通过机器，该机器使用小针在纸上打出水平和垂直网格的小孔。随后推出纸，让纸上的这些小孔与另一侧金属锯齿重合相压。打孔后，纸就与印刷机分离。另一种打孔的方法是，使用轮盘式打孔机。它有一个类似于比萨刀的切割轮，但带有针头，在一侧的纸上滚过后留下一排针孔。这种打孔方法最初是用手工操作的，但现在已实现自动化。

质量控制

收集和欣赏邮票及邮件材料（明信片、信笺等）的行为叫作集邮。通常称有这种行为的人为集邮爱好者。

在印刷邮票的过程中，机器操作工和检查员对每一个阶段都进行检查，检查员的专职是观察印刷过程，确保从上道工序进入下道工序前不出错。

印刷机极其精密，在印刷过程中难免出错。如误送纸张、油墨部件堵塞、印刷压力发生变化、油墨质量发生变化、调整方法不正确等一些看起来很小的问题，而且这些问题并不总是能消除。有时，印刷室内湿度的变化也会对印刷机和纸张产生影响，从而导致产品质量不完美。

集邮爱好者喜欢发现错误，事实上，一些集邮者只收集“错版邮票”，因为这些错误会增加邮票的收藏价值。通常，错版邮票出现的错误来自印刷。偶尔也会出现一些事实性的错版邮票。

在印刷厂，大多数错误很快就被发现，有缺陷的邮票在严密的安全控制下被销毁。然而也会有相当数量的错版邮票流出，使得收集“错版邮票”成为一些集邮爱好者的一个有趣的嗜好。

错版邮票价值

1957年，一枚旨在推广安全驾驶的意大利邮票上画了一幅交通灯图，图上的红灯出现在底部而不是顶部。1947年，摩纳哥发行了一枚纪念美国总统富兰克林·D.罗斯福（Franklin D. Roosevelt）的邮票。在这枚邮票上，罗斯福的右手明显地有让人吃惊的六根手指。生产出错版邮票的情形非常罕见，因此错版邮票就有可能成为珍贵的收藏品。

1918年，威廉·T.罗比（William T.Robey）花了24美元买了一联（100枚）飞机图案倒置的航空邮票，该邮票后来被称为“倒置的珍妮”。罗比意识到是邮局搞错了，于是，他以1.5万美元的价格把这些邮票卖给了一位经销商。该经销商随后以2万美元的价格将它们出售。2016年，一枚保存完好的“倒置的珍妮”邮票以117.5万美元的价格被拍卖。

未来发展

20世纪初，美国邮政署推出了邮资表，以减少经销商的用量。现在虽然许多邮资收费表仍在使用，但由于家庭和办公室可以轻易地拥有高质量的打印机，因此网上邮票印刷服务兴起。当然，只有经美国邮政署批准的公司，才可以经营网上邮资印刷业务。

尽管如此，邮票仍然被感兴趣的人广泛使用，纪念邮票继续受到集邮爱好者和普通民众的喜爱。邮票通常有小版张、小本票和卷筒邮票等装帧类型。

邮票的样式仍然吸引着世界各地收藏家的兴趣。邮票的主题成百上千，范围从音乐家、艺术家、名人和事件到体育、科学、交通、动物、地标和节假日。科技发展已使制作更多精美的邮票成为可能，邮票上印有不同形状和大小的具有艺术和文化意义的图像，并可在多种材料上印刷。如在箔（包括金箔）上使用压花、激光全息照相技术印制邮票，也可在如丝绸或蕾丝的绣花织物上印制邮票。

防伪技术已被应用到邮票中。防伪技术将不断提高，届时可打击越来越厉害的伪造行为。

橡皮筋

发明者：斯蒂芬·佩里（Stephen Perry，1845年3月17日，于伦敦发明橡皮筋）

销量冠军：联盟橡胶（Alliance Rubber）有限公司

联盟公司全球年销售额：3 500万美元

年销售橡皮筋量：907万千克

美国每年售出1 360万千克橡皮筋。

橡皮筋不仅可以将花束绑在一起，而且使用柔软、宽松的橡皮筋能够防止花瓣（尤其是郁金香）在运输过程中张开。

橡皮筋有着各种各样的用途。作为全球最大的橡皮筋用户——美国邮政署在2016年订购了7亿多根橡皮筋，用于邮寄、分类和递送业务。报业部门也购买大量的橡皮筋来绑缚卷好或叠好的报纸。农业部门使用各种类型的橡皮筋来缚牢花卉、水果和蔬菜。总的来说，仅在美国每年就售出1 360万千克橡皮筋。

橡胶的历史

15世纪晚期，哥伦布在探索美洲大陆时发现，玛雅人使用的防水鞋和瓶子是橡胶材质的。在好奇心驱使下，他带着几件玛雅人的橡胶制品返回欧洲。接下来的几百年里，其他欧洲探险者也纷纷效仿。到18世纪晚期，欧洲科学家发现，在松节油中溶解橡胶能够产生一种液体，用它可以制作防水布。

直到19世纪初，开发天然橡胶还面临着一些技术上的难题。虽然它明显具有开发潜力，但没人能够将其开发成商品。在欧洲寒冷的冬天，橡胶很快变得干燥而易碎。更糟的是，当天气转暖时，它则变得又软又黏，无法使用。

橡胶硫化的诞生

美国发明家查尔斯·固特异在幸运之神光顾之前，已经使用各种方法对天然橡胶进行了将近十年的试验。1839年的一天，他不小心把一块生橡胶和一些硫黄、铅弄在温暖的炉子上。巧合的是，正是因为这次失误，才有了重大发现。他观察到炉子上的橡胶有了他想要的稠度和质感。在接下来的五年时间里，他完全掌握了将天然橡胶转化为实用橡胶的过程。他称这种橡胶转化工艺为“硫化”，是以罗马火神伏尔甘（Vulcan）的名字来命名的。硫化工艺开创了现代橡胶工业。

最早的专利

世界上最大的橡皮筋用户是美国邮政署。他们每年订购7亿多根橡皮筋，用于分拣和投递成堆的邮件。

第一根橡皮筋是在1843年研制出的，当时一位名叫托马斯·汉考克（Thomas Hancock）的英国人把印第安人制造的一个橡胶瓶子切成薄片。虽然这样的橡皮筋被改造成了吊袜带和腰带，但它们的用途有限，因为它们未经硫化。汉考克本人从未做过橡胶硫化，但他确实通过开发橡胶粉碎机促进了橡胶工业的发展。橡胶粉碎机是现代炼胶机的前身，用于制造橡皮筋和其他橡胶制品。

1845年，另一位英国人斯蒂芬·佩里申请了橡皮筋专利，开办了第一家橡皮筋工厂。可以说，得益于查尔斯·固特异、汉考克和佩里的努力，才制造出了实用的橡皮筋。

19世纪末，英国橡胶制造商开始在马来西亚和锡兰（今斯里兰卡）等英属殖民地开发橡胶种植园。随后，橡胶种植园在东南亚温暖的气候条件下蓬勃发展，同时欧洲的橡胶工业也发展迅猛。更重要的是，出于当时的政治、经济原因，英国不再从美洲进口橡胶。

橡皮筋材料

合成橡胶工艺成熟于第二次世界大战期间，尽管现在75%的橡胶制品是由合成橡胶制成的，但橡皮筋仍然是由天然橡胶制成的，因为天然橡胶具有良好的弹性。天然橡胶来自胶乳。胶乳是一种乳白色流体，主要是由水和少量橡胶以及少量树脂、蛋白质、糖和矿物质组成的。大多数用于工业的天然胶乳来自橡胶树，但也有其他种类的树木、灌木和藤蔓产这种物质。

制造过程

1. 将在橡胶园收获的胶乳进行净化，以去除树液和碎片等杂质。
2. 将净化后的橡胶收集在大桶里，经与乙酸或甲酸发生化合作用后，橡胶颗粒黏结成生胶块。

处理天然橡胶

3. 将生胶块送入机器中，通过滚筒挤压来去除多余的水分（见图1），并压成61~91厘米见方的大包或大块，并着手运往工厂。

混合和压平

4. 压成大包或大块的生胶运到工厂后，将它们拆开，放在机器上切成小块。接下来，许多制造商的做法是，使用班伯里混炼机将切成小块的生胶与其他化学物质混合，进行硫化、着色，以及加入其他化学物质来增加或减少其弹性（见图

班伯里混炼机是芬利·H.班伯里（Fernley H. Banbury）在1916年发明的，它能将橡胶和其他成分的原料进行混合。

1）。也有一些制造商在下一步骤添加这些物质，但通过班伯里混炼机混合后的橡胶，其产品性能更好，可生产出更加均匀的产品。

5. 加热橡胶（如果已经混合了，它就是混合块；如果没有混合，它就是松散块），然后在铣床上将其压平。

挤出

6. 橡胶离开铣床后，将其切成条状。在压平过程中，橡胶条仍然是热的，接着将其送入挤出机（见图1），挤出机将橡胶挤成长而中空的管子。

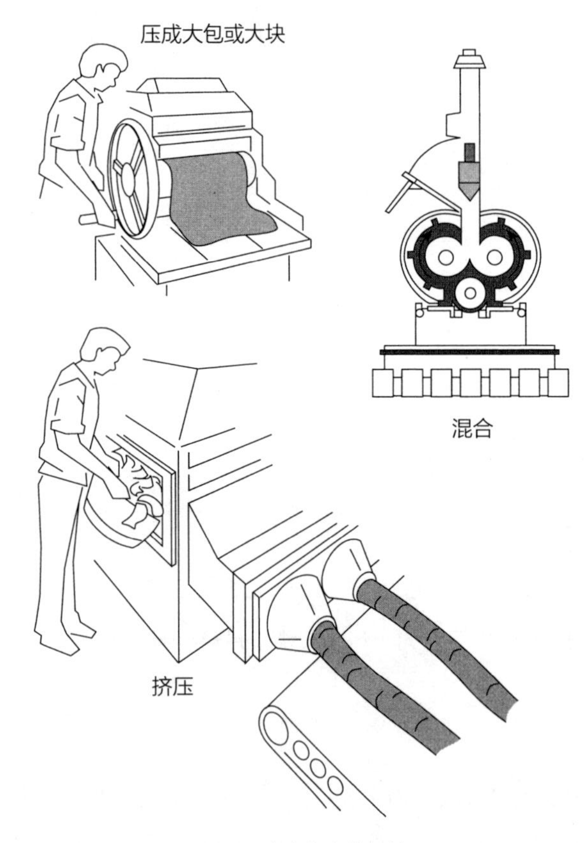

图 1　生产橡皮筋坯料

将生胶块送入机器中，通过滚筒挤压来去除多余的水分，并压成大包或大块。接着将它们切成小块，与其他化学物质混合。然后将加热的橡胶送入挤出机，挤成长而中空的管子。

固化和成型

7. 将橡胶管套在被称为“芯棒”的铝杆上。事先已在铝杆上裹上了一层滑石粉，以防止橡胶粘连在铝杆上。虽然橡胶已经硫化，但此时它的质地还相当脆，需要“固化”，目的是改变它的坚实度，使其更有弹性。将铝杆装载到架子上，送进大型烘箱以加热固化（见图2）。
8. 将橡胶管从铝杆上取下，清洗并除去上面的滑石粉，再将其送入切割机中，切成橡皮筋（见图2），通常都集成堆。橡皮筋是按重量出售的，但只有数量少时机器才能做到准确称重。通常，任何重量超过2.3千克的包裹都可以由机器来装包，但仍需要人工来称重和调整。

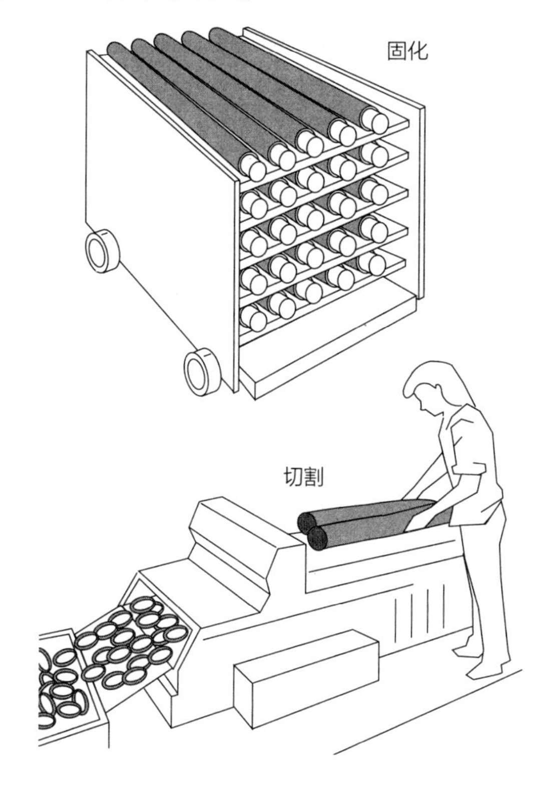

图 2　固化和成型

将橡胶管套在被称为“芯棒”的铝杆上，放在大型烘箱中固化。最后，把固化的橡胶管送进切割机，切成橡皮筋。

质量控制

质量控制是一个连续的过程。对每个批次的橡皮筋样品都运用多种方法进行质量检测。一是弹性模量测试，或者说测试一根橡皮筋反弹的强度。绷紧的橡皮筋一拉就会有力地弹回来，而用来固定易碎物品的橡皮筋应该是更轻柔地弹回来。二是拉伸测试，它决定橡皮筋的拉伸程度。拉伸程度取决于橡皮筋中橡胶的占比：橡胶越多，拉伸长度就越长。三是断裂强度测试，或者说测试橡皮筋能够承受多大的拉力才断裂。如果一批样品中90%样品通过了特定的测试，那么要对该批样品进行下一个测试；如果90%样品通过了所有测试，那么这批产品可以上市了。

大多数制造商按磅出售橡皮筋，有些制造商还会保证每磅橡皮筋的数量。这样做既保证了数量，也保证了质量，因为在称重和计数的同时，相当于附加着对橡皮筋进行了检查。

最小的和最大的橡皮筋

任何戴过牙套的人都知道最小的橡皮筋，因为用来矫正牙齿的韧带就是世界上最小的橡皮筋。世界上最大的橡皮筋可以把几辆汽车连在一起用于运输。从技术上讲，它不是橡皮筋，只是它看起来像橡皮筋。它实际上是由胶黏剂粘连在一起的长橡胶带。

提取橡胶

胶乳存在于橡胶树的树皮和内部形成层（树液流动的地方）的导管中。与树液不同的是，胶乳起着保护剂的作用，从树皮的伤口渗出，并将伤口封闭起来。为了“取出”这种物质，工人们使用割胶机在树皮上割出一个V形口子——只是必须记住，下次只能在这棵橡胶树的其他地方割胶，如果重复在同一位置割胶，会很快导致橡胶树死亡。工人们割开树皮，胶乳就会渗出来，汇集到一个固定在树上的容器里。每隔一天收集一次，一般每次都能收集56克的胶乳。

强力胶

发明者：哈里・库弗（Harry Coover）博士和弗雷德・乔伊纳（Fred Joyner）博士（两人于1958年发明强力胶）

诸如此类的黏合剂

胶水是一种凝胶状黏合剂，用在不同材料表面使它们粘连在一起。目前，胶水有五种基本类型。

其一，溶剂型胶水。这类胶水是指含有挥发性有机溶剂的黏合剂，是可涂抹的胶水。一旦其中的溶剂挥发掉，胶水就变干。大多数溶剂是易燃物，而且挥发得很快。其中，甲苯是最常用的溶剂，它是从化石燃料中提炼出来的液态烃。另外，这类胶水还包括作为液体焊料销售的胶水和所谓的接触黏合剂。

其二，水溶性胶水。这类胶水使用水作为溶剂，不使用化学合成的有机溶剂作为溶剂。其固化速度比溶剂型胶水慢，但不是易燃物，比较安全。这类胶水包括白乳胶和粉末状酪蛋白胶，粉末状酪

大约在1750年，英国为一种由鱼的黏液制成的黏合剂颁发了第一个胶水专利。实际上，从公元前4000年起，人类就一直在寻找能把不同东西黏合在一起的物质。成吉思汗的士兵们携带着由黏合剂黏合而成的弓和牛角号，只是这种黏合剂的配方已经失传。

古生物学家使用强力胶作为修复化石骨骼的黏合剂，或者将脆性骨骼浸泡在强力胶中进行加固。

蛋白胶是由牛奶蛋白制成的，它很安全，在家里或商店里加水混合后就可以使用。

其三，环氧树脂和间苯二酚混合胶水。间苯二酚是一种由有机树脂制成的结晶苯酚。这类胶水除包含实用成分外，还包含催化剂或硬化剂，用于金属时非常有效。汽车凹痕填充剂就是这类胶水，但只有正确混合才能发挥作用。

其四，动物皮胶。这类胶适用于木工和饰面黏合，是由动物的皮、骨骼及其他部位制成的。其既可以成品出售，也可以制作成粉末或薄片出售；可以与水混合使用，或加热后热涂。

其五，氰基丙烯酸酯胶水。这类胶水通常被称为快干胶、强力胶，是最新和黏合力最强的现代胶水，是由合成聚合物制成的。聚合物是由更小、更简单的分子（单体）组成的复杂分子，它们相互连接形成链或化学链。一旦聚合反应开始，就很难停止：形成聚合链的自然合成反应非常强烈，由此生成的分子键非常牢固。因此使用合成聚合物制成的胶水具有非常强的黏合力。

在家里或办公室里，强力胶对零零碎碎的修补工作很有用，比如修补破损的陶器、修补接缝，甚至可以把裂开的指甲粘连在一起。强力胶在建筑、医学和牙科领域也非常重要。本文重点介绍氰基丙烯酸酯胶水。

意外的收获

氰基丙烯酸酯胶水通常被称为强力胶，是最新和黏合力最强的现代胶水。

1951年，柯达实验室研究人员发明氰基丙烯酸酯胶水，当时哈里·库弗博士和弗雷德·乔伊纳博士正在寻找一种更坚硬的用于喷气式飞机的丙烯酸酯聚合物。乔伊纳在折射仪的两个棱镜之间涂上一层氰基丙烯酸乙酯薄膜，以测量光线通过棱镜时的折射程度。当他做完实验时，竟不能把两个棱镜拉开。起先，大家以为此举毁掉了一件价值700美元的实验仪器，都感到很郁闷。但很快他们意识到，他们可能取得了一个重大的意外收获，那就是偶然地发现了一种功能强大的新型黏合剂。

将实验室事故转变为有用的、适销的产品并不容易。柯达实验室直到1958年才开始销售第一款氰基丙烯酸酯胶水——伊士曼910。如今柯达公司已不再生产强力胶，但仍有几家公司生产各种形式的强力胶。为应对特殊行业的新需求，一些大型制造商设置研究实验室，期望开发出更好的强力胶。

使用聚合物来制作胶水，其作用机理相当复杂，人们还不能完全解释清楚。其他类型的胶水大都基于“钩眼”原理，这种胶水会形成微小的钩子和孔眼，它们互相勾连，就像一种分子尼龙搭扣。用这种机理工作的胶水，涂得越厚，黏合效果越好。然而，氰基丙烯酸酯胶水的黏结方式不同。

尴尬往事

一些医学杂志上充满着介绍强力胶给人带来痛苦的故事。有位可怜的父亲，他正睡觉时，他的三岁的儿子跟他嬉闹玩耍，开玩笑地用胶水喷他。很不幸，喷到他耳朵里的胶水凝固了，直到通过手术才取出来。

目前的理论将氰基丙烯酸酯聚合物的黏合性能与将所有原子结合在一起的电磁力进行了比较。虽然一种物质的大质量电子可以排斥其他物质，但是把两种不同物质的小原子刻意地紧靠在一起就可以相互吸引。用几种物质进行的实验表明，如果把两种相同的材料（如黄金）靠得足够近，他们就可以在不添加任何黏合剂的情况下粘连在一起。

这种现象解释了为什么涂上薄层的强力胶比涂上厚层的强力胶的效果更好。因为薄层的胶水可以被挤压得离它所黏结的材料尽可能的近，从而造成紧密排列的小原子之间的相互吸引。而较厚层的胶水与所黏结的材料之间有足够大的空间，分子之间互相排斥，由此胶水就不能将两种材料牢固地粘连在一起。

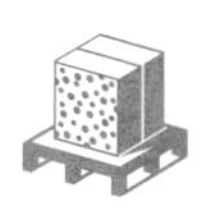

强力胶原料

汽车制造厂和电子厂正在使用强力胶来黏合使用金属螺栓和铆钉可能会破裂的塑料部件。

强力胶的原料清单看上去就像化学术语表。氰基丙烯酸酯聚合物包括以下化学成分：氰基丙烯酸乙酯、甲醛、氮气或其他非活性气体、自由基抑制剂和碱清除剂。

氰基丙烯酸乙酯含有乙基、烃自由基（自由基是指具有不成对电子的原子或基团，因为含有不成对电子，所以更容易与其他原子发生反应）、氰化物和乙酸酯。对于乙酸酯，可通过乙酸与乙醇发生酯化反应生成。

甲醛是一种无色气体，常用于生产合成树脂。

氮气是地球大气中最丰富的气体，占空气体积的78%。氮元素存在于所有的生物组织中。氮不易与其他物质发生化学反应，所以常用作保护气。在那些加入高活性元素时可能发生强烈化学反应的配制中，常注入氮气来减缓反应程度。

自由基抑制剂和碱清除剂的作用是清除那些破坏产品的物质。

制作过程

医生在手术中往往使用强力胶来止血和封闭伤口。

强力胶是在加热反应釜中生产的，它能储存从几加仑到几千加仑的溶液，其容量取决于制造者。

生成聚合物

1. 将氰基丙烯酸乙酯加入带旋转搅拌叶片的玻璃内衬釜中，与甲醛混合（见图1）。这两种化学物质混合后发生聚合反应，并产生水。水在釜内经加热蒸发，剩下的就是氰基丙烯酸酯聚合物。
2. 向水蒸发后的釜内填充非活性气体，如氮气，因为氰基丙烯酸酯聚合物与水接触就发生固化并变硬。

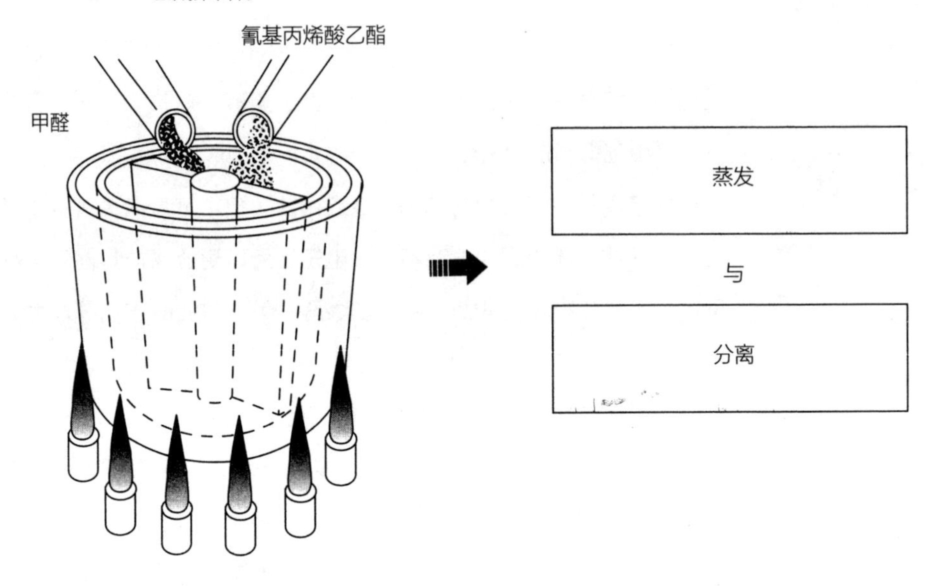

图 1 生成聚合物

将氰基丙烯酸乙酯加入带旋转搅拌叶片的玻璃内衬釜中，与甲醛混合。混合后发生聚合反应，并产生水。水在釜内经加热蒸发，剩下的就是氰基丙烯酸酯聚合物。继续加热釜，导致聚合物化学键断裂，产生活性单体。

从聚合物中分离单体

3. 将釜加热到大约150℃。加热导致聚合物化学键断裂，产生活性单体，当成品胶涂在微潮的物体表面时，这些单体会重新形成新的化学键。
4. 比聚合物轻的单体经蒸馏后，通过冷却盘管进入收集容器（容纳液体单体的容器）中（见图2）。在这一过程中，单体从釜中出来通过冷却盘管后冷却为液体。为提高产品的质量，可对单体进行第二次蒸馏，有些制造商甚至对单体进行第三次蒸馏。

防止固化

5. 收集容器中的混合物实际上就是氰基丙烯酸酯胶，但仍然需要防止它们发生固化。为此，向收集容器加入各种自由基抑制剂和碱清除剂，以消除杂质，阻止混合物变硬。因为用于消除杂质和化学物质的自由基抑制剂和碱清除剂的用量很小（测量值不超过百万分之几），所以不需要从混合物中去除。如果杂质颗粒是可见的，哪怕是在几百倍的放大倍数下可见，也表明产品严重不纯，这样的产品就会被销毁。

添加剂和包装

强力胶几乎可以瞬间黏合，但要做到完全黏合可能在8~24小时以后。为此，建议使用者涂胶后，直到超过说明书上规定的等待时间时，才对黏合体施加压力。

6. 向收集容器中添加制造商要求添加的添加剂（见图2）。这些添加剂可以控制混合物的黏度（现实中，至少有三种不同黏度的产品在出售），使早期的胶水不能黏合的材料也能黏合上。当需要在不太好黏合的表面进行黏合时，需要更高的黏度，因为黏度较高，胶水在凝固前就能把空隙填满。没有添加这些添加剂的氰基丙烯酸酯胶，只能用于无孔隙的材料表面的黏合。加入这些添加剂或对材料进行表面处理后，氰基丙烯酸酯胶能更好地发挥作用。随着技术进步，氰基丙烯酸酯胶能够满足客户的多种需求，几乎能够黏合任何材料，是名副其实的强力胶。

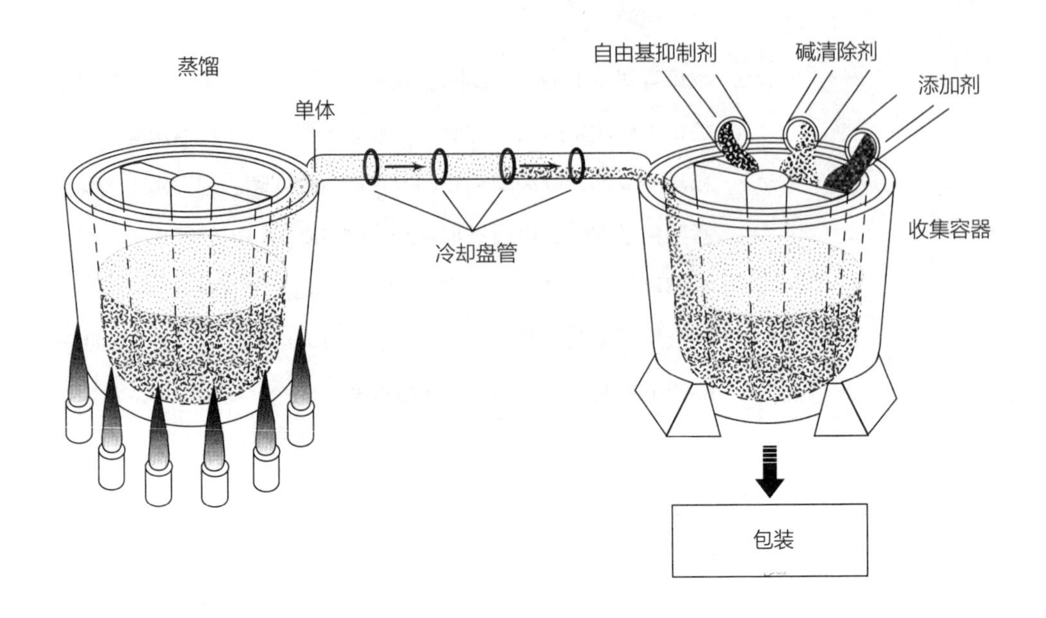

图 2 蒸馏

将单体通过冷却盘管输送到收集容器中。这时收集容器中的混合物实际上就是氰基丙烯酸酯胶，但需要防止它们发生固化。为此，加入各种自由基抑制剂和碱清除剂，以消除杂质，阻止混合物变硬。在添加必要的添加剂后，按照制造商的要求对胶水进行包装。

7. 使用传统的无湿度技术将胶水灌装到包装管中。将包装管装满后，装上盖子并压紧，再将底部压紧封闭。大多数金属包装管与胶水会发生化学反应，所以除使用可行的金属铝包装管外，通常采用塑料包装管，如聚乙烯。强力胶暴露在潮湿或碱性环境中时，无论是在空气中还是在被黏合的表面，单体将重新聚合并硬化，形成一种非常牢固的化学键。这种聚合是完全彻底的：所有暴露的胶水都发生聚合。

质量控制

要使产品质量达标，就必须认真地进行质量控制。由于单体聚合是一种普遍的反应（涂在物体表面的胶水，反应更彻底，所以当反应结束时，所有的单体都聚合了），所以生产过程中任何一个环节存在缺陷，都会造成成千上万加仑的原料损失。

对进入工厂的化学品和供应品的质量高度重视。在理想情况下，要确保所有供应商都按照规定的质量控制程序进行质量控制，以保证采购物品的质量。

虽然生产过程是自动化的，但在所有的生产环节都要仔细监控。对搅拌的持续时间、每一阶段的混合量和温度等、操作人员都进行观察，必要时，随时调整机器。

在装运发货前，对成品也要进行测试。最重要的是测试抗剪强度，这是测量破坏胶水保持力的量度。

用量控制

第一批强力胶上市时，受到许多用户投诉。用户们感到困惑和失望，因为他们发现强力胶有时很管用，有时效果却很差。

使用强力胶成功的秘诀是适度。涂得越薄，黏合得越牢。还要注意涂抹的厚度（薄、较薄、厚、较厚），并与其用途相匹配。对于多孔材料（如木材、皮革、陶器）表面，使用较厚的强力胶，这样胶水就不会渗透到孔隙中消失了。

强力胶的固化时间从2秒到2分钟不等，但在进行高强度应力测试前，要给胶水足够的固化时间，使其真正凝固。

请记住，强力胶能够非常容易地将皮肤与任何东西黏合在一起，所以使用时请保持手指干燥，并随身携带指甲油清除剂（丙酮）。

粘住手指

如果使用强力胶时它与手指粘在了一起（或与其他东西粘在一起），那就真的有麻烦了。因为很难将强力胶洗掉，需要使用脱粘剂（如果双手粘在一起不能分开，那就需要朋友来帮助）。脱粘剂能溶解强力胶，大多数胶水制造商同时出售此品，以帮助用户摆脱麻烦。必要时，使用指甲油清除剂也能起到同样的效果，只需20秒的时间，束缚的手指就能够重获自由。

拉 链

发明者：美国工程师威特康姆·L.贾德森（Whitcomb L.Judson，1893年，研制了“滑动纽扣”，这是最初的拉链的雏形）、瑞典工程师吉迪恩·森贝克［Gideon Sundback，1908年，发明了普拉扣（Plako）拉链；1913年，改进凯瑟琳娜·库恩–穆斯（Catharina Kuhn–Moos）和亨利·福斯特（Henri Forster）的方案，设计了“无钩2号”，用弹簧夹子代替钩子和孔眼］、凯瑟琳娜·库恩–穆斯和亨利·福斯特（1911年，在瑞士申请了拉链专利，其拉链具有现代拉链的大部分特征）、古德里奇公司的伯特伦·G.沃克（Bertram G.Work）［1923年，将其产品命名为拉链（Zipper）］

最大的制造商：日本吉田公司（YKK）和中国福建浔兴集团（SBS拉链）（两家的产量超过全球一半）

拉链得名于拉头快速拉上或拉下时所发出的金属“嘶嘶”声。

把衣服闭合起来是一项现代设计技艺。古人使用从骨头中分离出来的骨片或骨钉固定兽皮。正是得益于早期人们为保暖而做出的努力，我们才有了长足的进步。

继古人之后，人们又设计了许多更有效的系结件。早期的系结件包括搭扣、布带、安全别针和纽扣。即使在今天，使用纽扣来闭合衣服仍然是一种重要的实用方法，只是使用起来有其不方便之处。19世纪，为了取代在每只鞋上扣上20~40颗小纽扣的令人烦恼的做法，人们发明了拉链。

1851年，缝纫机的发明者伊莱亚斯·豪（Elias Howe）发明了一种他称为自动连续闭合衣服的系结件。这种系结件包括一系列的扣环，并由一根在成排的肋状物上滑行的连接线连接在一起。尽管这一巧妙的突破性设计很有潜力，但这项发明从未被推向市场。

另一位发明家威特康姆·贾德森提出了一种滑动式纽扣的想法，使用滑动装置来嵌合或分开两排纽扣，其基本原理与后来的拉链很相似。1893年，他申请了这项设计的专利。同年，在芝加哥举办的世界哥伦比亚博览会上，贾德森展示了新型卡环锁紧系结件后，得到了刘易斯·沃克（Lewis Walker）的资金支持，他们于1894年共同创立了环球滑动纽扣公司（Universal Fastener Company）。

衣服封口

与纽扣相比，第一次面世的拉链并没有太大的进步。在其后的十年里，各种创新不断涌现。贾德森发明了一种可以完全分开的拉链，同今天夹克上的拉链一样。他发现，将齿牙直接夹在可以缝进衣服的布带上，要比将齿牙缝在衣服上好用得多。

直到1906年，拉链仍然很容易地在突然间弹开并卡住不能拉动。吉迪恩·森贝克加入贾德森的公司后，其公司改叫自动钩眼公司。森贝克设计的首个普拉扣拉链并不是很成功，但仍被认为是现代拉链的开端。

最早的无钩拉链被用于紧身胸衣、手套、腰包、睡袋和烟袋。

森贝克设计的“无钩2号”拉链很快就取代了“无钩1号”拉链，“无钩2号”与现代拉链非常相似。嵌合紧密的链牙结构形成了迄今为止最好的拉链，能够一次性冲压出金属链牙的机器提高了这种新型拉链的生产效率，从而让将拉链批量推向市场成为可能。

第一批拉链首先被用于第一次世界大战中士兵们的腰包、飞行服和救生衣上。因为战争，许多民用物资短缺，因此森贝克的公司开发了一种新型的制造拉链的机器，降低了生产成本，提高了制造效率，仅金属材料就节省了60%。

20世纪20年代，当时的古德里奇公司给生产的橡胶套鞋装上了拉链，到此时普通大众才有了使用拉链的机会。古德里奇公司的总裁伯特伦·G.沃克想出了“Zipper”这个词，但他的本意是指靴子本身，而不是闭合靴子的拉链。对于拉链，他觉得更恰当的名称是“滑动绑紧器”。

第二次世界大战后，由于金属材料短缺，拉链的材料再次发生变化。在德国，原先的拉链工厂被摧毁。一家名为欧普提–威克（Opti-Werk）的公司开始研究使用新型塑料来代替金属材料，并取得了许多专利。J.R.鲁尔曼（J.R.Ruhrman）和他的同事们发明了一种塑料梯链，获得了一项德国专利。1940年，奥尔登·W.汉森（Alden W.Hanson）发明了一种方法，可以把塑料牙链缝在拉链布带上。紧接着，A.格巴赫（A.Gerbach）和威廉·普里姆–文西（William Prym–Wencie）公司独自研发了能缝在拉链布带上的塑料牙链。

拉链的销售起步缓慢，但后来开始飙升。1917年，共售出2.4万条拉链；1934年，销售数字上升到6 000万。如今，从牛仔裤到睡袋所需的拉链，生产和销售都变得轻而易举，销售额动辄数十亿美元。

拉链的材料

拉链的基本组件：

- 牙链带（组成拉链一侧的布带和链牙）
- 拉头（打开和闭合拉链）
- 拉片（用以移动拉头，是拉头的一个组件）
- 止挡（防止拉头从牙链上滑脱）

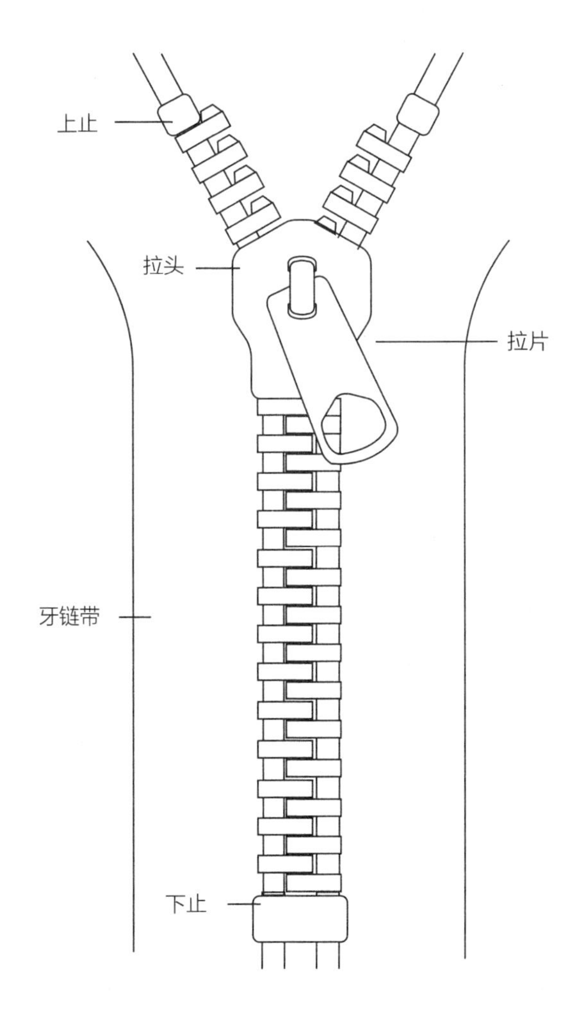

图 1　拉链的基本组件

开尾拉链的插销（pin）和插座（box）合并到一起时，它们也起着“下止”的作用（见图1）。

金属拉链的五金件可由不锈钢、铝、黄铜、锌或镍银合金制成。有时钢质拉链表层会涂上黄铜或锌，或者涂上与拉链布带、衣服颜色相匹配的颜色。

带五金件的塑料拉链是由聚酯纤维或尼龙制成的，而拉头和拉片通常是由钢或锌制成的。布带要么是由棉布、要么是由聚酯纤维、要么是由两者混纺制成的。对于两端都能打开的拉链（如夹克），通常不将其两端缝在衣服上，这样就可以方便地拉开或闭合拉链，同拉链只在一端拉开（闭口拉链）一样。这些拉链的两端使用结实的棉织带（用尼龙加固），以防止布带被磨损。

制造过程

如今的拉链主要是由金属或塑料制成的。除此之外，生产成品所涉及的步骤基本上是与过去相同的。

制造金属拉链的牙链带

1. 牙链带是构成拉链一侧的布带和链牙的组合（见图1）。早期的制造方法缓慢而烦琐，更快速的制造方法起源于20世纪40年代。开动冲床，将一条扁平的金属带在冲床的冲头和底座之间穿过。随后，金属带上留下一个个勺形体。冲裁模将连接在同一条金属带上的勺形体分开并切成“Y”形体。这时就形成了我们熟悉的链牙，然后将“Y”形体压紧在布带上。

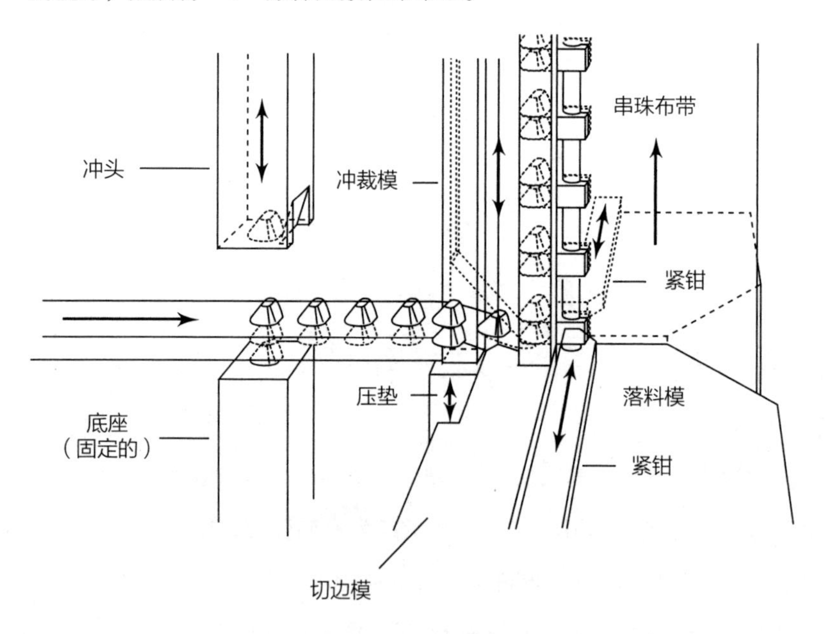

图 2　制造金属拉链的牙链带

牙链带是构成拉链一侧的布带和链牙的组合。将一条扁平的金属带在冲床的冲头和底座之间穿过。随后，金属带上留下一个个勺形体。冲裁模将勺形体切成“Y”形体，然后将“Y”形体压紧在布带上。

2. 另一种制造方法是在20世纪30年代发展起来的，即利用熔融的金属来形成链牙。将形状像一串齿牙的模具夹在布带周围，接着将熔融的锌在压力下注入模具，再用水冷却模具，然后取出成型的链牙，并修剪掉多余的金属部分。

制造塑料拉链的牙链带

3. 塑料拉链可以是螺旋状的、锯齿状的、梯形的，可以直接编织进衣服中。制造螺旋塑料拉链的牙链带的方法通常有两种。第一种方法是，将开槽之前的圆形塑料线放在两个加热的螺丝之间。两个螺丝中的一个顺时针旋转，另一个逆时针旋转，将塑料线拉出，形成螺旋线。制头机将每层螺旋线的前端制成一个链牙。接下来，用冷空气冷却塑料螺旋线。这个方法要求在两台机器上同时制造出左螺旋线和右螺旋线，用这两种螺旋线互相匹配地完成拉链制造。
4. 制造螺旋塑料拉链的第二个方法是，在同一台机器上同时制造左右两个螺旋线。（见图3）在旋轮上的凹口之间，将一段塑料线绕两圈。输送机和制头机同时将塑料线牢牢压入凹口，形成链牙。这个过程使两个螺旋线连接在一起，它们分别被缝在两片布带上。
5. 使用同步骤2中描述的制造金属拉链类似的成型工艺，制造齿状塑料拉链的牙链带。将两根细绳穿过旋轮边缘的小模具——小模具的形状像压平的牙齿，并连接已制作完成的链牙。接着将半熔融的塑料送入小模具里，直到塑料凝固。然后，使用折叠机将链牙折成“U”形，以方便将链牙缝制在牙链带上。
6. 梯形塑料拉链牙链带是由一根缠绕的塑料线制成的，该塑料线绕在交替的线轴上，线轴从旋轮边缘伸出。每边的剥离器将线圈从线轴上取下，同时制头机和凹口轮将线圈压成“U”形，并形成链牙，再将其缝在牙链带上。
7. 高级服装拉链是由可直接编织到布里的塑料线制成的，使用与织布一样的方法。这种方法在美国并不常见，美国经常从其他国家进口这种拉链。

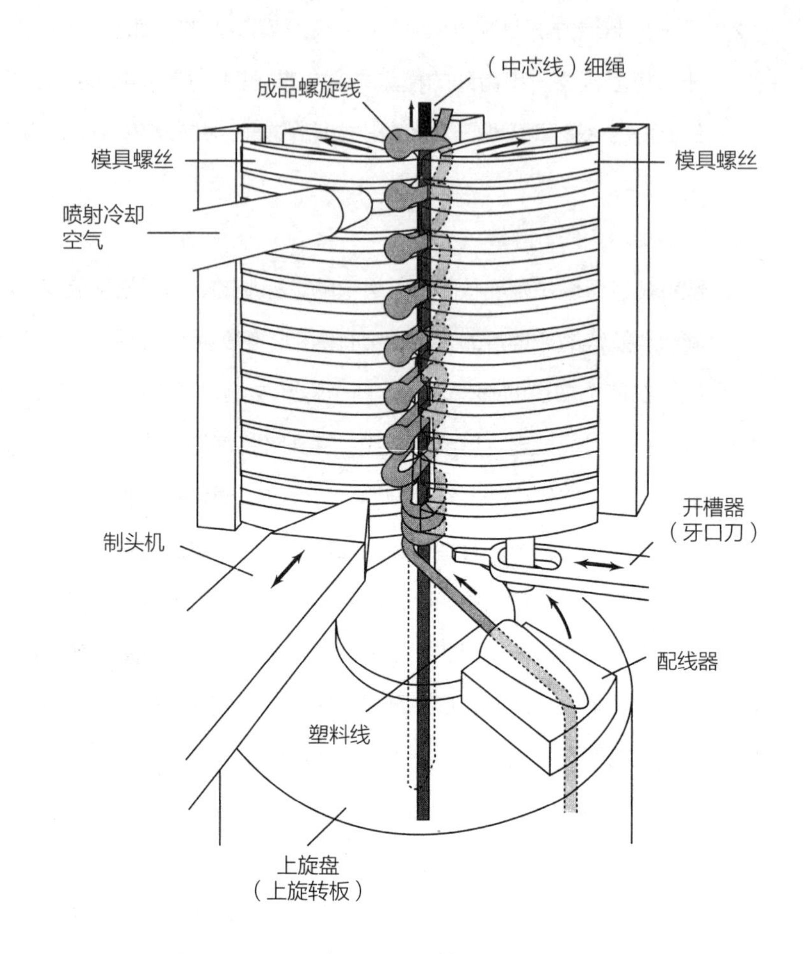

图 3　制造螺旋塑料拉链的牙链带

在两个加热的螺丝之间插入一根塑料圆线。两个螺丝中的一个顺时针旋转，另一个逆时针旋转，将塑料线拉出来形成螺旋线。制头机将每层螺旋线的前端制成一个链牙。这个方法要求在同一台机器的两个独立机构上同时制造出左右螺旋线，两条螺旋线互相匹配，完成拉链制造。

完成制造流程

1918年，美国海军订购了1万套无钩拉链安装在飞行服上，以表示对这种新产品的认可。

8. 制作完成后的牙链带会装上一个类似于滑块的临时拉头，再将它们压紧。对于金属拉链，使用钢丝刷擦除上面锋利尖锐的边缘。接着给牙链带上浆、清浆、干燥。对于金属拉链，还要上蜡以确保拉头在链牙上能平滑移动。再将拉合上的牙链带绕到巨大的线轴上，以使其更加完整。

9. 将经过冲压或压铸制成的金属拉头和拉片分别进行组装。随着长长的、连续不断的牙链带从线轴上展开，每隔一段距离就拔掉一部分链牙，给制作小尺寸的拉链留下空隙。对于只在一端打开的拉链，底端的止点被夹住并装上下止，接着装拉头，再装上止，并在空隙处中间位置切断。至此，一条成品闭口拉链制造完成。对于分开的拉链（开尾拉链），在每个空隙处的中间位置贴上加固带，将顶端的止动装置夹紧（装上止）。然后切开加固带，将拉链分开，在一边装上拉头和插座，在另一边装上插销，从而制造完成一条开尾拉链。

10. 将成品拉链码放在箱子里，然后用卡车运到服装制造商、行李制造商或任何其他需要拉链的制造商那里。有些还被运往面料商店，供消费者直接购买。

你知道“YKK”吗？

我们在日常生活中经常看到许多拉链上有“YKK”这几个字母，你知道它是什么意思吗？

“YKK”是一家生产拉链的日本公司的英文名字的缩写。该公司成立于1934年，原名为San-es Shokai（3S商会），后来更名为Yoshida Kogyosho（吉田工业所），再后来又改名为Yoshida Kogyo Kabushikaisha（吉田工业株式会社），即大家所说的YKK公司。1946年，该公司注册了“YKK”商标。该公司目前由71家分公司组成，在111个国家设有工厂。其拉链产品部负责拉链生产中从拉链周围的染色织物到拉链本身所用的黄铜的所有环节的生产。

质量控制

拉链是复杂精巧的物件，可放心使用。它们依靠光滑的、几乎完美的小杯形链牙相互连接，通常设计成衣服的扣合件，所以对拉链必须进行一系列的测试，以确保它们能够承受频繁的洗涤和日常穿着时的牵拉。

对拉链的每一个尺寸，包括宽度、长度、带端长度、链牙尺寸、牙链带长度、拉头尺寸和止挡长度都要进行检查，校验值必须在可接受的范围内。通过采样，使用统计分析方法来检查一批拉链的误差范围。一般来说，拉链的尺寸必须不低于所需尺寸的90%，虽然在大多数情况下接近99%。

对拉链的平面度和直线度必须进行检测。检测平面度的方法是，将一个量规放置在拉链上方的一定高度处，如果旋转量规时多次碰到拉链，就可以判定这条拉链不平整，平面度存在缺陷。检测直线度的方法是，将拉链放置在一把直尺上，观察拉链是否有弯曲。

拉链的强度非常重要。链牙应不轻易脱落，拉链也不能轻易断裂。拉链强度是使用拉力试验机来测试的。用挂钩钩住链牙，使用拉力试验机牵拉，当链牙与布带分离时，实时测量出的承载力就是拉链的链牙强度。使用两台拉力试验机分别牵拉拉链的两片牙链带，将它们完全分开，成为两个独立的部分所测量出的承载力即被测拉链的平拉强度。可接受的强度值是根据拉链的类型来确定的：重型拉链比轻便型拉链更结实。通过压缩来确定拉链的断裂点。

为了测量拉链是否容易闭合，还使用拉力试验机测量拉链上下来回拉动所需的力。对于服装来说，这个值应该很低，这样一般的人就可以轻松地拉上拉链，衣服就不会有被撕破的尴尬。而对于床垫套等其他物品，拉力可以高一些。

成品拉链必须符合纺织品质量控制要求。在热水中加入大量的漂白剂和研磨剂，模拟多种洗涤模式，通过在少量热水中洗涤来测试拉链的耐洗性。将拉链与小钢球搅拌，以测试涂层的耐磨损度。

必须使用不褪色的布料制作拉链的牙链带。如果服装只需干洗，那么其拉链在干洗过程中不能褪色，以免洗花衣服。

对拉链还需进行收缩率测试。在布带上做上两个记号。将拉链加热或清洗后，测量两个标记之间的长度变化值。重型拉链应该没有收缩变化。而轻型拉链的收缩范围有限，应该在1%~4%。

所有这些测试和检查保证了拉链的质量。如今，尽管纽扣、蝴蝶结、铆钉和按扣仍在继续使用，毋庸置疑的是，拉链在服饰上的应用仍处于市场领先者。即使是魔术贴也没能将其赶出市场。拉链因其柔韧性和可靠性仍然大受欢迎。它们隐藏在接缝中，以实现简单的功能；或缝合在明显的位置，以形成丰富多彩的时尚元素。

现在，拉链被用在衣服、鞋子、行李箱包、帐篷等几乎所有需要打开和关闭且由布料制成的物品上。

食品及美妆护肤

奶　酪

发明年份：公元前10000年

凝乳和乳清

1801年，托马斯·杰斐逊（Thomas Jefferson）收到一份巨大的礼物：一块重达545千克的奶酪（cheese）。从此，“大奶酪”（big cheese）一词就被用来指显要人物或其他重要人物。

法国人是奶酪的主要爱好者。法国大约生产750种奶酪，每人每年大约消费23千克奶酪。美国每人每年大约消费11千克奶酪。

制作454克软奶酪需要4升牛奶，制作454克硬奶酪需要5升牛奶。

人们享用奶酪已经有8 000多年的历史。早在玛菲特（Muffet）小姐坐在土堆上品尝着奶油蛋糕之前，人们就知道牛奶不只是喝着才对人有益。农民们不费吹灰之力就把这种白色的液体变成一种富含钙和蛋白质的美味佳肴。撇开营养不谈，奶酪可以给玉米片、爆米花等各种食物调味。

奶酪是由各种哺乳动物的乳汁制成的固体食物。大约在公元前10000年，人们开始驯养产奶的动物时就发现，牛奶可以分离成软块的凝乳和白色含水的液体乳清。富含蛋白质的凝乳是奶酪的主要成分。因为每个国家的发展和习俗存在差异，所以每个国家都有自己制作奶酪的方法。如今，消费者可以从近2 000种奶酪中进行选择。

最早的奶酪只是加了盐的白色凝乳和乳清，类似于今天的白干酪。农民们知道，如果将牛奶静置，最终它就会自然地分离成凝乳和乳清。紧接着就是开发一种加速分离凝乳和乳清的方法。这是通过在奶中加入凝乳酶（一种在小牛胃里发现的酶或蛋白质）或其他类似酸的物质来实现的。

到了公元100年，奶酪制作者已经掌握了如何挤压、熟化和固化新鲜奶酪的方法，由此奶酪就成为可以长期储存的食品。在其后的大约一千年里，不同地区根据当地的原料和使用方法推出了不同种类的奶酪。

防止奶酪变质，最简单的方法就是让它熟化。熟化的奶酪之所以受欢迎，是因为可以将它长时间存放在家中的厨房里。13世纪，荷兰人开始用硬皮（蜡或菌层，或覆盖物）密封包装出口的奶酪，以长期保存。

19世纪初，制作奶酪的方法在瑞士取得突破。瑞士是第一个加工干酪的国家。由于在冷藏之前奶酪已经变质，于是他们发明了一种磨碎干酪、添加填料、加热混合物的方法。这就产生了一种无菌的、均匀的、持久的产品。加工干酪的另一个好处是，它允许奶酪制作商将可食用的二等奶酪回收利用，变成深受大众欢迎的产品。

19世纪60年代，发生了影响奶酪制作的又一个重大变革。当时的法国科学家路易斯·巴斯德（Louis Pasteur）引进了新的杀菌工艺。众所周知，巴氏杀菌就是在不改变牛奶的基本化学结构的前提下加热牛奶以杀死有害细菌。今天，大多数奶酪都是由巴氏灭菌牛奶制成的。

过去，大多数人认为奶酪是一种特色食品，通常是由私人家庭制作的。然而，随着新的大规模制作方法的出现，奶酪的供应和需求量都增加了。1955年，只有13%的牛奶被制成奶酪，到1984年，这一比例已经上升到31%，并持续增长。现在，很容易买到加工过的奶酪，包括切片的、涂抹酱的、柔软的、容易浇上酱汁的奶酪，等等。

尽管现在大多数奶酪是在大型现代化工厂的自动生产线上制作出来的，但大多数生产过程仍然沿袭传统的、自然的古老工艺。事实上，近年来手工奶酪又卷土重来。一些美国人拥有自己的小型奶酪制作厂，他们的产品非常受欢迎。

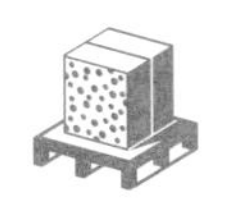

奶酪的配料和原料

试图照搬老奶酪工厂的成功经验，常常以失败告终，因为新工厂里一时还不能生长出合适的细菌。

奶酪是由奶制成的。它的风味、颜色和浓度是由制作方法和材料来源决定的。大多数奶酪是由奶牛和山羊的奶制成的，实际上还可以由水牛、绵羊、骆驼、牦牛、大羊驼甚至驯鹿的奶制成。一些制造商甚至尝试用数种来源的混合奶制作奶酪。

为了增加奶酪的味道和颜色，在制作时可能会加入各种各样的配料，有些配料相当出人意料。世界上最美味的奶酪，其美味可能是从在生产过程中添加进去的细菌或霉菌中获得的。奶酪制作商为避免使用凝乳酶来加速凝乳和乳清的分离，可能会通过使用未经巴氏灭菌法灭菌的奶或其他方法来促进细菌的生长，这是凝乳所必需的。他们也用盐水来浸泡奶酪，或用由红木、胡萝卜汁或热带树木的果肉制成的橙色染料来给奶酪染色。

奶酪制作商将几种天然奶酪混合在一起，加入盐、奶油、乳清、水和油，调制出了一些不同寻常的风味。加工干酪的味道也会受防腐剂、明胶、增稠剂和甜味剂的影响。比较常用的增味剂包括红辣椒、胡椒、韭菜、洋葱、孜然、香菜种子、墨西哥胡椒、榛子、葡萄干、葡萄酒、蘑菇、鼠尾草和培根。他们也采用烟熏的方法来延长奶酪的保存时间，并赋予其独特的风味。

制作过程（以牛奶为原料）

制作奶酪虽然是个简单的过程，但涉及许多因素。奶酪的种类之所以繁多，是因为在不同的制作阶段都可以停止制作，并形成一种奶酪。这样就制作出了不同种类的奶酪。另外，各种添加剂和制作方法都会影响奶酪的风味。因此，制作奶酪虽然不像制造苹果手机那样复杂，但是有一个微妙的过程。

准备牛奶

1. 小型奶酪厂要么更多地接受早上挤的牛奶，要么接受晚上挤的牛奶，或者两者兼而有之。因为这种牛奶通常是从不进行巴氏灭菌法灭菌的小型牛奶场购买的，所以这种牛奶含有产生乳酸所必需的细菌，而乳酸是引发牛奶凝结的成分之一。奶酪制作商先让牛奶静置，直到形成足够的乳酸后才开始制作他们想要的奶酪，然后根据奶酪的种类，加热凝乳使其成熟。这一过程与大型奶酪厂略有不同，大型奶酪厂使用巴氏灭菌法给牛奶灭菌，所以必须在生产过程中进行细菌培养以形成乳酸（见图1）。

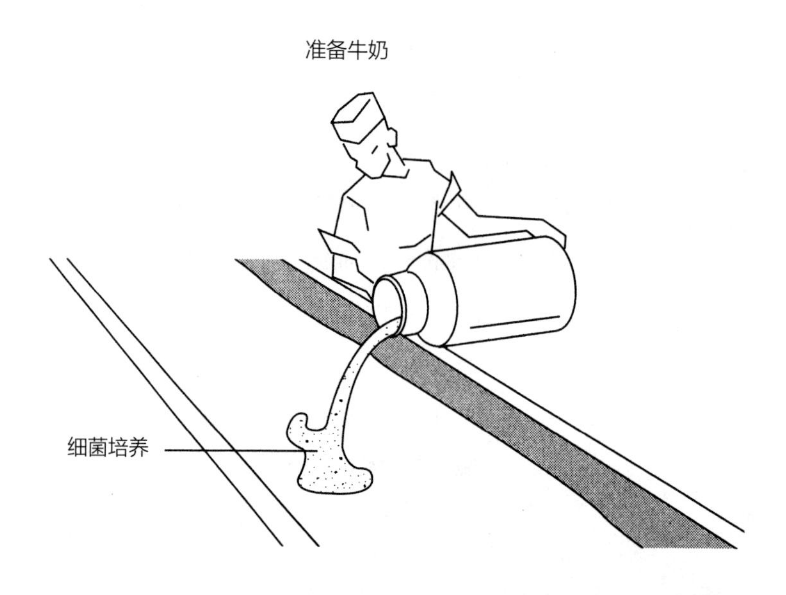

图 1　奶酪制作过程中的细菌培养

分离凝乳和乳清

2. 在牛奶中加入动物或植物凝乳酶，以快速将牛奶分离成凝乳和乳清。形成凝乳和乳清后，用刀在水平和垂直方向切划凝乳（见图2）。在大型奶酪厂，由机器上锋利的、多刃的、看起来像烤箱架子的钢刀垂直切割大桶里的凝乳，然后翻转凝乳并水平切块。如果是手工切割凝乳，就用一把大的双柄刀双向切割。将软奶酪切成大块，将硬奶酪切成小块。切完后，可以加热凝乳以加速与乳清分离，或者将其单独放置。当分离完成时，再将乳清排出。

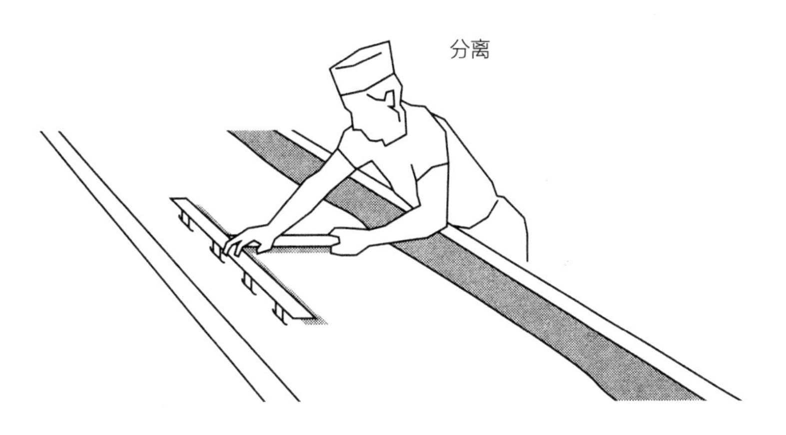

图 2　分离凝乳和乳清

凝乳和乳清分离后，将乳清排出。

挤压成型

3. 去除凝乳中的水分，去除水分的量取决于待制作的奶酪的种类。对于软的、含水多的奶酪，沥干水分就足够了（见图3）。对于较干的、较硬的凝乳，通过切割、加热或过滤去除多余的水分。将凝乳放进模具里压成合适的形状和尺寸，然后待其成熟。凝乳成熟是个持续发酵的过程，短则几天，长则数年。软乳酪，如白乳酪，没有经过成熟阶段，所以必须尽快食用，因为它们的保质期很短。

奶酪中的洞被称为“眼睛”，是由奶酪成熟时被困在里面的气体产生的。如果没有洞，奶酪就被认为是“盲的”。

奶酪成熟

4. 在奶酪中添加一些调味品，将奶酪浸入盐水中（以利保存），然后用布或干草包裹起来存放。奶酪成熟时，需要严格控制温度和湿度（见图3）。有些奶酪成熟需要一个月，有些奶酪成熟则需要长达数年。成熟后的奶酪味道更好。如成熟超过两年的切达（cheddar）干酪，被贴上了“格外坚锐”的标签。

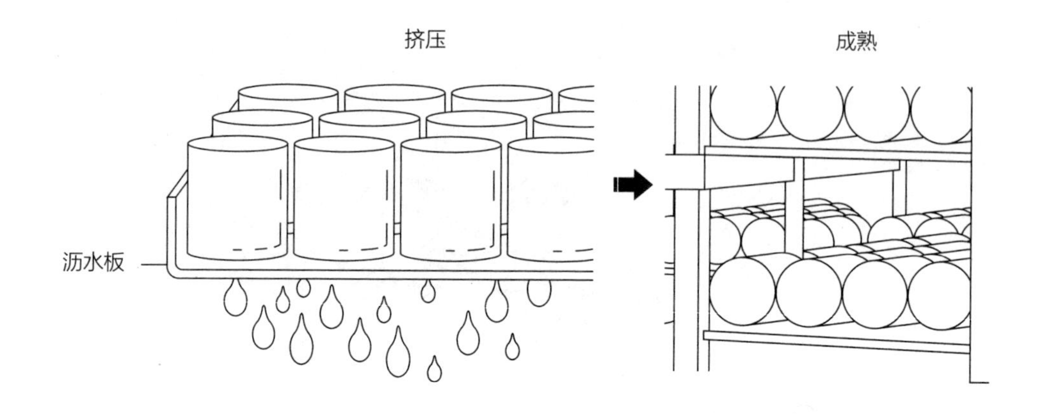

图 3　奶酪挤压和成熟

将凝乳压入模具中，以排出水分，并在适当的时间内进行成熟。有些奶酪成熟需要一个月，有些奶酪成熟则需要长达数年。

天然奶酪包装

5. 有些奶酪的表面在干燥时会自然地形成一层坚硬的外皮。有些奶酪的外皮是由喷在奶酪表面的细菌生长后形成的。还有些奶酪，通过增加一道表面清洗工序，以促进细菌的生长。可用布、蜡、塑料或箔纸来对奶酪进行密封包装。

“加工干酪”的制作和包装

6. 可食用的次等奶酪可以保存下来制作成“加工干酪”。如将瑞士的埃曼塔（Emmental）和格鲁耶尔（Gruyère）奶酪、美国的科比奶酪、英国的切达干酪等众多品牌的奶酪切碎磨成粉末后，加水形成糊状混合物，再添加盐、填料、防腐剂和调味品等充分搅拌并加热。趁糊状混合物温热柔软的时候，将其挤成长条状，然后切片，再利用机器设备将小片的奶酪用塑料或箔纸包装起来。

质量控制

奶酪制作有一个不易监管的细致严谨的过程。为奶酪制定一套唯一的标准很难，因为奶酪品种众多，每个品种都有自己的特点。至今，一个围绕奶酪争论的焦点是，是否使用经巴氏灭菌法灭菌的奶。一些人认为，消除细菌和病菌会使奶酪产品更健康。另一些人则认为，使用巴氏杀菌法灭菌，会破坏某些无害细菌给奶酪带来的特别风味。两者孰是孰非，人们莫衷一是。

有了法规，消费者可以很容易地买到正宗的奶酪。一种标有“洛克福尔”（Roquefort）字样的奶酪，就是在明确的法律保障下在法国制作的，并在法国的特定洞穴成熟，这个法律保障在1411年就已经存在。其制作企业非常注重确保奶酪原料的高品质，要求原料必须符合严格的卫生标准。

还可以根据口味、香气、口感、颜色、外观和回味对奶酪进行分级。检验员分别从一批样品的中心、边缘、内部取样，检查奶酪质地上是否存在缺陷；通过揉搓来确定奶酪结合的紧致性；用鼻子闻其香气；用嘴巴尝来了解口感；然后根据这些特点给奶酪打出相应的分数。

制作加工干酪时也要遵守法律标准。美国规定，加工干酪必须含有至少90%的天然奶酪，标明奶酪食品或奶酪酱的产品必须含有51%以上的奶酪。为了使奶酪柔软更易于涂抹，有时候会在奶酪中加水或加入树胶。对于奶酪制品和人造奶酪里是否必须含有天然奶酪，法律并没有做出规定。所以，它们的主要成分并不是奶酪，对它们的主要成分也没有强制规定。

奶酪趣闻

1988年，爱荷华大学（The University of Iowa）的牙科研究人员发现，奶酪中的某些成分可以预防牙菌斑中形成噬牙酸。研究还表明，切达干酪似乎还能对一些人起到固齿的作用。只是目前依然还没听到有关奶酪配方的牙膏的一丝消息。

巧克力

发明者：前殖民时期的拉丁美洲阿兹特克人（Aztecs，发明了饮用巧克力）、西班牙人发明了甜饮巧克力（大约1520年）、英国弗莱父子公司（Fry and Sons，1847年，发明了咀嚼巧克力）、瑞士丹尼尔·彼得（Daniel Peter，1876年，发明了牛奶巧克力）

美国巧克力年销售额：217亿美元

发展史

巧克力非生活中的必需食品，却同必需食品一样受到大众喜爱。美国年人均消费巧克力约为5.5千克。在挚爱巧克力的瑞士，年人均消费巧克力约为8千克。

巧克力爱好者根据光泽度、香味、顺滑度和质地来判断巧克力的质量。

18世纪初，瑞典著名的植物学家卡尔·林奈（Carl Linnaeus）给制作巧克力的主要原料起了一个正式的学名：可可，即“上帝的食物”。

可可树最初生长于南美洲的河谷，到了7世纪，玛雅人把可可树带到了北部的墨西哥。除了玛雅人，中美洲的其他印第安人，包括阿兹特克人和托尔特克人（Toltecs）似乎都种植了可可树，“chocolate”（巧克力）和“cocoa”（可可）这两个单词都来自阿兹特克语。

当埃尔南多·科尔特斯（Hernando Cortes）、埃尔南多·德·索托（Hernando De Soto）、弗朗西斯科·皮萨罗（Francisco Pizarro）与其他西班牙探险家在15世纪到达中美洲时，他们注意到，可可豆相当珍贵，可以作为货币使用。他们还记录下当地上流社会人士喝的“卡卡华特”（cacahuatl，热饮，系巧克力名称的来源），它是一种由炒可可豆与红辣椒、香草和水混合制成的泡沫状刺激性饮料。

起初，西班牙人发现不加糖的卡卡华特味道很苦，难以下咽，便逐步改变配方，调制出一种更符合欧洲人口味的饮料。他们将糖、肉桂、丁香、八角、杏仁、榛子、香草、橙花水、麝香与可可豆混合，加热制成糊状，就像今天许多流行的食谱一样，有很多不同的制作方法。然后，他们在宽平的芭蕉叶上抹上这种糊状物，让它变硬。这样，早期的平板状巧克力就制成了。为了制作巧克力热饮，他们把平板状巧克力放在热水或者煮过玉米的水中不停地搅拌，直到液体起泡。这或许是为了让巧克力饮料中的脂肪分布均匀，因为可可豆中含有50%以上的脂肪。

当传教士和探险家带着巧克力热饮回到西班牙时，他们遭到强大的天主教会的抵制。天主教会认为，这种饮料受到异教起源地的污染，饮用它的基督徒必然腐败。但是，埃尔南多·科尔特斯以征服者归来的胜利姿态极力赞扬这种饮料，称其为“增强抵抗力和抗疲劳的神圣饮料”，褒奖之音盖过了教会可怕的预言。

很快巧克力传到了英国，并在“巧克力店”供应这种饮料。“巧克力店”是17世纪初在伦敦兴起的高档咖啡馆的翻版。17世纪中叶，英国人汉斯·斯隆（Hans Sloane）爵士推广并普及了热巧克力。斯隆在牙买加生活了好几年，他观察那里的人是如何食用可可制品和牛奶茁壮成长的。然后他开始把巧克力溶解在牛奶中，而不是水里。

虽然一些博物学家和医生在美洲旅行时注意到那里的人吃固体巧克力含片，但许多欧洲人认为以这种方式吃巧克力会引起消化不良。后来，这种担心被证明是没有根据的，所以烹饪书籍中开始编入有关巧克力食谱的内容。

1828年，荷兰巧克力制造商康拉德·范·霍顿（Conrad van Houten）发明了一种可以从可可豆中挤出大部分油脂的螺旋压榨机，从而解决了可可豆质地粗糙易碎的问题。霍顿的压榨机可以将可可豆分离成可可粉和可可脂，从而推出精制巧克力。将可可粉溶解在热溶液中，就制成了一种比以前的巧克力饮料美味得多的热饮。将磨碎的普通可可豆与可可脂混合后，可可浆变得更光滑，也更容易与糖混合。

1876年，瑞士糖果制造商丹尼尔·彼得利用雀巢公司发明的奶粉改进巧克力配方，生产出纯牛奶巧克力。1913年，另一位瑞士糖果爱好者朱尔斯·塞绍（Jules Sechaud）发明了夹心巧克力。早在第一次世界大战之前，巧克力就已经成为广受欢迎的食品之一，尽管它仍然相当昂贵。

今日巧克力

19世纪末20世纪初，美国成立了众多的巧克力公司，好时公司就是其中之一。好时公司降低了巧克力的售价，推出了普通人能够买得起、吃得起的巧克力。今天，它是美国最著名和最大的巧克力生产商。

密尔顿·赫尔希（Milton Hershey）先生于1894年创建了好时巧克力公司，并取得了巨大成功，但并不是所有富有创意的产品都得到认可，比如他推出的洋葱和甜菜口味的冰冻果子露，就受到了冷遇。

好时公司每天消耗113.6万升~132.5万升的牛奶。

好时公司是密尔顿·赫尔希创立的。起初，密尔顿·赫尔希将个人财富投资于宾夕法尼亚州的一家巧克力工厂，用来生产焦糖。创建好时公司后，他转向巧克力制作。因为之前在焦糖中添加鲜奶大获成功，所以他在巧克力中也加入牛奶，并采用大规模生产技术扩大产量，增加巧克力市场份额，另外，对生产的巧克力采用独立包装。他的这些措施使得巧克力价格非常实惠亲民。1904年，好时公司开始生产一种新品，即巧克力棒。几十年来，巧克力棒的价格都是仅为5美分。这种糖果非常受欢迎，以至于直到1968年好时公司才开始为它做广告。

玛氏（Mars）公司推出了许多在美国经久不衰的巧克力糖果。自1922年成立以来，玛氏公司不断扩大业务范围，推出了几十种非巧克力产品。不过，其成功始于“银河棒”巧克力。这种巧克力比纯巧克力的生产成本更低，因为它的麦芽味来自牛轧糖——一种蛋白和玉米糖浆的混合物。紧随其后，玛氏公司开发出士力架（Snickers）和“三枪手棒”（Three Musketeers bars）巧克力。

20世纪30年代，在西班牙内战中作战的士兵们想出了防止巧克力熔化的方法，即在巧克力外面涂上一层糖衣。玛氏公司参考这一创意，开发出了最受欢迎且色彩丰富，只有药丸大小的玛–莫（M&M’s）巧克力。“只溶在口，不溶在手”（Melts in your mouth，not in your hand），这是玛–莫巧克力面世之初玛氏公司推出的著名广告语。

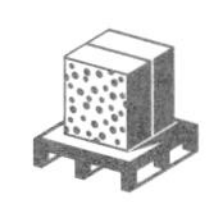

巧克力原料

国际社会对西非及其他可可产地违法用工，特别是使用童工的行为表示关切。国际可可倡议基金会（the International Cocoa Initiative）努力解决这些问题，通过与巧克力公司、农场主、政府和社区合作来改善儿童福利。

巧克力的主要成分是可可豆，其他成分有糖或甜味剂、香精等。有时还添加碳酸钾用于制作所谓的荷兰可可。它是一种颜色更深、口味更淡的巧克力。可可树是常绿乔木，生长在以赤道为中心南北纬20度以内、海拔30.5~305米的地区。可可树原产于南美洲和中美洲，随着对巧克力需求的增长，其种植范围已扩大到其他地区。

可可生产大国有多米尼加、秘鲁、墨西哥、厄瓜多尔、巴西、喀麦隆、尼日利亚、印度尼西亚、加纳和科特迪瓦（法语的意思是“象牙海岸”）。生产甚至扩展到印度尼西亚、马来西亚和巴布亚新几内亚。科特迪瓦年产近140万吨可可豆，约占世界年产量的30%。巴西是西半球上最大的可可豆生产国。

益处：巧克力含有少量的蛋白质、铁、钙、维生素B_3、维生素B_2、维生素B_1、钾、磷和镁。这些都是我们在日常饮食中需要摄取的健康维生素和矿物质。

坏处：巧克力富含糖和脂肪，几乎抵消了任何营养优势。

可可树比较脆弱，容易受到暴晒、真菌和昆虫的伤害。为了减少这种伤害，人们通常伴种些其他植物，如种植更坚硬的橡胶树、香蕉树或芭蕉树。在亚洲，通常将可可树种植在椰子树旁边，以给可可树提供防晒保护。并且，一旦可可歉收，就可为种植可可树的农场主提供代替收入。

可可树的果实长15~25.5厘米、直径7.5~10厘米，呈橄榄球形。大多数的可可树结30~40个果实，果核里的种子就是可可豆。每个果核中通常有30~40粒可可豆。可可豆呈卵形或椭圆形，长1.8~2.6厘米，直径1~1.5厘米，藏在白色胶质中。每粒可可豆的外面都附有白色胶质，可通过发酵除去。

只要气候均匀温暖，可可树的果实就可在全年内不断地成熟，而收获通常是有季节性的。可可果实生长3到4个月就会成熟，主要收获季节是在雨季开始后的第5个月至第6个月之间；第二次收获规模相对较小，一般在第一次收获之后的第1个月至第4个月之间。

一棵可可树大约能结30个到40个果实，但不论什么时候，成熟的果实不超过一半。只有果实完全成熟后才能收获。因为只有成熟的果实才能产出高品质的可可豆，才能成为高品质的巧克力原料。采摘果实是个繁重的体力活。可可树的枝桠脆弱，不能支撑攀爬人的体重，容易折断，所以采摘时，都是靠农民们挥动大砍刀砍下来，或者用绑在长杆上的弯刀割下来。然后，在种植园里将成熟的果实就地用刀剖开，用手将果核内的白色胶质和种子一起取出来。取出来后，将它们堆放在地上，让阳光连晒好几天。如果条件允许，一些种植园就用机械烘干可可豆。

可可果核内的白色胶质上的酶与空气中自然存在的酶相结合，产生少量的发酵。这时，开孔的可可豆就会从发酵的白色胶质中吸收一些风味分子，包括甜、酸、果香、花香和葡萄酒香。所以，只要发酵处理得当，就能把略带涩味的清淡可可豆转化为令人喜爱的风味，使最终的产品更可口。在发酵过程中，可可豆的温度大约达到52℃，这有助于破坏可可豆的细胞壁，有效防止可可豆在运往工厂过程中发芽。一旦充分发酵，就很容易剥去剩余的白色胶质，使可可豆干燥。

接下来，根据大小和质量对可可豆分级，然后装进麻袋，每袋重量从59千克到91千克不等。接着进行质检，合格后就储存起来。之后卖给中间商，中间商再转手拍卖给巧克力制造商。

生产过程

脱壳→烘焙→研磨→精磨→精炼→成型→冷却

1. 对可可豆进行分类，并清除杂质。通过扬场机将豆壳与可可仁（可可豆的可食部分）分开。豆壳通常被用作植物根部的保护物或者肥料出售，有时也被用作商业锅炉的燃料。
2. 烘焙可可仁，烘焙的温度和时间决定巧克力的香气和风味。先是在筛箱中烤，接着在滚筒上吹热气。在30分钟到2小时的时间里，可可仁中所含的水分大约从7%降到1%。烘焙引发褐变反应，在此过程中，可可仁中自然存在的300多种化学物质相互作用，最终散发出我们所闻到的巧克力的浓郁香味。
3. 研磨烘焙后的可可仁，这是在花岗岩研磨机上进行的。研磨机的设计可能会有所不同，但大多数研磨机的工作方式类似老式的磨粉机。研磨后的最终产物是一种被称为可可浆的浓糖浆，由悬浮在油中的可可仁小颗粒组成。
4. 精磨可可浆，在几组旋转的金属桶之间进一步研磨。每次精磨，下一个金属桶都比上一个金属桶转得快，因为可可浆已变得越来越平滑，更容易流动。接下来精炼可可浆，精炼的最终目标是将可可浆中颗粒的直径减小到大约0.025毫米。

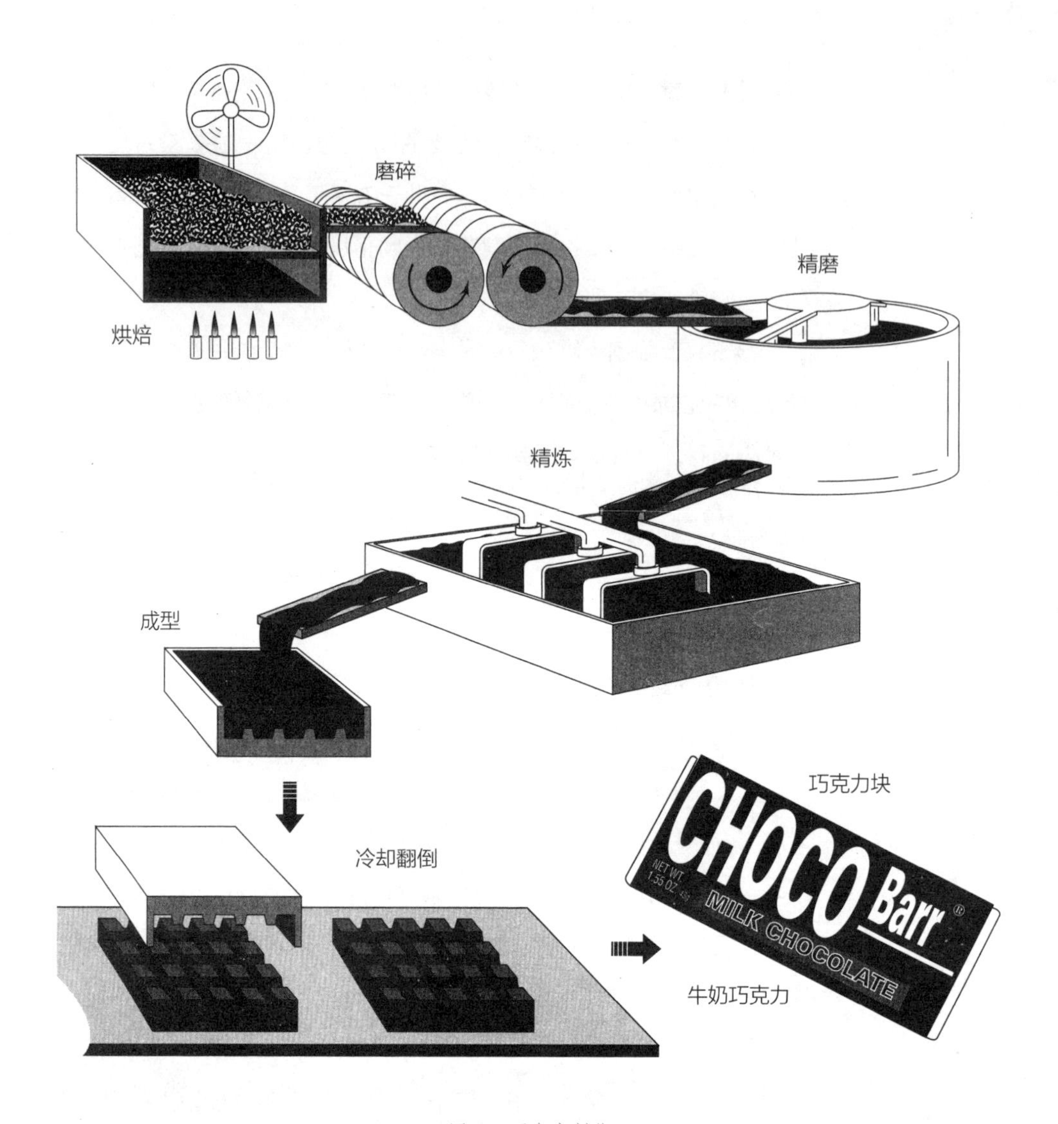

图 1　巧克力制作

第一步：烘焙可可豆，去除水分，形成风味。第二步：研磨可可仁，形成可可浆，这是在旋转的花岗岩研磨机上进行的。第三步：精磨，进一步研磨可可浆，使巧克力的质地更平滑。第四步：精炼，使可可浆中颗粒的直径减小到大约0.025毫米。第五步：将糊状可可浆倒入模具中压制成型，然后冷却、切割、包装。

可可粉

5. 用于生产巧克力的如果是可可粉，就需要在制作热巧克力和烘焙混合物的过程中，对可可浆进行碱化。这个碱化方法是由荷兰巧克力制造商康拉德·范·霍顿发明的。在碱化过程中所加的碱性溶液通常是碳酸钾溶液。这种处理方法使可可浆的颜色变暗，味道变得更温和，并减少了可可浆中的颗粒在溶液中形成团块的倾向。由此产生的粉末被称为巧克力可可粉。

6. 接着对可可浆脱脂，也就是在两个滚筒之间施压以脱脂，让大约一半的脂肪（可可脂）从可可浆中分离出去。由此产生的固体物质，通常被称为“滤饼”。将滤饼打碎、敲碎或压碎，然后筛出可可粉。将添加剂加入可可粉中，如加入糖或其他甜味剂，经过混合，这种可可粉就变成了现代版本的巧克力。

制作巧克力糖果

7. 如果要制作巧克力糖果，就需要按照一定比例将可可粉和可可脂重新混合。在巧克力中加入可可脂，对于提升巧克力的质地和平滑度是必要的。不同种类的巧克力需要添加不同比例的可可脂。
8. 接着精炼混合物，这是个混合搅拌过程，在一个巨大的敞口缸中不停地旋转研磨混合物（见图1）。精炼的过程可能需要3小时到3天的时间，当然，不是时间越长就精炼得越好。这是制作巧克力最重要的一步。研磨时的速度和温度是决定最终产品质量的关键。
9. 添加其他成分的时间和比例是影响精炼的重要因素。精炼过程中添加的成分决定了所要生产的巧克力的种类：甜巧克力由可可浆、可可脂、糖和香料组成；不是很甜的或者半甜半苦的巧克力（两者都是黑巧克力），可可粉的含量比较高；牛奶巧克力包括全脂牛奶巧克力和鲜奶巧克力。
10. 精炼过后，将混合物倒入模具中压制成型，然后冷却、切割、包装。

质量控制

尽管1944年的《联邦食品、药品、化妆品法案》及最近的法律法规制定了某些产品的指导方针，但是有关巧克力的配制方法、配料的确切数量，甚至加工过程中的某些细节都是各制造商严防死守的商业秘密。例如，根据有关规定：美国的牛奶巧克力必须含有至少12%的固体牛奶和10%的可可浆；甜巧克力可以含有不到12%的固体牛奶，但必须含有15%以上的可可浆；半甜的黑巧克力必须含有35%以上的可可浆；半甜半苦的黑巧克力必须含有12%以上的可可浆。

大公司以执行严格的质量和卫生标准而闻名。好时公司坚持使用新鲜的配料，玛氏公司则夸口说，他们工厂地板上的细菌比普通厨房水槽中的细菌还要少。此外，对于轻微的产品缺陷，大公司都会高度重视，并会做出报废整批糖果的决定。

巧克力的未来

尽管巧克力在营养方面存在缺陷，如热量高、蛋白质含量低，但是人们并没有受这些因素影响，依然长期保持着对巧克力的美誉——“上帝的食物”。

可可生产已蔓延至亚洲，随着对巧克力需求的增加，亚洲很可能会继续扩大生产规模。随着公众对可可生产方式的了解越来越多，农场主开始改善和提升种植园工人的待遇。希望随着人权组织、公司、政府和社区的共同努力，改善工人的健康状况和福祉的趋势能持续下去。

巧克力的健康发展

好时公司、玛氏公司、雀巢公司及其他巧克力公司都是国际可可倡议基金会和世界可可基金会（World Cocoa Foundation）的成员，这两个组织致力于合乎道德和可持续的可可生产。

莎莎酱

发明者：南美洲和中美洲的古代民族

美国莎莎酱年销售额：接近30亿美元

莎莎酱的种类

阿兹特克人不仅是勇猛的战士，还吃凶猛且热辣的食物。阿兹特克首领们享用的火鸡、鹿肉、龙虾和鱼等美味中，添加了一种由西红柿、辣椒和香料配制的调味品。1571年，西班牙人阿隆索·德·莫利纳（Alonso de Molina）将这种调味品命名为莎莎酱。今天，在美国37%的家庭厨房里能见到这种调味品。

莎莎酱是一种辛辣的西班牙调味酱，在美国已经成为一种很受欢迎的配菜。在墨西哥，莎莎酱是一种酱汁，被用作各种菜肴的配料或调味品。因为含有辣椒成分，所以大多数莎莎酱特别辣。市面上的莎莎酱有数百种，包括辛辣（甜酸混合）的水果沙拉。美国的莎莎酱类似于辛辣的墨西哥西红柿酱，叫作粗莎莎酱或生莎莎酱，主要用作调味品，尤其被用来与玉米片搭配。

墨西哥人吃莎莎酱的历史长达几个世纪。现今的莎莎酱，融合了过去的欧洲和现在的美洲的调味品的特色。制作莎莎酱的西红柿、黏果酸浆（一种长在纸质荚里的酸味绿色水果）和辣椒来自西半球，其他配料，如洋葱、大蒜和香料等，则来自东半球。

随着早期的探险家和入侵者的到来，墨西哥菜逐渐融合了阿兹特克、西班牙、法国、意大利和奥地利的风味。尽管莎莎酱的原料来自印度和近东等各个地区，但在16世纪初西班牙征服墨西哥之前，基本上是欧洲人在食用。墨西哥酱中使用的大多数成分是西班牙对墨西哥影响的结果。

制作墨西哥餐通常需要耗费很多的准备时间。传统食物，如摩尔酱，是由碾碎的香料、水果、巧克力和其他配料混合而成的，需要花上几天的时间来准备。新鲜的莎莎酱曾经是用墨西哥研钵和与其相匹配的杵研磨的，或者是用平常使用的研钵和杵研磨的。

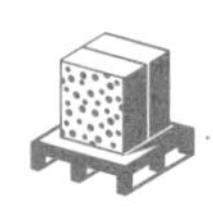

莎莎酱的原料

大多数莎莎酱都是辣的，因为它们的配料中含有辣椒。市面上有数百种从超辣到半甜的莎莎酱。

大公司生产的瓶装莎莎酱有不同的品种。基本的配方包括西红柿和（或）西红柿酱、水、辣椒（有时是墨西哥胡椒）、醋、洋葱、大蒜、青椒和香料，还包括黑胡椒、香菜、辣椒粉、孜然和牛至。最常见的莎莎酱是绿莎莎酱，它是用酸的绿西红柿代替红西红柿做成的。其他特殊的配方可以使用绿西红柿、胡萝卜、黑眼豆，甚至仙人掌作为原料。

市面上出售的莎莎酱大都含有添加剂或额外的成分，以改善其味道、外观和保质期。这些物质包括盐、糖、植物油、氯化钙（用作防腐剂，防止变质）、果胶（用于使莎莎酱凝固）、改性食品淀粉（一种碳水化合物）、黄原胶和瓜尔胶（一种用于稳定食品的天然物质）、葡萄糖（一种在动植物体内发现的糖）和山梨酸钾，也可添加甜菜粉和角黄素来上色，还可添加苯甲酸钠或柠檬酸作为防腐剂。

制作过程

1991年，莎莎酱的销量超过了长期以来最受欢迎的西红柿酱，成为美国最受欢迎的调味品。如今，在美国销售的酱汁中，莎莎酱几乎占据了一半。

1998年，美国农业部将莎莎酱定为蔬菜。

1. 莎莎酱生产商从种植者那里购买新鲜、冷冻或干燥的水果和蔬菜，如西红柿、辣椒和洋葱；其他配料，如醋、西红柿酱、香料或添加剂，从制造商处购买。

选择产品

2. 检查西红柿质量，将检查合格的西红柿上的茎、籽粒及任何残留的皮都去除。接着检查辣椒的质量。一些莎莎酱生产商在清洗前先将青辣椒烤熟，去除茎、籽粒和叶子后，将辣椒焯水，并用柠檬和酸橙等柑橘类水果中的柠檬酸或菠萝中的抗坏血酸调节其pH值。

生产准备

3. 在水池中或在高压水龙头下清洗蔬菜，再用加工机器去除蔬菜上不可食用的部分（如大蒜皮、茎或洋葱皮），然后用标准机器按预先设置的标准将蔬菜切碎。莎莎酱的质地和稠度各不相同，从粗块到顺滑不等。要做粗块的莎莎酱，通常是在将香菜切碎时将其他蔬菜切成丁。制作更顺滑的莎莎酱时，将所有的蔬菜加工后进行混合，以达到与切碎的西红柿一样的稠度。

制作莎莎酱

4. 莎莎酱出厂后，往往要经过长途运输才到达商店，所以大多数莎莎酱并不是新鲜的，必须有较长的保质期。为此，制作莎莎酱时必须加热，以防止出售前霉菌在盛装容器内生长。大多数莎莎酱的制作时间很短。制作时，将西红柿酱或加工过的西红柿、水、醋和香料放进一个预混锅里（预混锅足够大，能容纳几个批次制作的莎莎酱的量）。然后将其他配料，如洋葱和红辣椒，放进锅里一起煮（见图1）。

5. 对于锅内的混合物，可以慢煮，也可以快煮，即时食用的还可以蒸。煮或蒸的时间和温度各不相同：慢煮用时45分钟，温度为71℃；快煮时，在密封状态下用时30秒，温度为121℃。

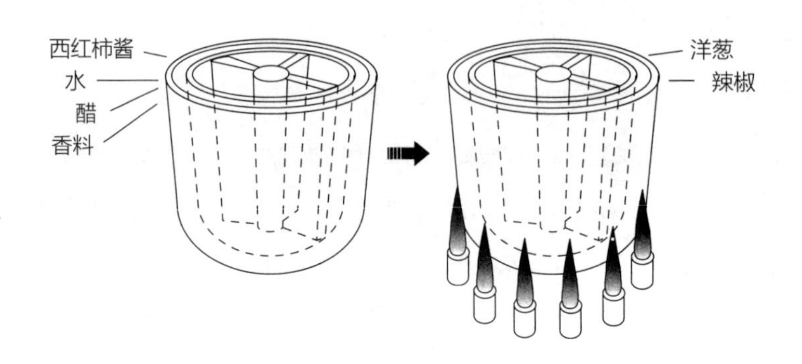

图 1　制作莎莎酱

将西红柿酱或加工过的西红柿、水、醋和香料放进一个预混锅里（预混锅足够大，能容纳几个批次制作的莎莎酱的量）。然后把该混合物与其他配料，如洋葱和红辣椒，一起放进锅里煮。

真空密封

6. 接下来，待煮熟后的莎莎酱变得温热时装瓶。装入玻璃瓶、塑料瓶或其他由耐热塑料制成的容器中（见图2）。装瓶由大型机器完成，在每个瓶子内装上等量的莎莎酱。接着将瓶子密封，并用冷水或空气冷却。这一过程就是对装了莎莎酱的瓶子进行真空密封。密封后，瓶内的莎莎酱随即因冷却而收缩，产生部分真空。这时，瓶盖在大气压力下向内贴紧，这就是打开密封瓶时发出“砰砰”声的原因。

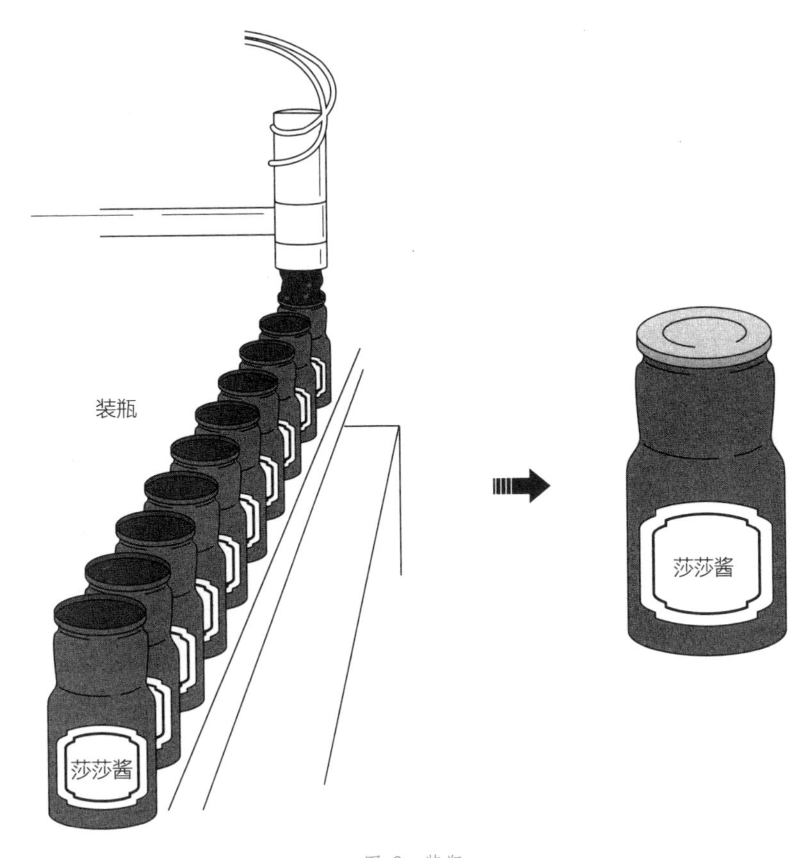

图 2　装瓶

采用自动化装瓶，使用大型机器将莎莎酱装于玻璃瓶或塑料瓶里，然后进行真空密封。

包装

7. 给装了莎莎酱的瓶子或容器贴上产品信息标签，然后装在瓦楞纸箱里，就可发往商店销售。

质量控制

为了确保消费者在商店购买的食品的安全性，美国政府要求，必须对食品进行一系列测试。这确保了每一批次的产品都是无菌且安全的。对于莎莎酱生产商来说，如果不在莎莎酱中添加防腐剂，就得格外小心，防止在保质期内莎莎酱孳生霉菌。

对所有来料产品和香料都经过质量检测。对于批量生产的莎莎酱，必须在成熟度和质量上保持所使用的蔬菜的一致性，这样在质量、颜色和味道上才不会有显著差异。辣椒的辣度尤为重要，必须严格控制在限定范围内。

选择特定的种子或种质（遗传基因）来种植适合制作莎莎酱的辣椒。从温和的甜椒到已知的最辣的苏格兰帽椒，其辣度各不相同，但大多数莎莎酱生产商都选择同墨西哥胡椒一样辣的辣椒。

表示辣椒辣度的单位是史高维尔单位。它明确了食用辣椒后中和热量所需的水量和时间。史高维尔单位越高，辣椒就越辣。对于最辣的辣椒，很容易就能测出它有数十万史高维尔单位。每种辣椒都有不同程度的辣度可供选择，莎莎酱的生产商根据莎莎酱所需的辣度来选择辣椒。

莎莎酱制作完成后，由经验丰富的品尝师取样品尝，以确保它符合可接受的口味和辣度标准。

每天都清洗和检查制作莎莎酱的设备。使用氯化物、浓氨水或其他能有效杀菌的物质来杀菌消毒，然后彻底冲洗。对每一批次莎莎酱都进行拭子检测，包括用棉签在预混锅的一小块表面上拭取样品，再将样品置于培养皿的溶液中，并放在实验室的培养箱里，一两天过后，检测样品中是否含有微生物。将样品中有害微生物的单位表面积数量乘以采样预混锅中莎莎酱的总表面积，就得到微生物的总数。

从制作完成的莎莎酱中采集的样品，与从设备中采集的样品经过相同的处理和测试。美国药监局及国家食品监管检查员定期检查莎莎酱工厂。

品质好的莎莎酱能真正考验人的味蕾。一勺入口品尝到甜、辣、咸、酸，刺激一个接着一个。美国厨师们开始尝试用各种水果，如桃子或芒果，代替西红柿来制作莎莎酱。

对所有喜欢莎莎酱的人来说，最好的消息也许是，他们想吃多少就能吃多少，不用担心营养问题。莎莎酱的含热量很低（每份大约25焦），而健康的维生素和纤维的含量相对较高。

糖

发明者：诺伯特·瑞利克斯（Norbert Rillieux，1843年，发明双效蒸发器；1846年，发明多效蒸发器，这是一项更通用的发明，彻底改变了制糖业。）

美国年产糖量：约735万吨

甜的诱惑

人类似乎对甜食有一种本能的渴求。如果水里含有糖，那么即使是新生婴儿也喜欢喝它。然而，糖的名声并不好，这是为什么呢？因为它除了引起蛀牙外，还缺乏营养价值。健康专家对糖的最坏的指责是，人们不是吃到更健康、营养丰富的食物，而是摄入了空热量。相关研究表明，人体摄入的热量中，如果超过25%的热量是由糖提供的，那么这类人患心脏病的概率会增加。

起源

公元前，南亚次大陆东部的孟加拉湾海岸一带盛产甘蔗。甘蔗的种植范围遍及马来西亚、印度尼西亚、东南亚和中国南部地区。公元8~9世纪，阿拉伯人把“糖”（当时是一种半结晶的黏性糊状物，被认为是一种有效的药物）带入西方，把甘蔗苗及它的生长方法带到西西里岛和西班牙。

后来，威尼斯商人从埃及北部地中海岸边的亚历山大港进口精制糖。到了15世纪，威尼斯商人成功地垄断了糖的经销渠道，使糖保持着相当高的价位。不久，精明的意大利商人开始购买原糖和甘蔗，并在自己的精炼厂进行加工。

威尼斯商人对糖的垄断期很短暂。1498年，葡萄牙航海家瓦斯科·达·伽马（Vasco da Gama）从印度回国时，将这种甜品带到了葡萄牙。里斯本的商人注意到了商机，开始自己进口和提炼原糖。到了16世纪，里斯本成为欧洲的糖都。

此后不久，这种甜品在法国上市，其主要用途是药用。路易十四（Louis XIV）统治期间，人们可以在药剂师那里按盎司购买糖。到了19世纪，虽然糖价一如既往地贵，但中上层人士普遍都能食用糖。

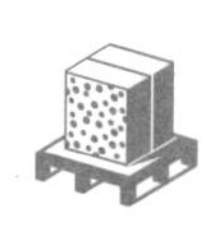

原材料

新鲜蔬菜和水果都含有天然糖分。随着时间推移，糖转化成了淀粉，食物也就失去“新鲜”或“甜”的味道。

如果按照每天摄取8 368焦热量的饮食计算，一个普通的、对糖无所谓的人可能会从添加到食物中的糖中摄入大约1 225焦的热量。这相当于每天摄入14茶匙（70毫升）的糖水。

“糖”是一个广义的用词，用于描述存在于许多植物中的大量碳水化合物，其特征是或多或少带有甜味。单糖、葡萄糖是由光合作用产生的，存在于所有的绿色植物中。在大多数植物中，糖是以一种混合物的形式出现的，不能轻易地从混合物中分离出来。在一些植物的汁液中，糖的混合物被浓缩成糖浆。甘蔗汁和甜菜汁富含纯蔗糖（相同的蔗糖）。虽然甜菜糖通常比蔗糖甜得多，但这两种作物都是商业蔗糖的主要原料。

甘蔗是一种生长在热带和亚热带地区的密集、高株的一年生或多年生草本植物。我们知道，其秆中甜美的汁液是糖的来源。甘蔗秆中积存的糖分相当于自身重量的15%。每年，美国使用甘蔗制造的糖大约为236万吨。

在土壤松软的甘蔗地里，无法使用机器收割甘蔗，因为机器会将甘蔗连根拔起。为此，农民们为让甘蔗在地里更好地扎根，希望它们能再生长几个季节，就用手工收割甘蔗。这是一项艰巨且带有危险性的劳作。收割时，他们穿着沉重的靴子，在小腿和膝盖上还戴上铝制的护具，以保护自己在收割时不会被锋利的长刀伤害到。另外，他们还得弯下腰来收割。因而，这是一项需要长时间弯腰的劳作，既单调又疲累。尽管经常被锋利的甘蔗叶子割伤或刺痛，但他们每人一天下来一般能收割1吨甘蔗。

“糖用甜菜”是甜菜中含糖量最高的品种。一般的甜菜的内皮和外皮都是白色的，但有些品种的甜菜，其外皮是黑色或黄色的。美国每年大约有360万吨的糖是由甜菜产出的。

其他含糖类作物包括甜高粱（另一种禾本植物）、枫糖、蜂蜜和玉米。今天使用的糖包括白糖（完全精加工和纯化的糖，清澈、无色，或由晶体碎片组成）和红糖。红糖的精制程度较低，但含有更多的糖浆，它的颜色就来自这些糖浆。

制作过程

种植和收割

1. 适应甘蔗生长的平均温度为24℃，适宜甘蔗生长的区域年常规降水量大约为203厘米。因此，它一般生长在热带和亚热带地区。
2. 甘蔗在热带地区约生长7个月才成熟，在亚热带地区约生长12~22个月才成熟。收割时，需对甘蔗地进行蔗糖测试（糖的技术名称），先收割最成熟的地里的甘蔗。在佛罗里达州、夏威夷州和得克萨斯州，人们点燃直立的甘蔗秆以烧掉干燥的叶子，再砍倒。在路易斯安那州，人们先砍倒1.8米~3米高的甘蔗秆，再放在地上烧掉叶子。
3. 在美国，主要用机器收割甘蔗和甜菜，也有一些州用手工收割甘蔗和甜菜。收割后，用装载机将甘蔗秆装到卡车或火车车厢上，再送到制造厂。

清洗

4. 甘蔗运到制造厂后，使用机械卸载，并清除泥土和砂石。清洗时，将甘蔗浸没在装满温水的容器里，或者将甘蔗秆铺在搅拌传送带上通过强大喷流冲洗，同时用清洗刷和清洗辊对其进行梳理，以清除大量的砂石、垃圾、树叶及其他杂物。将甘蔗清洗干净后，接着进行破碎。

5. 甜菜运到制糖厂后，也是先清洗，接着切成条状，再将它们放入大约79℃的水中，通过逆流喷射热水来分离蔗糖。

糖汁提取

6. 将甘蔗放入有两到三个承重槽的破碎机内，由压辊破碎甘蔗秆（见图1），并提取大部分的甘蔗汁（糖汁）；或者使用锤式破碎机，在不提取甘蔗汁的情况下将甘蔗秆破碎；再或者使用加装旋转刀片的破碎机将甘蔗秆切成碎片。可以使用以上两种或全部方法的组合进行破碎。压榨过程包括在沉重的金属压辊和有槽的金属压辊之间压榨甘蔗秆，并将甘蔗渣从甘蔗汁中分离出来。

7. 当甘蔗秆被粉碎时，将热水（或热水与回收的甘蔗汁的混合物）逆流喷射在碎甘蔗上。碎甘蔗同时被向前移送，离开破碎机，并对其进行稀释。这时提取出来的甘蔗汁被称为“维苏”（vesou），含有95%或更多的蔗糖。接下来，将大团的碎甘蔗分开，对其进行精细切割或粉碎。然后将其溶解在热水或热的甘蔗汁中，从中分离出蔗糖来。

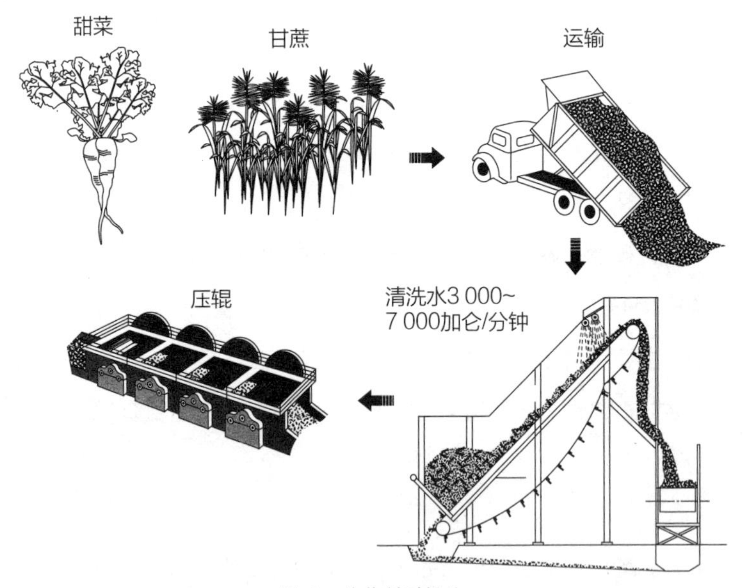

图 1　从收割到提纯

在美国，主要用机器收割甘蔗和甜菜，也有一些州用手工收割甘蔗和甜菜。收割后，由卡车或火车运到制糖厂。在制糖厂，它们被净化、清洗、破碎、压榨出糖汁、过滤和提纯。

人体并不在乎糖来自哪里。不论是苹果、绿豆还是巧克力棒，消化系统都会将其所含的蔗糖转化为葡萄糖（血糖）以作为能量。葡萄糖是人体的重要能量来源。糖中任何没有被锻炼或其他运动消耗掉的部分，都会直接转化为脂肪。

糖汁提纯

8. 从破碎机流出的甘蔗汁呈深绿色，里面充满了酸和沉淀物。澄清的目的是去除早期筛选过程中未被筛除的可溶性和不可溶性杂质（如沙子、土和基岩）。澄清时，加入石灰乳并加热。每吨甘蔗秆被破碎后，需要在其甘蔗汁中约加入453克石灰乳。石灰乳中和了甘蔗汁的自然酸度，形成不溶性石灰盐。将加入石灰乳的甘蔗汁加热至沸腾，其中的白蛋白（一种蛋白质）、一些脂肪、蜡和树胶就变稠。这种黏稠的混合物会吸附任何残留的固体或小颗粒。
9. 至于甜菜，将碳酸钙（一种存在于白垩、石灰石和大理石中的晶体化合物）、亚硫酸钙或同时将两者加入甜菜汁来提纯。通过连续过滤，去除缠结在结晶体中的杂质。
10. 将泥浆从沉淀后变得清澈的糖汁中分离出去，将非糖杂质通过不断过滤清除出去。最后得到澄清的糖汁，其中大约85%是水，除了除去的杂质外，与原汁看起来没什么不同。
11. 接着浓缩糖汁，通过真空蒸发去除大约三分之二的水（见图2）。一般来说，分别安放的四个真空蒸发罐的小室或蒸发罐本身是按顺序排列的。这样使得每个蒸发罐都有较高的真空度，能在较低的温度下沸腾。因此，从一个蒸发罐中冒出的蒸汽可以将下一个罐中的糖汁煮沸，也就是从蒸汽进入第一个蒸发罐开始，经历了所谓的多效蒸发。最后一个蒸发罐内的蒸汽被排入冷凝器。通过蒸发，最后得到约含35%水分的糖浆。

12. 进入真空蒸发前，无论是甜菜还是蔗糖，其糖汁几乎是无色的，同样需要进行多效真空蒸发。经多效真空蒸发得到的糖浆，接下来让其长成小晶粒。将糖浆冷却，然后放入离心机中，离心机旋转并分离不同密度的物质。对于分离完成后的甜菜晶体，用水清洗，然后脱水。

结晶

13. 结晶是在单级真空锅中进行的（见图2）。蒸发糖浆直到出现糖饱和。当超过饱和点时，向锅中加入糖粉起晶，并不断搅拌。这些糖粉小颗粒被称为种子，是形成糖晶体的基础。接着加入额外的糖浆，再蒸发，使原来的晶体继续生长。
14. 晶体不断生长析出，一直到锅装满为止。当蔗糖浓度达到期望达到的水平时，将糖浆和糖晶体形成的浓稠混合物，即所谓的“糖膏”，倒进被称为结晶器的大容器中。在结晶器中，边缓慢搅拌糖膏边使糖膏冷却。这时，它们继续结晶。
15. 让搅拌后的糖膏流入离心机。在离心机中，浓糖浆或糖蜜通过离心力与原糖晶体分离。

离心分蜜

16. 糖膏进入离心机后，分离成原糖晶体和糖蜜（见图2）。离心机主轴上悬有一个圆柱形离心筐，有孔的侧面衬有金属网布，内部金属板每平方厘米含有160~240个孔。离心筐以1 000~1 800转/分钟的速度旋转。离心机旋转时，糖蜜因施加的离心力被甩出离心筐，而原糖晶体因金属网布阻挡仍留在离心筐中。甩出去的糖蜜（黑带糖蜜）含有蔗糖、还原糖、有机非糖类、灰和水，将其送往大型的储罐中。
17. 将离心筐中的原糖晶体铲下，送到造粒机中干燥。在一些国家，一般在不使用离心机的小型工厂进行甘蔗制糖，并产出深棕色产品（非离心糖）。目前，有60多个国家生产离心糖，有20多个国家生产非离心糖。

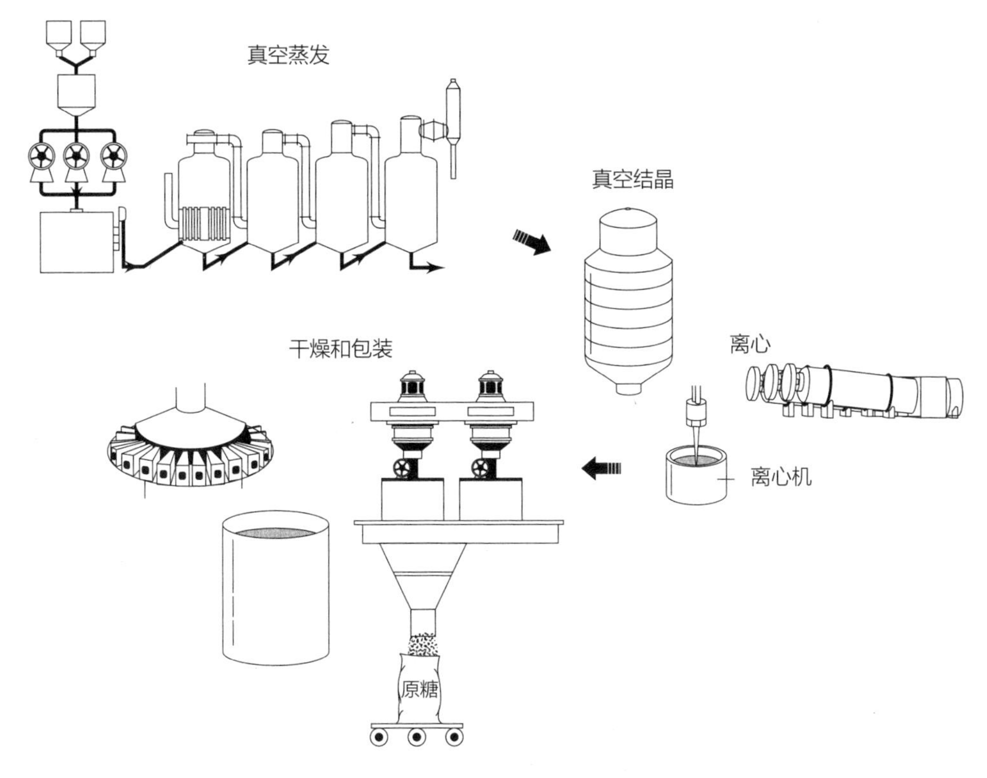

图 2 从蒸发到成品包装

将净化后的糖汁进行真空蒸发，以去除所含的大部分的水，形成糖浆；将糖浆送入真空锅中结晶，形成糖膏；将糖膏送入离心机，生成原糖晶体；将原糖晶体送入造粒机，干燥后进行成品包装。

干燥和包装

18. 在造粒机中，将潮湿的原糖晶体通过加热空气来翻滚干燥。干燥后的晶体就是我们熟悉的糖。再通过振动筛按大小对它们进行分类，然后放入存储箱。这时，可对这些糖进行包装，包装成我们在杂货店里看到的那种熟悉的样式、餐馆用的大包装样式、工业用的防潮包装样式。

副产物

几乎所有制糖业的副产物都得到了很好的利用。从甘蔗中提取汁液后产生的甘蔗渣，或被称为纸浆，在工厂里被用作燃料来生产蒸汽。并且，越来越多的甘蔗渣被制成纸、隔热板和硬纸板。

甜菜的顶部和未使用的切片，以及糖蜜，被用作牛的饲料。在美国，每年每亩甜菜比任何其他广泛种植的作物都能生产更多的牛和其他动物的饲料。甜菜条经化学处理后，可提取商业果胶。

糖精炼的最终产物是黑带糖蜜。它被用作牛饲料，以及用于生产工业酒精、酵母、有机化学品和朗姆酒。

质量控制

破碎机的卫生状况是质量控制中的一个重要因素。少量的酸性甘蔗渣会使流经它的热的糖汁遭受细菌感染。现代的破碎机有自动清洗功能，其斜坡设计是为了让甘蔗渣可以随糖汁流出来。另外还采取严格的措施来控制昆虫和其他害虫。

由于甘蔗腐烂的速度相对较快，人们已经采取重要举措来实现运输过程的自动化，并尽快将甘蔗运到制糖厂。要保持最终糖产品的高质量，就要将棕色和黄色的精制糖（含2%~5%的水分）储存在凉爽和相对潮湿的环境中，以保持水分。大多数砂糖符合美国食品加工商协会（NFPA）和制药工业制定的标准（《美国药典》《国家处方集》）。

甜食是美国人的挚爱

美国药监局建议，添加糖（美国农业部指食品加工制作时添加到食品中的糖）不应超过每日摄入热量的10%。在美国，大多数人都超过了这个建议标准，尤其是从童年到成年这个阶段的人。美国人喜欢喝加糖饮料，如苏打水、果汁、加糖咖啡和茶、酒精饮料和能量饮料。在美国人所摄入的添加糖中，从这些饮料中摄入的添加糖几乎占了一半。所以，如果你想快速减少糖的摄入量，请注意自己所喝的是什么！

口　红

起源：史前的唇彩可能是由水果和植物汁液制成的。

第一支口红：公元前2500年，美索不达米亚人（Mesopotamians）将宝石碾碎制成口红。

全球年销售额：40亿美元。

面部彩绘

口红是当今世界上最便宜、最受欢迎的化妆品。

全球每年销售的唇妆产品达15亿支。

许多世纪以来，人们为了体现美和力量而在脸上涂抹颜色。有关化妆品的历史，可以追溯到古代文明时期。历史表明，在嘴唇上涂色的行为，在苏美尔人、古埃及人、叙利亚人、巴比伦人、古波斯人和古希腊人中十分常见。

16世纪，英国女王伊丽莎白一世和她的侍女们用红色的硫化汞涂抹嘴唇，这一危险的行为无疑缩短了她们的寿命。现在，人们已经知道，硫化汞是有毒的。将胭脂搽在嘴唇和脸上，是多年以来形成的时尚。胭脂是比汞更安全的替代品，也可以用来擦亮金属和玻璃。

在19世纪后半叶的西方社会，化妆遭到了人们的唾弃。化妆的女人要么是女演员，要么是道德沦丧的女人，要么两者兼而有之。好女孩从不希望因化妆而败坏名声，她们保持着清新自然的容颜。

到了20世纪，电影业的发展和受到欢迎以及好莱坞电影明星的走红扭转了这一局面。现代美国女性渴求尊重、享受平等权利、展现个人魅力，于是，化妆品尤其是口红，越来越被上流社会接受。

口红和女性解放

20世纪20年代，女性们搽红色的口红来象征她们的解放。玛丽莲·梦露标志性的深红色嘴唇展现了她的魅力的一部分。在加州韦斯特伍德的“回忆走廊”里，人们必须定期清理留在玛丽莲·梦露坟墓上的红色唇印。如今口红是最畅销的化妆品，大约80%的美国女性经常使用它。美国女性平均每年买4支口红，抽屉里还放着7支口红。

涂抹器（容器）和金属管制造工艺的持续改进降低了化妆品的成本，加上社会认可度的提升，也就提高了化妆品的使用和普及程度。到了1915年，上推式金属管口红问世，首次出现了“不可磨灭”的说法。

为配合时尚潮流，出现了各种颜色的口红，如粉红色、紫色、红色、橙色和棕色。口红的质地有磨砂的、带光泽的或珠光的。不管广告怎么吹嘘，口红都是一种相对简单的产品，是在芳香的油蜡基础上添加染料和颜料制成的。口红的零售价格相对较低，质量好的也不到4美元。当然，由设计师署名的或特别制作的口红，价格较贵，每支达50美元。而人们经常使用的润唇膏，其售价还不到1美元。

装口红的口红管，既可用便宜的（装唇膏的）塑料管，也可用时尚的金属管。口红的尺寸各不相同，一般来说长度为7.5厘米，直径约为1.3厘米。唇膏的长度和直径都略比口红的小。口红的底座由两部分组成，使用时转动或推动底部将口红向上推。口红管的制造技术与口红本身的制造技术完全不同。下面我们重点讲述口红的制造过程。

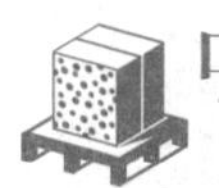

口红材料

口红的主要成分是蜡、油、酒精和色素。常用的三种蜡分别是蜂蜡、小烛树蜡及更昂贵的巴西棕榈蜡（来自南美巴西棕榈树的硬蜡）。蜡能使混合物形成易于识别的口

现在，许多化妆品制造商在口红上标明防晒系数（SPF）等级，以在炎热的夏季保护使用者的嘴唇免受紫外线伤害。

红形状。油，如矿油、蓖麻油、羊毛脂或植物油，是用来添加到蜡里的。香料和色素以及防腐剂、抗氧化剂，是用来防止口红变质的。每种口红都含有这些成分，另外，还可以加入多种增强剂，以使口红更光滑、更有光泽或起到滋润嘴唇的作用。

对于口红的尺寸或形状，没有相关的标准。对于制作口红的原料的类型或配比，也没有相关的标准。生产口红的原料，除了基本成分（蜡、油和抗氧化剂）外，使用特殊材料的量的差异较大。口红的成分本身既有复杂的化合物，也有纯天然的原料，其用量决定了口红的特性。与选择其他化妆品一样，选择什么样的口红是个人的意愿。因此，制造商们竭力提供多种多样的口红，以满足消费者的不同需求。

一般来说，按重量计算，口红中蜡和油占60%，酒精和色素占25%，添加的令人愉悦的香料不超过1%。除了给嘴唇涂抹颜色的口红外，还有唇线笔、唇蜡笔和唇笔系列功能产品。下面重点讲述口红和润唇膏的制造方法。

制造过程

口红的制造过程可分为三个阶段：（1）将物料熔化和混合；（2）将混合物倒入模具中，冷却固化后装入口红管中；（3）对产品进行包装。口红的各种成分混合后可以储存起来，不必马上成型。口红装管后，使用什么样的零售包装取决于产品的销售方式和销售地点。

熔化和混合

1. 制造口红的原料包括溶剂、油和蜡，将它们分别放在不锈钢容器或陶瓷容器内加热熔化，熔化后放到一起混合（见图1）。
2. 将溶液、液态油与颜料混合，再经过一个辊磨机研磨，使混合物中的颜料细腻光滑，没有“颗粒感”。因为这个过程中允许空气进入混合物，所以后面的机械加工过程中需要排除空气。将混合物搅拌数小时后，有些生产商使用真空设备将空气排出。

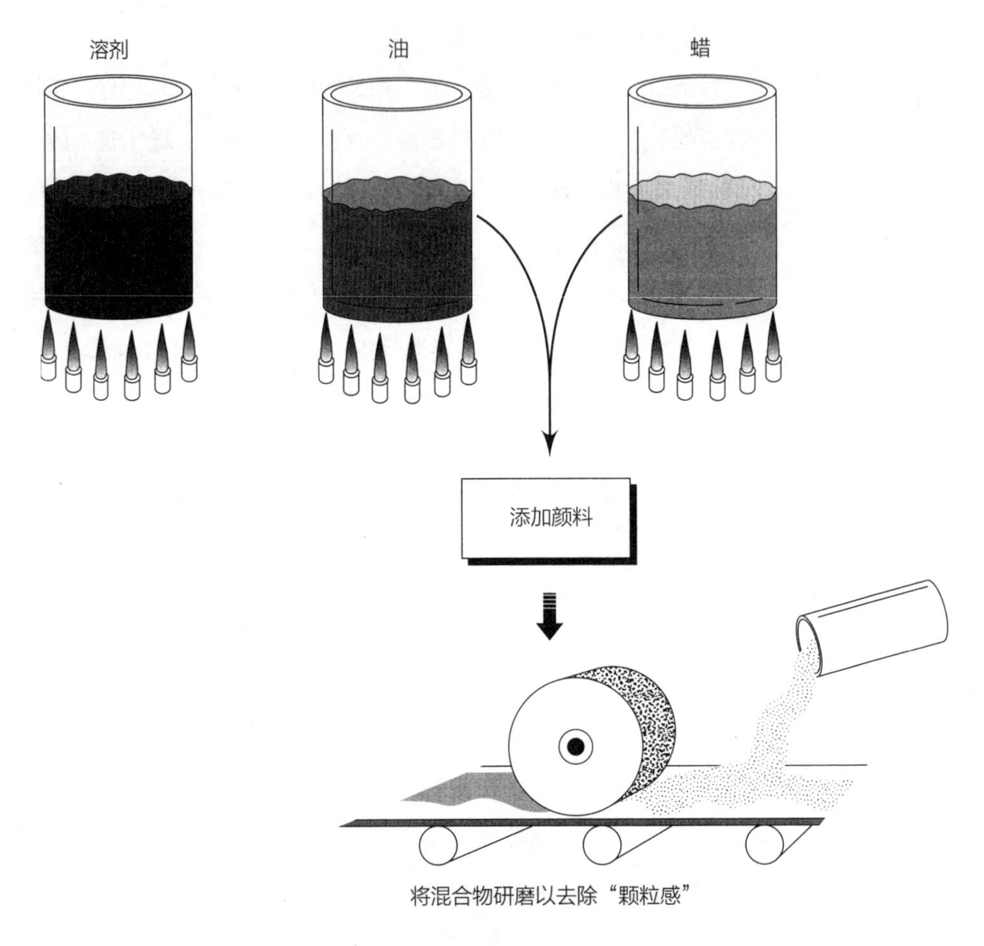

图 1 熔化原料，研磨

先将各种原料分别熔化，然后将油、溶剂与所需的颜料一起研磨。

3. 将热蜡加入研磨搅拌后的混合物中，保持温度不变，不停地搅拌以排出其中的空气，直至颜色和浓度都很均匀为止（见图2）。这时，可以将未定型的液态混合物注入管模成型，也可以将其倒入锅中存储起来留待以后成型。

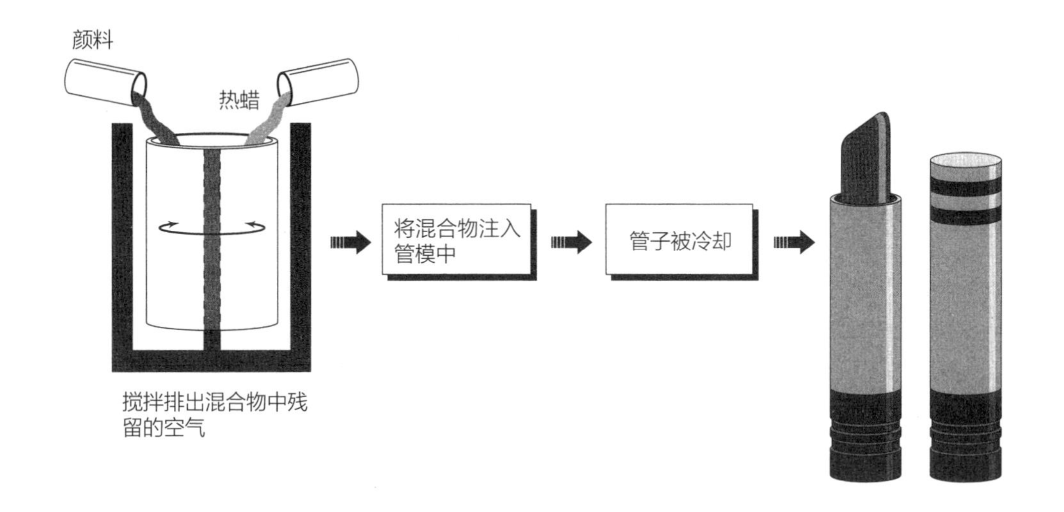

图 2　排出空气，注入管模，装入口红管

搅拌以排出混合物中残留的空气，然后注入管模，冷却后装入口红管。

4. 如果是将未定型的液态混合物冷却存储起来，那么在以后使用时必须重新加热，并检查其颜色的一致性，要加热到熔化的温度才可注入管模。

5. 由于使用的颜料不同，口红总是被成批制造的。一批口红的尺寸，以及一次性制造的口红管的数量，取决于所制造的口红的流行程度。并且，根据需求数量来决定是采用自动化制造还是手工制造。采用高度自动化制造，每小时可制造2 400管；采用手工制造，每小时能制造150管。两种生产方式在产量上有区别。

成型

6. 搅拌混合物及排出空气均由机器完成。这类机器种类繁多，大批量制造时，通常采用熔化机自动操作；少量制造时，通常由工人手动控制熔化机进行搅拌。

7. 将排出空气的未定型的液态混合物注入管模。管模有金属圆柱状的顶部和底部，是倒放的。所以混合物注入管模后，管模的底部形成的圆柱端将置于口红管的顶部，管模的顶部形成的圆柱端将置于口红管的底部。

8. 接着冷却管模（将自动管模保持低温，将手工操作的管模转移到制冷装置）。刮下管模顶部多余的堆积材料（可以重复使用，以制作更多的口红），移除管模的底，展现口红顶端的形状。用与口红直径相同的金属棒将成型的口红圆柱体从管模的顶端推入口红管中。这样，在没有人用手触碰的情况下实现转移，完美地保持了口红精致圆润的形状。

9. 目视检查口红上是否有气孔、脱模线或痕迹。对于不合格的口红，予以淘汰。

贴标签和包装

10. 将口红推入口红管并盖上盖子，就可贴标签，进行包装。标签标示了产品的批次。贴标签由机器自动完成。通常人们格外关注成品口红的质量和外观，但对唇膏的外观不怎么在意。
11. 除了实验或检测步骤，唇膏制造过程是完全自动化的。由机器将加热的唇膏流体倒入圆管，然后给圆管盖上盖子。整个制造过程非常简单，不需要太多工人参与。
12. 制造口红的最后一步是包装。有各种包装样式可供选择：从容纳不止一支口红的大包装到独立包装，再到作为一个化妆品组合套装或者特别促销装。对于唇膏，都是采用成批包装，这种包装方式能够避免运输过程中遭受损坏。口红的包装流程各不相同，可能是高度自动化的流程，也可能不是。使用什么样的包装，取决于它将在哪里销售，而不是制造过程。

环境问题

在口红的制造过程中，几乎不会或很少会对环境造成污染。只要有可能，原料就会被重复使用，因为原料昂贵，所以很少有人丢弃原料。在正常的制造过程中，不会产生任何副产物，口红的废弃部分会连同清洁原料一起被扔掉。

质量控制

口红的质量控制流程非常严格，产品必须符合美国药监局的标准。口红是唯一可以食用或吞咽的化妆品，所以对原料和生产过程都有严格的控制。制造口红时，严格控制环境以进行原料混合，保证它们不受细菌、微生物或有毒物质的污染。对来料进行检验，以确保其符合有关规定。对每批次产品都留样，在整个产品的有效期内（通常会超出这个期限）置于室温下保存起来，以便保持对该批次产品的追溯和跟踪控制。

如前所述，口红成品的外观非常重要。因为这个原因，制造过程中的每个员工都成了检验员。对于不完美的产品，要么返工，要么报废。当然，顾客是最终的检验员，如果对产品不满意，他们就不会购买出售的口红。另外，零售商和制造商通常不是同一家，所以消费者层面对产品质量的评价能对销售市场产生很大的影响。

口红的颜色控制也非常关键，当生产一批新产品时，需要仔细检查颜料。在重新加热颜料时，也要仔细控制颜色。颜料会随着时间的推移而发生颜色改变，所以每次重新加热时，需要注意是否发生颜色改变。比色仪能够测量口红的色度，即颜色深浅。通过读取混合物的各种颜色的数值，然后与图表或样品中色素含量进行比较，进而确认是否与以前批次的产品有完全相同的色号。通过视觉比对来匹配重新加热的颜料，因此当颜料不是立即使用时，操作人员会记录下颜料的生产时间并严格控制储存环境。

口红测试

针对口红有两种特别的测试：热测试和破裂测试。

在热测试中，将口红放在支架上并伸出支架，然后连同支架一起放入烤箱，以超过54℃的恒定温度加热24小时。这个过程中，口红不应萎缩、熔化或变形。

在破裂测试中，将口红两端分别放在两个支架上。在支架支撑口红的部位施加压力，每隔30秒加压一次，直到口红破裂或断裂。然后检查使口红破裂的压力值是否符合制造商所设定的标准。由于这些测试没有统一的行业标准，所以每家制造商各自为政设定自家产品的压力限值，制定自己的一套企业标准。

永恒的“红色”

身价不菲且不纠缠于色彩争议的时尚设计师帕洛玛·毕加索（Paloma Picasso）是著名艺术家巴勃罗·毕加索（Pablo Picasso）的女儿。说到口红，她只信奉一种颜色，即红色。红色是她的作品或她的着装一贯的色彩。最为人们熟悉的是《时尚》杂志上她那张醒目的脸、深红的嘴唇。

指甲油

最大的制造商：OPI公司［它是科蒂（Coty）公司的子公司，是美国最受欢迎的指甲油制造商］

美甲沙龙：美国有近13万家美甲沙龙（是一个有着85亿美元价值的产业）

美国指甲油年销售额：接近10亿美元

美甲

自古以来人们就有修饰美化手指甲和脚指甲的喜好。早在公元前3000年，中国人就开始给指甲涂上颜色。时间拉近，到了明朝（1368—1644），中国人开始使用由蔬菜汁与明胶、蛋清、蜂蜡和金合欢胶混合制成的指甲油。古埃及的上流社会采用散沫花染料来染头发和指甲。散沫花染料是从散沫花属乔木或灌木的叶子中提取的棕红色染料。对于现代指甲油，制造和处理其成分（也被称为漆或瓷釉）的方法是由化学技术发展形成的。

现代指甲油以液体形式装在小瓶中出售，使用小刷子涂抹。涂抹几分钟后，指甲油变硬，在指甲上形成一层闪亮的涂层，既防水又防屑。一些制造商声称，指甲油的涂层可以保持数天，之后才会剥落。当需要去除涂层时，使用卸甲油就可干净利落地擦掉它。卸甲油是一种可以分解和溶解指甲油的液体。

赛璐珞起源

早期制作指甲油时使用了很多在现在看来属于非常怪异的方法。一种常用的方法是，将清洗过的电影胶片碎片与酒精、蓖麻油混合。将这种混合物放在容器中加盖后浸泡一夜，然后过滤、着色和调香味。虽然这种产品被公认为是指甲油，但是其品质与今天市面上的高品质指甲油相去甚远。

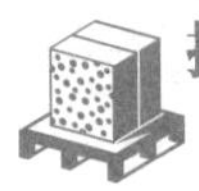

指甲油材料

制造指甲油，目前还没有统一的配方，一般情况下，指甲油的成分多种多样。基本成分包含用于溶解其他成分的溶剂、成膜材料、树脂（增加颜色的深度、光泽和硬度）、增塑剂（保持指甲油的柔韧性）、颜料和其他添加剂。指甲油的精确配方，除了是商业秘密外，在很大程度上还取决于制造公司的研究人员在研发阶段的选择。当某些成分被采纳或禁止用于化妆品时，配方就会发生改变。比如，甲醛是一种挥发性化学物质（很容易挥发），曾经常用于指甲油的配方中，因为科学家已经明确判定它是有毒的化学品，所以现在已经很少使用了。

溶剂

制造指甲油时，使用溶剂来溶解其他成分，使各种成分充分混合，形成均匀光滑的溶液。在指甲上涂抹后，溶剂挥发，指甲油变硬，形成光亮的涂层。甲苯、二甲苯和甲醛都曾被用作指甲油的溶剂，如今大多数制造商已经找到了毒性较小的替代品，或者使用的这些溶剂的浓度极低。目前使用的较安全的溶剂包括乙酸乙酯、乙酸丁酯、乙酸丙酯和乙酸异丙酯。

成膜材料

要使指甲油发挥作用，就必须使其在指甲表面形成一层坚硬的薄膜，但不能硬得太快，否则会阻止下面的材料干燥。硝化纤维素（硝酸纤维素）是一种常见的成膜材料。

硝化纤维素易燃易爆，也用于制造炸药。液态硝化纤维素中混合了极微小的棉纤维，在制造过程中，棉纤维已被磨得更微小，所以不需要去除。在市面上就能够购买到各种浓度的硝化纤维素，能配制出所期望涂层厚度的最终产品。

在指甲油中单独使用硝化纤维素，其形成的涂层很脆弱，不易黏附在指甲上。于是，制造商在配方中添加合成树脂和增塑剂来提高涂层的柔韧性，以及抗肥皂和水的侵蚀能力。老的配方中有添加尼龙来达到上述目的。

树脂

品质好的指甲油在日常使用中能防碎裂，使用卸甲油去除时易于剥落。树脂能增强指甲油的附着力，增加硬度和光泽度。世上没有十全十美，没有哪一种树脂或者几种树脂的组合可以满足所有的要求。甲苯磺酰胺、甲醛树脂曾经在指甲油中很常见，但现在许多消费者都极力避免使用含有甲醛基成分的指甲油。目前用于指甲油中的树脂有蓖麻油、硬脂酸戊酯和硬脂酸丁酯，以及甘油、脂肪酸和乙酸的混合物。

增塑剂

增塑剂能增强指甲油的柔韧性，阻止破裂。樟脑和邻苯二甲酸二丁酯（DBP）被用作增塑剂由来已久，但由于人们对健康的重视，其在工业上的应用受到了限制。樟脑会刺激皮肤并引起过敏反应，而且散发的气体是有毒的。美国药监局得出结论，化妆品中邻苯二甲酸二丁酯的含量对人体是安全的。然而，欧盟明确禁止在化妆品中使用邻苯二甲酸二丁酯，澳大利亚认为邻苯二甲酸二丁酯存在伤害生殖系统的风险，美国加利福尼亚州将邻苯二甲酸二丁酯归为生殖和激素毒物。其他增塑剂包括三甲基戊基二异丁酸酯、磷酸三苯酯和乙基对甲苯磺酰胺。

颜料

没有颜色的指甲油是什么样的？早期制作指甲油，人们使用容易溶解的颜料，但今天制作指甲油，人们使用一种或者多种颜料。选择的颜料及将其与溶剂和其他成分充分混合的技艺是生产高品质指甲油的关键。

化学技师们选择多种颜料，将它们混合在一起，以获得人们在指甲油中看到的各种颜色。

其他添加剂

指甲油所含的丰富艳丽的色彩，取决于在配方中添加的其他原料。通过添加其他原料可得到“珠光”或“磨砂”般的色调。云母（微小的反光矿物）通常被作为发出像“珍珠”或“鱼鳞”那样的光的物质，用于制作指甲油，也用于制作口红。“珍珠”或“鸟嘌呤”实际上是由小片的鱼鳞和鱼皮制成的。制作时，将鱼鳞和鱼皮适当地清洗，然后与蓖麻油和乙酸丁酯等溶剂混合。鸟嘌呤也可以与金色、银色和青铜色混合。塑料闪光剂有时用来增强闪光效果。

制造商可添加司拉氯铵水辉石来帮助分散指甲油中的固体物质，还可使用司拉氯铵水辉石作为增稠剂，因为它具有凝胶般的稠度。另外，可添加二苯甲酮-1或二苯甲酮-3来防止紫外线。

服食维生素

科学家发现，健康的指甲与人体内维生素B的含量有关系。在饮食中添加花菜、扁豆、牛奶和花生酱这些富含维生素的食物，能起到健康指甲的效果。

减少毒素

制造商已经对消费者要求去除指甲油中的毒素做出回应。现在，市面上销售的一些产品上标有“3类”“5类”“7类”等分类，指的是从成分表中去除的有毒化学物质。所谓的“3类”，指产品成分中没有甲醛、甲苯和邻苯二甲酸二丁酯；所谓的“5类”，指的是产品成分中除不包含“3类”中的3种有毒化学物质外，还不包含甲醛树脂和樟脑。所谓的“7类”，指的是产品成分中除不包含“5类”中的5种有毒化学物质外，还不包含二甲苯、乙基甲酰胺或对羟基苯甲酸酯。而标有“8类”“9类”的产品，其包含的有毒化学物质很少。一些制造商正致力于制造完全无毒性的水性指甲油。

美国药监局对指甲油的成分进行管控，列举了一份标明可以接受或因太危险而不能使用的颜料及其他材料的清单。制造厂定期接受检查，制造商只能使用美国药监局批准的材料。随着新材料的发现和获得批准使用，美国药监局的材料清单中可接受和不可接受的材料名单也随之改变。对此，制造商有时不得不为一种受欢迎的指甲油研制新的配方。

制造过程

现代指甲油的制造工艺很复杂，需要技艺精湛的工人、先进的机器，甚至机器人。消费者期望指甲油能更顺滑、均匀，使用方便，黏附迅速，并且耐碎裂和剥落。对周围的皮肤无害。

将颜料与硝化纤维素、增塑剂混合

1. 将颜料与硝化纤维素、增塑剂混合，然后使用双辊差速研磨机研磨混合物（见图1）。随着研磨速度加快，混合物被研磨得越来越细。
2. 进行适当而充分的研磨后，混合物变成薄板状，将它们从研磨机中取出，碎成小片，放入溶剂中溶解。溶解是在不锈钢釜中完成的，不锈钢釜能容纳19~7 570升的液体。这一过程必须使用不锈钢设备，因为硝化纤维素具有强爆炸性，会与铁设备发生强烈的化学反应。
3. 不锈钢釜有夹层（紧贴釜的内层），通过夹层里循环流动的冷水或其他冷却液来冷却釜内混合物。计算机和技术人员在控制室遥控釜内混合物的温度和冷却速度。控制室离制造现场较远，以防止制造现场万一发生火灾或爆炸时带来伤害。大多数现代化的制造厂通过围墙设置了一个隔离区，一旦警报器鸣响，围墙就自动关闭。万一发生爆炸，能安全地打开天花板，从而不危及建筑物的其他部分。

添加其他成分

4. 在密闭的釜内，原材料的混合过程由计算机自动控制。混合结束后，稍加冷却一下混合物，然后加入香水和保湿剂等其他材料。
5. 将混合物泵入208升的小容器中，再转运到装瓶线。

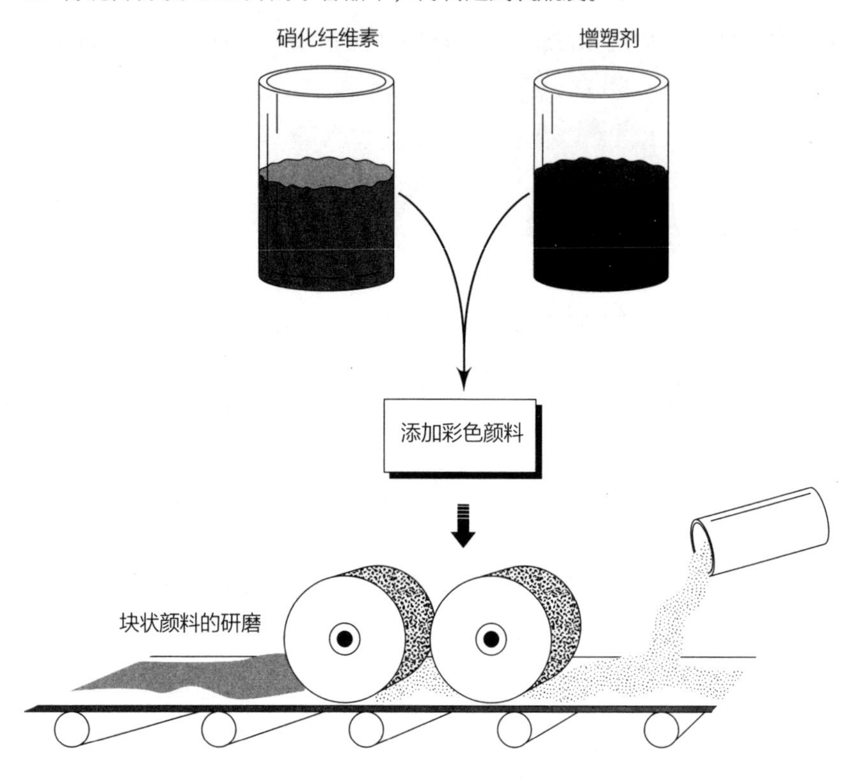

图 1　研磨

指甲油是由硝化纤维素、增塑剂与颜料混合制成的。使用双辊差速研磨机研磨混合物，随着研磨速度加快，混合物被磨得越来越细。

装瓶和包装

6. 在装瓶线上，由机器将空瓶子整齐有序地排成一行，每个瓶子里都放入一个小金属球。我们知道，将指甲油放置一段时间后，一些成分可能会从溶液中分离出来并产生沉淀。所以在涂抹之前摇动瓶子，小金属球有助于摇匀指甲油。
7. 将装有成品指甲油的容器与灌装机相连，灌装机将指甲油定量泵入每个瓶子。

8. 一台机器依次将塑料涂抹刷放入每个瓶子，另一台送盖机依次输送瓶盖，当瓶盖被拧上瓶子时，正好扣在塑料涂抹刷上。
9. 给产品贴上标签，完成包装，准备出货。

质量控制

在整个生产过程中，对指甲油进行以下几项重要测试：干燥时间、均匀度、光泽度、硬度、颜色、耐刮性等。在混合过程中，或者在针对最终成品、实际使用情况的检验过程中，一直伴随着主观测试。对样品进行实验室测试，虽然更耗时，但对于保证产品质量是必要的。这就是尽管实验室测试既复杂又苛刻，但是仍然没有制造商敢冒险省去这个步骤的原因。

未来的指甲油

一种行之有效的快速硬化指甲油的方法是，将刚涂抹的指尖浸入冷水中，冷水能使涂层快速硬化。

从消费者的角度来看，“指甲油干燥时间的长短”也许是很关键的事项。改进的快干型指甲油和快干剂已经摆上了卖场的货架。新配方和新工艺仍在不断研发中，未来可能有更多适销对路、更受消费者欢迎的指甲油产品面世。

在所有类型的化妆品中，指甲油是从化学领域的进步和发展中大大受益的化妆品之一。在人们越来越关注化妆品中的成分对健康的危害之际，化学家们将持续致力于从指甲油中去除有毒有害的化学物质。

防晒霜

发明者：澳大利亚化学家H.A.米尔顿·布莱克（H. A. Milton Blake，20世纪30年代初发明防晒霜）、化学家尤金·舒莱尔（Eugene Schueller，欧莱雅公司创始人，1936年开发了自己品牌的防晒霜）、科普特（Coppertone）公司（1980年，推出广谱防晒霜）

美国主要品牌年销售额：5.929亿美元

涂防晒霜

如今，黝黑的皮肤不再是健康人的特征。研究表明，皮肤暴露在太阳紫外线下会导致皮肤癌、过早产生皱纹及其他皮肤问题。虽然防护服，如帽子、裤子和长袖衬衫，是抵御有害射线的最有效的屏障，但是涂防晒霜能为皮肤提供更好的保护。

紫外线

除了来自太阳紫外线的直接辐射外，人们还会受到来自沙子、人行道、路面、水、冰和雪反射的光线的间接辐射。

太阳辐射的波长由三个区域组成：红外光区、可见光区和紫外光区。其中，只有紫外线对大多数人有害。紫外线又分为三类：长波黑斑效应紫外线（UVA）、中波红斑效应紫外线（UVB）和短波灭菌紫外线（UVC）。UVA能深入皮肤层，导致皮肤癌、过早老化、皮肤起皱纹及晒伤。UVB比UVA伤害性更强，是人们长时间暴露在阳光下后感到疼痛、红肿的罪魁祸首。UVB也会导致皮肤癌，还会损害眼睛角膜和晶状体。UVC一般会被地球大气吸收，被认为是无害的。

防晒系数（SPF）

人们用防晒系数来评定防晒霜。通过防晒系数，消费者可知道防晒霜对UVB的防护程度，但防晒系数不能说明防晒霜对UVA的防护效果。

市场上有两种基本类型的防晒霜：一种是能穿透表皮吸收紫外线的产品，另一种是能在皮肤表面形成物理屏障以阻挡紫外线的产品。这两种产品都通过防晒系数（SPF）让消费者知道其对UVB的防护程度。防晒系数指的是一个人对皮肤进行防晒保护后暴露在阳光里，其皮肤变红所需的时间与该人在未对皮肤进行防晒保护的情况下暴露在阳光里皮肤变红所需的时间之比。例如，产品上标“SPF15”的意思是，一个人未进行防晒保护的皮肤暴露在阳光里，如果在10分钟内他的皮肤变红，那么使用该产品，他的皮肤在晒伤之前可以在阳光里停留15倍的时间，即150分钟。这是美国药监局推荐的最低防晒系数。

长期以来，研究人员一直认为，导致晒伤的UVB是导致各种皮肤癌的唯一原因。现在，人们已经知道，UVA也会导致皮肤癌。2011年，美国药监局规定，美国的防晒霜必须标明是不是“广谱”的。标明“广谱”，就表明防晒霜能同时抵御UVA和UVB。另外，在标签上还必须标明SPF等级，以及防水程度。如果防晒霜只能防止晒伤（UVB），不能防止皮肤癌或皮肤老化（UVA），那么标签上的药物说明部分应有提示内容。

美国药监局规定，任何新的防晒霜上市之前都必须进行严格的监管和测试。防晒霜制造商需要经历一个花费高且等待时间漫长的过程才有可能获得批准。获得某项新品批准的制造商，只能制造所申请的新品，且仅限于一种SPF等级和一种特定用途。

使用防晒霜

尽管美国药监局推荐使用防晒系数至少为15的防晒霜，但美国皮肤病学会（AAD）推荐使用防晒系数为30或超过30的防晒霜。“SPF30”防晒霜可以阻挡97%的UVB。人们应该使用广谱防晒霜，它可以同时阻挡UVB和UVA。

研发和测试

如今，针对目标市场的防晒霜制造已经高度专业化，满足特定消费群体新需求的防晒产品层出不穷。例如，针对游泳者和运动人士的防晒霜，含有更防水和防汗的成分，能提供长达8小时的保护。运动员往往需要一种具有干燥感的防晒霜，以使抓握不受影响。儿童的表皮比较薄，所以皮肤比成人敏感。这也是大多数皮肤被晒伤的事情发生在儿童和早期的青少年身上的原因。为儿童开发的防晒霜往往含有天然成分，比如芦荟和维生素E。另外，顶部有泵式喷雾器或使用压缩气体的喷雾型防晒霜也很受欢迎。

研究人员通过合成和添加天然成分研发出新型防晒霜的初始配方后，按配方配38升样品，储存在不锈钢桶中进行测试。测试合格后向美国药监局提交制造申请。美国药监局接到申请后，进行进一步测试。这些测试可以在美国药监局内部进行，也可以委托外部实验室进行。测试项目包括，根据美国药监局的指导方针测量有效的防晒系数、确定产品在皮肤上使用的安全性，以及测量防水程度。

防晒霜原料

许多通过合成和添加天然成分的防晒霜配方是单一配方，即其针对的是特定的防晒系数或特定的消费群体。最著名的用于防止UVA晒伤的合成材料也许是阿伏苯宗，它又叫巴松1789，被用于世界各地的防晒产品中。防晒霜中通常混合了多种经化学过滤的成分，如氧苯酮、水杨酸辛酯、奥克立林、胡莫柳酯、奥西诺酯（也被称为甲氧基肉桂酸

通常称能同时防止UVA和UVB晒伤的防晒霜为广谱防晒霜。

辛酯）。

二氧化钛是一种天然矿物质，是广谱防晒霜的常用成分。二氧化钛不吸收紫外线，但能散射紫外线。虽然不像氧化锌那样不透光，但当防晒系数较高时，二氧化钛具有类似美白的效果。二氧化钛通常与抗氧化剂结合，用来减缓油脂氧化，延缓防晒霜变质。抗氧化剂中有许多天然抗氧化剂，如维生素E、维生素C、米糠油和芝麻油等，尤其是绿茶，颇受欢迎。许多新型防晒霜中还含有具有舒缓和保湿功能的添加剂，如芦荟和甘菊。

制造过程

重新涂抹防晒霜并不能延长它的保护作用，仅仅是恢复了保护时间。

防晒霜的制造、装瓶和运输可以由同一家制造厂运作，或者将部分工作交由其他公司运作。本文介绍全自动制造防晒霜的过程，并兼顾这两种运作方式。

乳液配方

1. 通过“反渗透”的方法提纯水，即利用半渗透膜在压力下迫使水从盐和其他杂质中分离出来，从而提取纯净水。

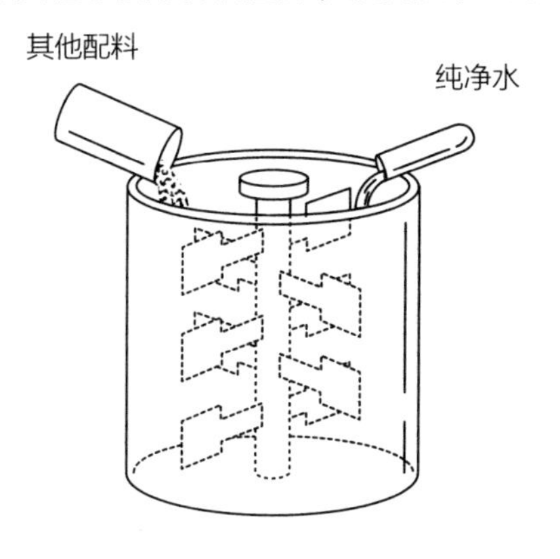

图 1　配制乳液

将纯净水与其他配料，如阿伏苯宗和芦荟，混合在一起。

2. 按照最终配方，将从外部采购的原料与纯净水混合（见图1）。配方已被记录在一张增值税表上，同时列出了每种成分的准确用量。然后，根据这些成分的用量，将混合物从开发阶段配置的38升初始使用量，提升到更大的使用量。

制作软管

3. 防晒霜的塑料软管是由吹塑设备制造出来的。有时，它是公司外面的制造厂制作的。吹塑是将热塑性塑料（加热时软化，冷却时硬化的塑料）挤压成管（被称为"型坯"），并放入对开模中吹入压缩空气以成型的一种方法（见图2）。将对开模环绕着加热的型坯闭合上，并夹紧型坯底部形成密封。从型坯的顶部吹入压缩空气，吹胀软化的塑料型坯，使其紧贴对开模的内壁，形成软管的形状。
4. 在吹制好的软管上印制商标和产品信息。有时，会将由金属箔薄片制成的图案（通常是徽标）压印到软管上。然后，将印制好的软管储存起来备用。

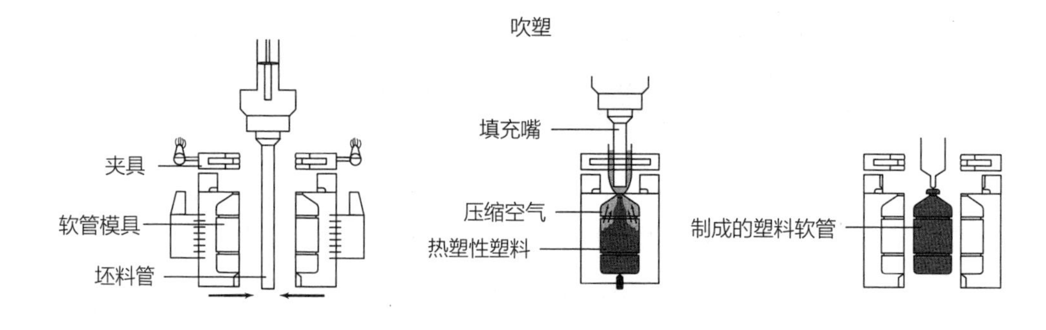

图 2 制作软管

防晒霜的塑料软管是通过吹塑方法制成的，其中热塑性塑料被挤压成管，再在对开模中被吹塑成型。

乳液灌装

5. 灌装过程中使用的不锈钢罐容量可达3 785升。灌装是在一间单独的无菌室进行的。无菌室中有一个传送系统。灌装时，操作工监控自动化制造过程。软管和瓶盖通过传送带送入灌注间。不锈钢罐里的乳液经由不锈钢管道流到压力灌装机，压力灌装机在每个软管中插入一个可伸缩的喷嘴，然后向软管中注入定量的乳液（见图3）。

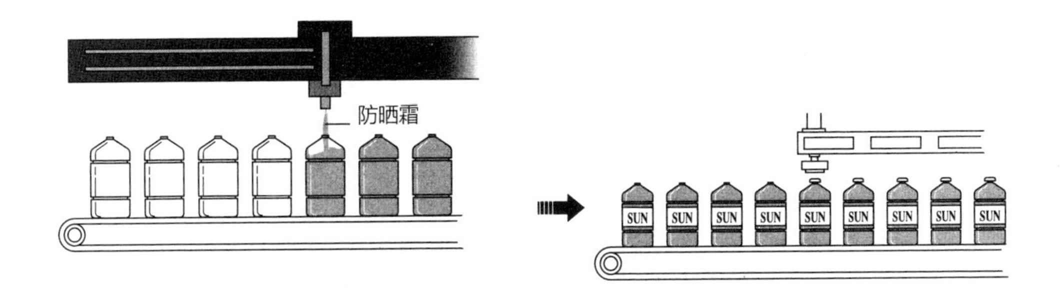

图 3 乳液灌装

乳液由压力灌装机注入每个软管。然后，被自动封装并分发给经销商。

封装软管

6. 大多数软管是通过机器自动封装的。为了方便消费者挤出防晒霜，一些软管配备了带喷雾器的盖子，只是从灌装线离开后，要由操作人员手动盖上盖子。

运输

7. 将灌装和加盖的软管每12个为一组，放置在低平台（用于支撑重物的平台）上进行收缩包装，然后装箱，以便运输到经销商处。

副产物

在软管成型过程中产生的塑料碎片，经过消毒、研磨后可以重新使用。而在印制过程中产生的有缺陷的软管，可送到其他公司，制成诸如露台家具之类的产品。

未来的防晒霜

现在，防晒霜有了方便使用的喷雾器，它能有效防止手变得油腻。

美国药监局等监管机构和消费者保护团体一直在研究防晒霜的防晒成分的有效性和安全性。随着更好、更安全的防晒成分被确定，未来防晒霜的配方会得到持续改进。

研究人员将目光投向下一波防晒产品的研发。有些植物对紫外线有着天然的防御能力。例如，一种叫作巴氏杜氏藻（Dunaliella bardawil）的单细胞藻类，在死海和西奈沙漠中生长旺盛，它能制造防护自身的防晒霜。以色列瑞荷渥特市（Rehovot）的魏茨曼科学研究所（WIS）的科学家已经分离出这种植物在阳光过于强烈时产生的蛋白质。这种蛋白质能将光线汇聚到发生光合作用的地方，起到了光偏转器的作用。藻类产生的橘黄色色素可能干扰了多余光线而对光合作用没有产生影响。

人体也有一种叫作黑色素的天然防御色素，是在人的皮肤和头发中发现的棕黑色色素。它反射和吸收紫外线以提供广谱保护。深色皮肤的人黑色素浓度较高，因此其皮肤癌的发病率较低，出现皮肤老化的生理和医学迹象也较少。人们曾经通过从墨鱼等身外之物中来提取黑色素，成本约为每毫升101美元。现在，则可以通过使用发酵罐（通过微生物发酵）这种廉价的方法来生成它。

让黑色素融入防晒霜的一种方法是，将其包裹在微海绵中，微海绵只能在显微镜下才能看到。使用时，微海绵将黑色素紧附在皮肤表面。这是最有效的方法。目前，研究人员继续获得批准，在防晒霜配方中添加天然的和人工合成的黑色素成分。

维生素D

使用在人体上的防晒霜会遮挡人体生成维生素D所需的阳光。但对大多数人来说，在春季和夏季每周的两到三天内，晒上几分钟清晨或午后的阳光，就能为身体提供数个月所需的维生素D。另一种获得足够维生素D的方法——尤其是对那些足不出户的人来说，就是吃食物或服用维生素补充剂。

其他

光　盘（CD、DVD、蓝光光盘）

发明者：飞利浦公司和索尼公司［1980年，发明了激光唱盘（CD）］、松下公司、飞利浦公司、索尼公司和东芝公司［1995年、发明了数字激光视盘（DVD）］、索尼公司［2000年，发明了蓝光光盘（BD）］

美国唱片年销售额：147亿美元

可录光盘市场年份额：75亿美元

视频 、声音、数据

一张CD能够存储超过734MB数据（80分钟的音频）。一张普通的DVD能存储7.4GB数据（2小时的标准清晰度视频）。一张标准蓝光光盘可以存储50GB数据（23小时的标准清晰度或9小时的高清晰度视频）。

CD曾是一种非常普及的存储音频的载体，但是随着其他数字存储载体的出现，如大多数人都熟悉的以电影形式出现的DVD和蓝光光盘，CD的使用量急剧下降。这三者都是常见的光存储载体，信息都是由激光读取或录入。

光盘存储的数字数据可以是音频、视频或计算机信息，并不只是音乐和视频内容。本文重点介绍光盘在音频和视频方面的应用。

自从1876年发明留声机以来，音乐就成为家庭娱乐普及度极高的方式。继留声机之后，黑胶唱片和盒式磁带相继问世，之后又出现了CD。家庭播放经历了从电影放映机，到盒式磁带录像机、家用录像系统（VHS）播放机，再到激光影碟（LaserDisc）机、DVD和蓝光光盘播放机的进程。

那么，光盘是从何而来的呢？

发展史

存储1秒的音乐，需要超过1MB数据；存储1秒时长的标准清晰度视频，需要6MB数据；而播放高清晰度视频时，每秒大约需要20MB数据流量。

CD的历史可以追溯到数字电子技术发展的20世纪60年代。尽管最初数字电子技术并不是应用于录音领域，但是很快研究人员就发现它特别适合音乐行业。

在同一时期，许多公司开始试验光存储技术和激光技术。其中，索尼公司和飞利浦公司在这一领域取得最显著的进展。

20世纪70年代，数字技术和光学技术（对数字和光的科学应用）已经达到了可以将它们结合起来开发单个音频系统或者视频系统的水平。这些技术为数字音频和视频开发人员所面临的“三大挑战”提供了解决方案。

首次发布

1982年，索尼公司推出了首款CD播放机；美国发行了第一张CD，内容为美国著名的摇滚歌手布鲁斯·斯普林斯汀（Bruce Springsteen）的《生于美国》。1996年年末，首款DVD播放机在日本问世，1997年年初在美国销售。美国以DVD格式发行的第一部故事片是《龙卷风》。2006年，索尼公司推出了首款BD播放机，并以BD格式发行了多部电影，包括《第五元素》《十面埋伏》《黑夜传说：进化》和《终结者》。

挑战及对策

第一大挑战是，找到一种以数字格式记录音频和视频信号的合适方法，这一过程被称为“编码”。

以1948年克劳德·香农（Claude Shannon）发表的理论为基

础，人们提出了一种实用的音频编码方法。这种方法被称为脉冲编码调制（PCM），是一种在相隔很短的时间内采样或收听声音，并将采样转换为数值，然后存储起来以备后用的技术。而编解码器技术用于对DVD和BD的视频进行编码和压缩。

以数字形式存储音频和视频信号需要用到大量的数据。因此要面对的第二大挑战是，找到一种合适的存储介质。这种存储介质体积足够小，但足够实用，能够保存所有必要的代码，以用于在CD上录制歌曲、专辑或交响乐，或用于在DVD和蓝光光盘上录制完整的电影。解决这个挑战的方案就是以光盘作为存储介质。光盘可以存储被紧密压缩在一起的大量数据。如一张CD上的100万字节数据占据的区域比针尖还小。存储的数据通过激光束读取，这种激光束能够聚焦于1.6微米（1微米=0.000001米）的区域。DVD和蓝光光盘播放机中使用的短波长激光能聚焦于更小的区域，因而能够允许将DVD和BD上的数据更紧密地压缩在一起。

第三大挑战是，如何快速处理光盘上存储的密集信息，以产生连续播放的音频和视频。集成电路技术的发展提供了解决方案，做到了在微秒时间内处理数百万位数据的能力。

20世纪70年代末，索尼公司和飞利浦公司共同制定了一套通用的光盘存储标准。由35家硬件厂商组成的合作伙伴于1981年同意采用此标准，并于1982年首次向音乐爱好者推出CD和CD播放机。

事实上，早在1979年就已经出现了存储视频的光盘，它就是现已消失的激光影碟。激光影碟比当时的Beta制大尺寸盒式磁带录像机和家用录像系统播放机播放的音频和视频质量要好得多，但它价格过于昂贵，所以在重要的北美市场没能普及开来。到了20世纪90年代末，DVD进入市场，随即家用录像系统濒临死亡——尽管它在市场份额上一度击败过盒式磁带和激光影碟。2006年推出的蓝光光盘，比DVD更受大众欢迎。

随着流媒体音乐和视频的出现，以及便携式硬盘和通用串行总线（USB）闪存驱动器的普及，市场上CD、DVD和蓝光光盘的销量下降。因此，光盘时代或许即将终结。

材料

CD、DVD和蓝光光盘看起来小巧而简单，但制作它们的技术很复杂。这三种光盘外径通常都为120毫米，厚度为1.2毫米，中间的定位孔直径为15毫米。数据以连续的由内向外的螺旋路径形式记录在光盘的底面。

这个螺旋路径由一系列肉眼看不见的“凹坑”和“平地”（凹坑之间的部分）组成（见图2）。沿着路径移动的微小激光束将光线反射回光传感器（一个将光代码转换成电信号的装置）。传感器在平地上比在凹坑中接收到的光多，这些强度发生变化（因开、关而闪烁）的光被转换成表示原始记录数据的电信号。

CD由三层材料组成：基层是坚固的聚碳酸酯，中间层是覆盖在聚碳酸酯上的铝涂层，外层是透明的丙烯酸树脂保护层。有些光盘使用金涂层或银涂层来代替铝涂层。

单层的DVD，最多可存储4.7GB数据；双层的DVD，最多可存储8.5GB数据。单层DVD的结构类似于CD的结构，包括聚碳酸酯基层、记录层、反射层和标签层。在单面双层格式的DVD中，在同一面上有两层记录层，第二层是由可记录材料构成的半透明的反射层，激光能穿透半透明的反射层到达顶部的可记录层。

蓝光光盘与DVD类似。主要的区别是，针对蓝光光盘这种格式，蓝色激光可以聚焦更小的光束，从而将数据压缩得更紧密。单层蓝光光盘可以存储25GB数据。蓝光光盘可以有单层、双层、三层乃至四层格式。所以他们能储存比DVD多得多的信息。标准的蓝光电影光盘是双层格式。三层或四层格式的蓝光光盘通常被用来存储计算机数据。

重获新生

旧媒介随着时间的推移会不断老化，使得过去的录音和老电影变得无声。对关注者来说幸运的是，将经典作品从老化的保存源（如录像带、磁带）转移到光盘上的修复工作非常有成效。这种被称为“数字重录”的编辑和数字录音技术能够消除音频的静态干扰，甚至可以修补旧的、损坏的录音记录中缺失的音符，以及修复视频图像。

制造过程

制造光盘的场所必须是干净无尘的洁净室，洁净室内的空气经过特别过滤，并且几乎没有任何灰尘进入，工作人员一律穿着特殊的工作服。CD、DVD和蓝光光盘的制作过程非常相似。

制作母盘

1. 将原始的音频或视频内容先录入数字录音带或计算机上。实际录入CD的内容还需在原始的音频或视频内容的基础上进行“编辑制作”，包括对CD内容进行检索，调音准，审查章节、字幕文字等，制作DVD和蓝光光盘时，也经历这样一个过程。这个过程就是所谓的“预制母盘”。
2. 预制母盘是制作光盘母盘（也被称为“玻璃母盘”）的前期工作，母盘是由特制玻璃制成的。将特制玻璃抛光，使其表面光滑，然后涂上一层黏合剂和一层光刻胶材料。光盘的直径约为240毫米，厚度为6毫米。在涂上黏合剂和光刻胶后，将光盘放在烤箱中固化30分钟。
3. 将光盘放入复杂的激光刻录机中。使用激光将数据传输到光盘上，光刻胶表面接收到激光部分被刻出小槽。
4. 使用化学药品腐蚀被刻部分，被刻出的小槽就变成凹坑，未腐蚀的凸起部分被称作平地。至此，母盘制作完成，上面包含了最终需要的精确的凹坑和平地。

电铸

5. 在蚀刻之后，对母盘进行“电铸”，在其表面形成一层金属层，如镍层。具体操作是，将母盘浸泡在含金属离子的电解液中，当电流发生作用时，就形成金属层。当然，金属层的厚度是严格控制的。
6. 接着，将电铸形成的金属层与母盘分开，就得到一张十分坚硬的金属盘。金属盘与母盘上的凹凸部位正好相反，一般被称为父盘。采用同样的电铸方法，用父盘制作母片，再用母片制作模片，模片与父片具有完全相同的凹坑。

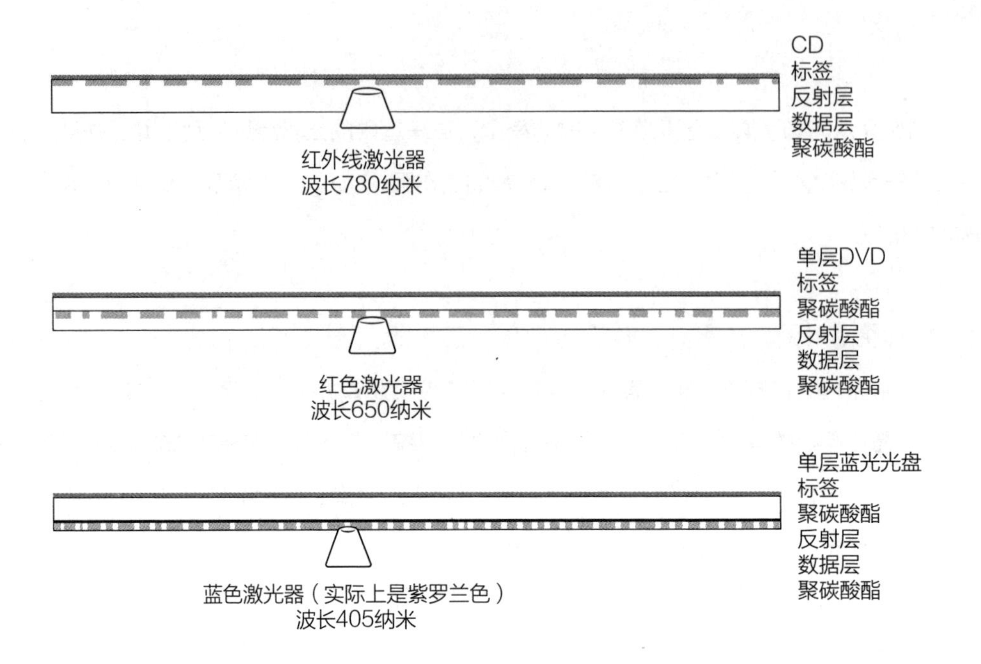

图 1　光盘数据层

为清晰起见，将CD、DVD和蓝光光盘的截面图尺寸做了放大。CD的数据层在标签下面，离激光读取器最远。单层DVD的数据层嵌在光盘的中心。对于蓝光光盘，数据层最接近激光读取器。另外，三者中CD的数据凹坑及读取它们的激光点的尺寸是最大的；对蓝光光盘来说，它们是最小的。较小的凹坑意味着同样的区域可以压缩更多的数据。

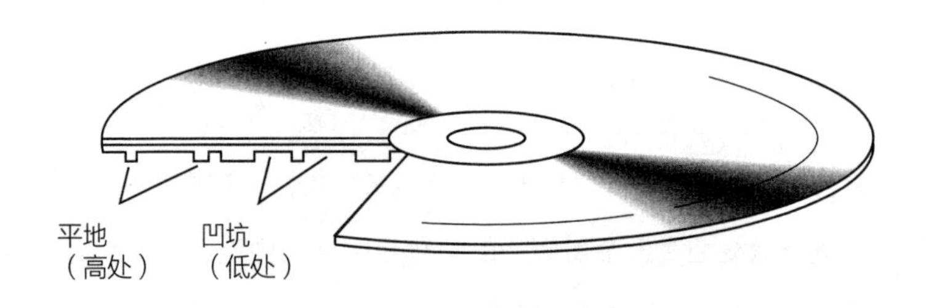

图 2　光盘表面

成品光盘表面有一圈圈磁道，以及高低起伏的“凹坑”和“平地”。CD、DVD或蓝光光盘的播放机使用激光束读取“凹坑”和“平地”组成的代码，先将激光反射信号转换成电信号，再将电信号转换成声音和视频。

压模

7. 金属盘的尺寸大于成品光盘的尺寸，为此，使用冲压机将其冲压成所需的尺寸。冲压后尺寸缩小的金属盘有时被称为“模片”。

注射成型

8. 将模片放入注塑机中与其具有同样盘形的型腔中，接着将熔融的聚碳酸酯注入型腔，形成与模片一样大小的塑料圆盘。冷却后，其正面形成与母盘完全一致的凹坑和平地。
9. 将塑料圆盘放在冲孔机上，冲出中心孔。在此阶段，塑料圆盘是透明的。接着，扫描塑料圆盘以查找缺陷，如起泡、进入灰尘和变形。一旦发现缺陷，就丢弃不用。

真空镀膜

10. 经检验符合质量标准的塑料圆盘，在其表面涂上一层极薄的、可反射的铝层，并对涂层采用真空镀膜。在这个过程中，铝被放入真空室并加热到蒸发点，直至它被均匀地涂在塑料圆盘上。
11. 接着添加一层聚碳酸酯保护层。保护层的厚度取决于塑料圆盘的类型和层数。CD是单层的，而DVD和蓝光光盘通常是多层的。为了简单起见，我们以制作单层光盘为例。将透明黏合剂喷涂或旋涂到塑料圆盘上，并放到真空室将聚碳酸酯层黏合到塑料圆盘上，以去除所有的空气，然后使用紫外线烘干固化黏合剂。
12. CD数据层位于光盘可读面下方，其厚度为1.1毫米。DVD的数据层位于光盘中心，其厚度为0.6毫米。蓝光光盘的可读层最靠近表面，其厚度只有0.1毫米（见图1）。

标签和封装

13. 使用红外探测器检测光盘，合格后印刷标签。光盘上涂有一层白色底漆。使用丝网印刷工艺进行套印，直到所有内容印刷完成。

14. 光盘制作完成后，进行包装和发运。光盘是一种非常精确的产品。由于数据被压缩在光盘微观尺寸的区域，因此所有的制造过程中都不允许犯任何错误。极小的尘埃颗粒都可能导致无法读取光盘。

质量控制

一粒尘埃颗粒的平均尺寸比光盘上的凹坑或平地要大100倍，即使是极小的尘埃颗粒落到光盘上，也会破坏读取光盘后发出的声音。

质量控制的首要问题是确保洁净室的环境得到有效监控，包括温度、湿度和空气过滤系统都得到控制。除此之外，生产过程中还设置质量控制检查点。例如，利用激光设备检查母盘的平滑度及光刻胶表面的厚度，以确认其是否合适。在加工过程的后期，如在涂上金属和丙烯酸树脂涂层前后，自动检查光盘是否有变形、起泡、进入尘埃颗粒和螺旋磁道上的编码错误。将机器检查与人工偏振光检查相结合，这样人眼就能发现磁道上有缺陷的凹坑。

在整个制造过程中，除了检查光盘的质量，还要做好制造光盘的机器设备的保养。比如激光刻录机必须保持稳定，不出现任何振动，否则就会使刻录前功尽弃。如果没有严格的质量控制体系，光盘的废品率就会非常高。

未来的光媒体

正如本文所提到的，随着流媒体和移动存储设备的普及，以及它们的价格越来越便宜，并且购买方便，CD、DVD和蓝光光盘的购买量已经持续下降。那么问题来了，光盘会消失吗？可能不会。

超高清电视（UHD，又称4K电视）的分辨率为3 840×2 160像素，可支持的帧率高达60赫兹。新一代的光盘是2016年发布的超高清或4K蓝光光盘。这种新光盘具有以超高清质量存储视频的能力，能存储50GB~100GB数据。随着越来越多的人购买4K电视，视频存储可能会转向新一代光盘，传统的DVD和蓝光光盘销量将继续下降。即使家庭娱乐光盘的使用量也在不断减少，但是光盘在其他领域的用途会推动光盘技术的研究和发展。

本文主要关注光盘在存储音频和视频领域的使用。光盘还有另一个常见的用途是计算机存储。比较而言，光盘是一种非常安全的数据保护方式。企业和个人都将继续使用它来备份数据。由索尼公司和松下公司开发的新一代档案光盘（AD）可以存储3.3TB数据，且能确保数据百年不会消失。

太阳能电池板

发明者：埃德蒙·贝克勒尔（Edmond Becquerel，1839年，发明光伏电池）、威洛比·史密斯（Willoughby Smith，1873年，发现硒的光敏电阻率）、查尔斯·弗里茨（Charles Fritts，1883年，用硒制造出首例太阳能电池）、罗素·奥尔（Russell Ohl，1940年，发现硅中的PN结，1941年获得首个硅太阳能电池的专利）、贝尔实验室（1953年，开发了首个实用的硅太阳能电池）

太阳能电池增长：2015年至2016年，美国太阳能发电量增长了97%，平均发电量为14.8吉瓦。

发展史

光伏电池板或太阳能电池板，早已为人们所熟知，在许多地区随处可见。近年来，在私人住宅、企业和公共事业单位，人们都在以前所未有的速度安装太阳能电池板。说到太阳能电池板的起源，可以追溯到19世纪中期。在大部分历史时期，它只是在人们的求知欲支配下的产物。

1839年，年轻的法国物理学家埃德蒙·贝克勒尔在他父亲的实验室里发明光伏电池。他将氯化银放入酸性溶液中，然后用两片金属铂作为电极插入这种酸性溶液中，当受到阳光照射时，两个电极间产生电流。虽然贝克勒尔可以重现他的这个发现，但他无法解释所谓的“光伏效应”的原理。

威洛比·史密斯在试图制造电阻器来测试水下电报电缆时意外地发现了硒的光敏性。1873年，威洛比·史密斯在科学杂志《自然》上发表了自己的发现，但在当时更让他出名的是，作为一名电气工程师，他开创了测试水下电报电缆的新方法。

1873年，查尔斯·弗里茨成为第一个用硒制造太阳能电池的人。查尔斯·弗里茨还研制出首个太阳能电池板，它是由硒太阳能电池制成的，并于1884年安装在纽约市的屋顶上。

19世纪末，随着美国向各种各样的人颁发专利，太阳能电池得到持续发展。然而，直到20世纪中期，贝尔实验室的科学家们才真正开始了解光伏效应并将其投入实用。说到这里，我们不得不提起罗素·奥尔。

1940年，罗素·奥尔无意中发现，可以将杂质添加到硅中（一种被称为“掺杂”的过程）来制造太阳能电池。罗素·奥尔为他的硅电池申请了专利，这种太阳能电池比之前的硒太阳能电池有了很大的改进。在了解半导体内部的实际情况方面，他也做了很多为人称道的开创性工作。

一个令人欣喜的意外

1873年，威洛比·史密斯想找到一种可靠的电阻器，以作为测试水下电报通信电缆的一种措施。他选择使用硒棒来制作电阻器，因为硒元素的电阻率（反映导体导电性能的物理量）高。令他十分气恼的是，在实际操作中，他发现电阻值变化很大。经测定他进一步发现，硒电阻值的大小，取决于它受到照射的光的强度。由此，他意外地发现了一种光敏电阻。随后，他对硒进行进一步实验，并公布了实验结果。这引导了人们用硒这种半导体来制作太阳能电池，最终将其用于制造太阳能电池板。

1953年，贝尔实验室研究硒太阳能电池的工程师达里尔·查宾（Daryl Chapin）试图为电话系统找到一种能在潮湿的环境中替代干电池的电池。当时的干电池在潮湿的环境中容易降解。他的同事卡尔文·富勒（Calvin Fuller）与杰拉尔德·皮尔森（Gerald Pearson）一起一直在进行另一项研究，即通过仔细引入杂质来改变硅半导体的性质。在初见成效之后，三个人合作，最终研制出公认的首款实用太阳能电池。这种电池的效率为6%，明显优于达里尔·查宾研制的硒太阳能电池。

今天，一块优质太阳能电池板的实际效率仍然只有18%~22%。科学家和工程师们一直在努力改进这一技术，其研究前景十分被看好。

又一个令人欣喜的意外

罗素·奥尔是研究在猫须无线电探测器（使用一根细导线轻轻接触半导体晶体）中使用半导体的专家。1940年，他在贝尔实验室研究无线电波探测器，并努力提高半导体晶体的质量。他熔化晶体硅，再冷却它。结果他发现，冷却后的材料形成一个正电荷区（他称其为“P区”）、一个负电荷区（他称其为“N区”），以及两者之间的间隔区。这个间隔区具有电光敏性，被称为PN结。罗素·奥尔意外地发现了半导体的PN结，它是今天二极管和晶体管的基础。基于这个发现，罗素·奥尔为首个硅太阳能电池申请了专利。

太阳能电池板的材料和设计

今天，绝大多数太阳能电池板是由晶体硅制成的，且必须将硅提炼到非常纯的级别。先从石英中提炼二氧化硅（SiO_2），再从二氧化硅中提炼硅。提炼硅时，先提炼成冶金级多晶硅（纯度达98%），再进一步提炼成太阳能级多晶硅（纯度达99.9999%）。

将提纯的硅用来制造太阳能电池板，最常见的方法有两种：一是用具有均匀晶格结构的硅生成圆柱状单晶硅，另一是用具有混合晶格结构的硅形成块状多晶硅。非晶硅可用于制造柔性薄膜太阳能电池，但通常效率较低。砷化镓、锗和其他半导体可用来设计高效太阳能电池，但它们价格昂贵，目前还不常见。

使用硅制造半导体时，可通过加入杂质来改变其导电性能。通常情况下，在硅中掺杂少量硼后，可以接受多余的电子，形成一个P型半导体；在硅中掺杂少量磷后，可以提供多余的电子，形成一个N型半导体。两个半导体的交界面附近的区域被称作PN结。不能移动的带电粒子在PN结处形成耗尽层，带负电荷的电子被吸引到P型一边，带正电荷的空穴被吸引到N型一边。

铝和银被用作太阳能电池的导体。银是世界上高效率导体之一。效率对太阳能电池很重要，导体导电率越高，效率越高。

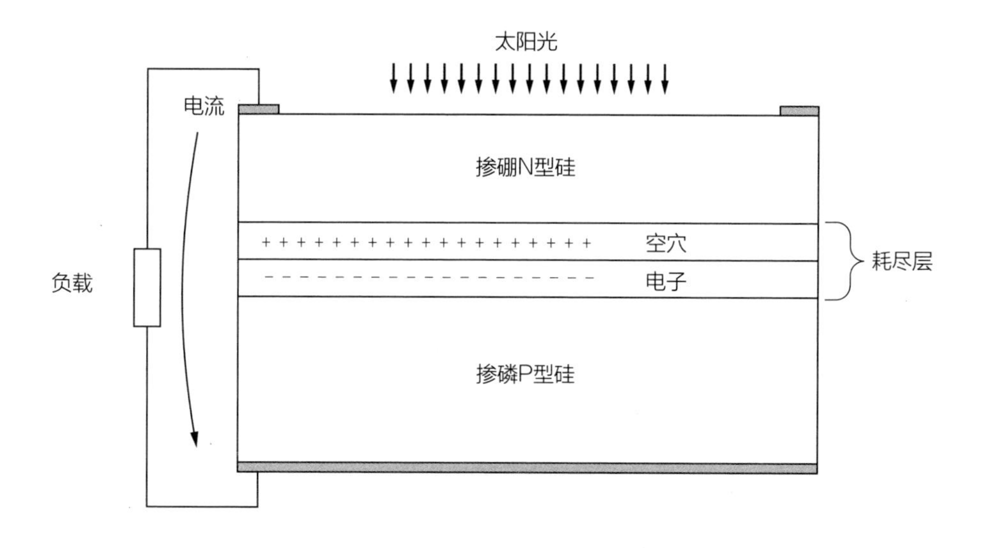

图 1 太阳能电池工作原理

在太阳能电池的硅PN结中，来自N型区的负电荷被吸引到P型区，来自P型区的正电荷空穴被吸引到N型区。这样就形成不导电的耗尽层，产生内部电场。当具有足够能量的光子（光粒子）撞击太阳能电池时，释放出电子，并通过连接在电触点上的负载流动。

用于太阳能电池的二氧化钛、氮化硅或其他抗反射涂层可以提高效率。更多的光被反射意味着更少的光能转化为电能。还有一个安全因素，大型太阳能电池板阵列的反射光会对飞机带来危害。

太阳能电池很脆弱，需要夹在透明的塑料保护层之间。单个太阳能电池组合成面板，通常在顶部覆盖玻璃或透明塑料，并内置于铝框架中。

制造过程

如前所述，制造太阳能电池板的硅有不同的类型，其中最受欢迎的是单晶硅和多晶硅。目前，单晶硅太阳能电池板的能源效率更高，能获得比同等大小的多晶电池板更多的电功率。但是，单晶硅面板的制造成本更高。随着多晶硅太阳能电池板效率得到提高，再加上其价格较低，可能会导致多晶硅电池板的使用更普及。因此下面描述的制造工艺，主要针对的是多晶硅太阳能面板的制造工艺。

单晶硅：方孔中的圆柱

制造用于太阳能电池的单晶硅片的成本高昂，部分原因是该工艺制造的单晶硅片是圆柱状，而不是理想的块状。制造时，单晶硅被拉制成圆柱状硅锭，早期的太阳能电池板使用的是从这些硅锭上切下来的圆柱状硅片，但是不能将它们有效地布置在矩形太阳能电池板上。圆柱状硅片铺排时彼此之间存在空隙，也就不能形成全面覆盖的面板，以致不能实现能源产量最大化。

为了解决这个问题，制造商切割圆柱状硅片的侧面，以切成有四个角的块状硅片，切割时的角度为45度。硅片上被切掉的部分都是耗费大量的时间和精力制成的，因而是一种浪费。

相比之下，多晶硅是块状的，能够被切割成方形硅片。由此制作的方形太阳能电池能够放置在矩形面板上，实现能源产量最大化。

提纯硅

1. 将石英晶体形式的二氧化硅放入高达2 000℃的电弧炉中与碳（C）结合，与氧分离。二氧化硅与碳发生反应，产生二氧化碳（CO_2）和纯硅（Si），即得到纯度为98%的冶金级硅。
2. 将冶金级硅粉末化，然后在300℃下与盐酸（HCl）发生反应以进一步提纯，这个过程产生三氯氢硅（$SiHCl_3$）和氢气（H_2），并去除了大部分剩余的杂质。接着，将得到的硅与盐酸进一步发生反应。
3. 使用改良西门子法将三氯氢硅放置在一个大的真空室中，在温度约为1 100℃下与高纯氢发生反应，时间长达数百小时。生成的多晶硅沉积在硅芯上，其纯度为

99.9999%，可用于制造太阳能电池。

硅片

4. 将大的多晶硅打碎，然后加入硼。掺杂硼（有意加入的杂质）后产生均匀的P型基硅。
5. 将上述混合物放在超过1 400℃的方形坩埚内熔化。
6. 将硅冷却成50厘米见方、25厘米厚的硅锭。
7. 用有金刚石涂层的锯片将大的硅锭切割成小的硅块；将硅块的端部切掉，以去除影响质量的杂质（外来颗粒）；然后用一次能切割多块硅片的有金刚石涂层的线锯切割硅块，切成厚度约为0.3毫米的方形硅片。

纹理（表面制绒）

8. 将易碎的硅片装入盒中，再放在托架上，由机器将其送到下一道工序。
9. 将装载硅片的托架放入加热的氢氧化钠（NaOH）碱性槽中进行清洗，以消除线锯带来的表面损伤。一些制造商放在酸性槽中进行清洗。接着蚀刻硅片以形成有纹理的表面，这样做也有助于减少光反射。一个完全平坦的表面会反射掉本应被太阳能电池板吸收的光。
10. 将托架上的硅片从腐蚀性槽中取出并冲洗几次，然后用酸漂洗以中和碱性氢氧化钠。
11. 将硅片盒从托架上取出，装入离心机内，由离心机将硅片旋转甩干。

生成N型层

12. 硅片仍然非常脆弱，通过自动机器将它们一个接一个地从盒中卸放到传送带上。
13. 在硅片表面添加一层磷材料，然后将其送入炉中约一小时。这会让磷扩散到硅片表面，在P型基硅上添加一个N型层。
14. 将硅片重新装入盒中并放在托架上，再次清洗。然后再次将硅片盒放到离心机中以旋转甩干。

15. 将硅片从硅片盒中取出并堆放在一起，小心地对齐边缘，然后将它们装入等离子蚀刻机中。蚀刻机中混合了等离子气体，如四氟化碳（CF_4）和氧气（O_2），用于去除扩散到硅片边缘的磷。这样可将硅片外部的顶部N型层与底部P型层进行电隔离。

涂料和导体

16. 采用化学气相沉积（MCVD）工艺，在每片硅片上涂上一层抗反射涂层，通常是氮化硅（Si_3N_4）。在等离子室中，将甲硅烷（SiH_4）和氨（NH_3）的混合物与硅片发生反应，就生成氮化硅，并沉积在硅片表面。涂层进一步降低了硅片的反射率，并呈现出一种独特的蓝色，能在太阳能电池上识别出来。
17. 使用丝网印刷机涂抹银浆或铝浆。将具有所需图案的丝网放置在硅片上，然后将银浆或铝浆滚涂在上面。移除丝网后，硅片上留下金属浆形成的图案。将硅片放入烘干机中，在大约200℃的温度下烘干，金属浆成为干粉。然后在高温加热器中烧结硅片，使金属与硅片表面结合。这是一个高度自动化的控制过程，有助于减少易碎硅片的破损。
18. 在硅片的正面涂上银浆。丝网印刷图案留下很多空白，所以光线可以照到太阳能电池。
19. 将硅片翻转，涂上一层厚厚的铝浆，只留下几条未覆盖的铝条带以供下一步使用。
20. 在未覆盖的铝条带上涂上银浆，再通过这些银接触点将硅片焊接到薄金属条上，以将多个太阳能电池连接在一起。
21. 至此，已完成太阳能电池的生产。经过测试和排序，同一电池板中使用的电池的电气特性必须完全匹配，否则会降低太阳能电池板的效率。

太阳能电池板

22. 将一排电池送入串焊机，串焊机将扁平的金属片焊接到电池上，然后将一批电池串焊在一起。每个电池产生的电压较小，所以将它们串焊在一起以增加电压。

23. 将串焊的太阳能电池封装在两层乙烯–醋酸乙烯酯树脂（EVA）板之间。EVA板有助于保护太阳能电池免受灰尘和其他污染物的污染，还能有效缓冲外力的冲击。

24. 将由EVA板封装的太阳能电池放置在背板中。背板有助于保护太阳能电池免受天气、化学和物理损伤。它是一种复合材料，通常由两块聚氟乙烯（PVF）和一块聚对苯二甲酸乙二醇酯（PET）组成。一些制造商使用不同材料的背板，如PVF板、PET板和EVA板。

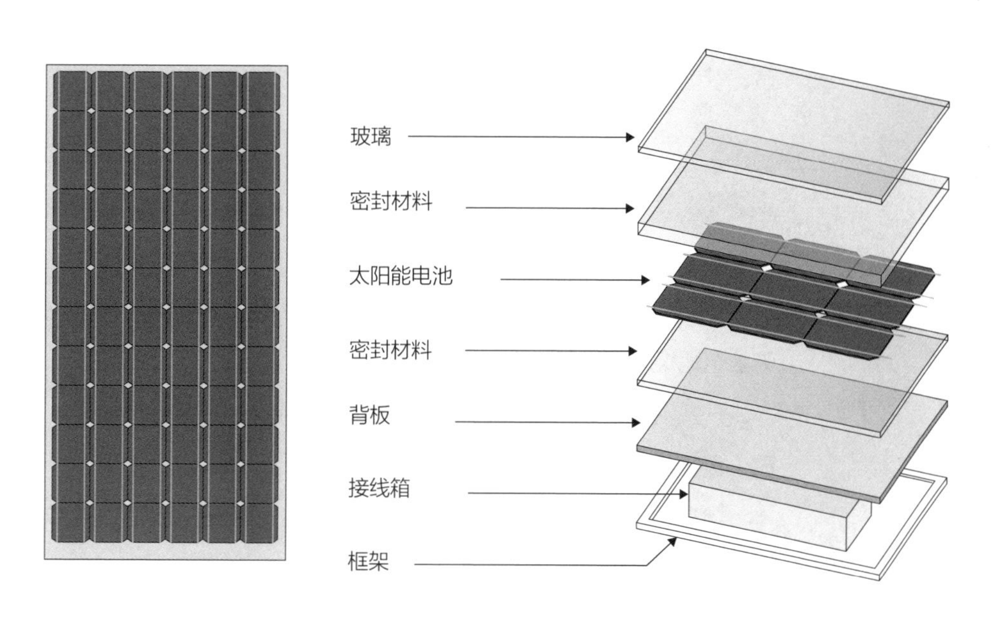

图 2　太阳能电池板组件侧视图

25. 在顶层添加一层低铁玻璃、丙烯酸树脂或其他塑料板，以防止紫外线、天气和物理性的伤害。

26. 将组装好的多层板放在约150℃的真空中层压，抽掉空气以密封太阳能电池。

27. 将组装件紧固在一个铝框内，再将电气接线箱焊接到背面的金属连接端上，然后通过机械连接到面板的背面。至此，完成太阳能电池板组装。

质量控制

在整个制造过程中，对每个电池都仔细地进行质量检测。如前所述，重要的是要根据电池的电气特性对其进行排序，以便在面板中使用的电池能够紧密匹配。

对组装完成的太阳能电池板进行一系列的机械和电气测试，以确保质量。必须保证框架的机械质量和表面玻璃或塑料的耐候性。将面板暴露在光线下，使用闪光测试仪测量太阳能电池板的电压和电流值，以确保每个面板符合规格要求。

副产物

虽然使用太阳能电池板发电对环境有利，但与化石燃料相比，太阳能电池板的制造并非没有环境危害。

一些制造过程中使用的危险的液体和气体，包括盐酸、硫酸、硝酸、氟化氢、三氯乙烷和丙酮，都必须小心妥善处理。

将硅锯成硅片也浪费了高达50%的材料。一旦吸入粉尘，就对身体造成危害，所以需要采取适当的安全防护措施。

制造商们一直在寻求改善制造方法，以减少有害化学品的使用，加强安全防护。

未来太阳能产品

自2010年以来，美国太阳能电池板的安装数量一直在稳步增长，从2015年到2016年，这一比例大幅度上升。尽管太阳能发电只占总发电量的一小部分，但随着技术进步和用量增加，它会继续增长。

目前，太阳能有一种朝着无所不在和无缝集成发展的趋势。太阳能城和特斯拉公司宣布了新的住宅屋面瓦片计划，声称这些瓦片（电池板）看起来和标准屋面瓦片一样，甚至更好，成本更低，使用寿命更长。如果这些公司能够兑现自己的承诺，这些好处加上发电的能力，可能会大幅度推动住宅太阳能的使用。

另一家公司，太阳能公路公司，已经为人行道和公路开发了模块化太阳能电池板，其中包括可编程的发光二极管灯，能将线路和路标整合到路面上。这些电池板不仅能发电，还能整合高速公路与智能电网。

研究人员正在研制用作玻璃窗的透明薄膜太阳能电池。尽管目前这种类型的太阳能电池板比传统的太阳能电池板效率低，但当它们被广泛应用于摩天大楼的窗户上时，会大大增加太阳能电池板的使用数量。

另一项正在开发的是多结太阳电池，它使用一堆具有多个PN结的不同半导体材料。不同的半导体对不同的光起反应，提高了效率。商业版的测试效率为30%，理论效率甚至更高。

光　纤

发明者：法国工程师克劳德·查佩（Claude Chappe，18世纪90年代，发明光学信号系统）、美国人亚历山大·格拉汉姆·贝尔（Alexander Graham Bell，19世纪80年代，发明光纤电话机）、苏格兰人约翰·洛吉·贝尔德（John Logie Baird）和美国人克拉伦斯·W.汉塞尔（Clarence W.Hansell）（20世纪20年代，发明利用阵列状排列的透明管传输电视或传真系统的图像）、德国人海因里希·拉姆（Heinrich Lamm，20世纪30年代，演示了通过一束光纤传输图像）、丹麦人霍尔格·穆勒·汉森（Holger Moller Hansen，1951年，申请丹麦的光纤成像专利，但是被拒绝）、荷兰人亚伯拉罕·范·希尔（Abraham van Heel）和英国人哈罗德·H.霍普金斯（Harold H. Hopkins）以及纳林德·卡帕尼（Narinder Kapany）（1954年，发明成像束）、美国人劳伦斯·柯蒂斯（Lawrence Curtiss，1954—1959年，发明玻璃纤维）、西奥多·梅曼（Theodore Maiman，1960年，发明激光）、乔治·霍克汉姆（George Hockham）和高锟（Charles K. Kao）（1964年，发明单模光纤远距离通信）、罗伯特·莫勒（Robert Maurer）和唐纳德·凯克（Donald Keck）以及彼得·舒尔茨（Peter Schultz）（1972年，发明二氧化锗多模掺杂光纤）

全球光纤年销售额：超过31亿美元

沿着玻璃传输的光

光纤有一个十分显著的特点，即它能够保持一个强信号，并且在不减弱信号的情况下进行远距离传输。

光纤是从熔融的石英玻璃中抽出或从塑料中挤出的单根细丝线。信息被发送设备转化为光脉冲后，通过光纤传送。大约从20世纪70年代开始，通信运营商一直在构建光纤网络。与铜线相比，光纤传送信息更快，占用的空间更小，而且不受附近电线的放电干扰，也不受静电干扰。

光纤几乎取代了所有的由铜线连接的长途通信网络，包括互联网主干网。越来越多的快速光纤互联网可直接连接到千家万户。美国大约有25%的地区有光纤入户服务，当然这一数字因居住地而异。

数百根海底光缆承载着99%的国家与国家之间的通信，陆上通信使用的光纤更多。光纤用于传输互联网、电话和电视信号，以及世界数据中心内的网络通信。不仅如此，光纤技术还被广泛用于医疗（如内窥镜）和牙科器械、机械检查用的光学传感器、汽车系统内的通信、特殊的电力传输应用（如必要的电气隔离），甚至用于照明和装饰。

1880年左右，以发明电话而闻名于世的美国发明家贝尔首次尝试使用光进行通信。但是直到20世纪中叶，随着技术进步带来激光这种传输光源和光纤这种有效的传输介质的问世，光通信才成为可能。1960年，激光问世。6年后，英国的研究人员发现，石英玻璃纤维可以携带光波，且不会产生明显的衰减或信号损失。1970年，一种新型激光器被研发出来，第一批光纤也投入商业化生产。

在光纤通信系统中，由光纤制成的光缆连接着包含激光器和光检测器的数据链。传送信息时，数据链将模拟电子信号（如电话通话或摄像机输出的信号）转换成激光数字脉冲。激光数字脉冲发出的信号通过光纤传输到另一个数据链后，由光检测器将它们转换成电子信号。

应用范围

医生是很早就领略到光纤用途的人之一。他们能在不动手术的情况下，使用内窥镜窥视人体内部。这种内窥镜是一种狭窄的软质管，可以从开口处如口腔和喉咙等插入身体内部。内窥镜管内有光纤，能发光，能让医生清楚地看到内脏的情形。内窥镜的管子可携带液体或气体进出身体，在管内还可以安装微小的外科手术器械。

光纤材料

光纤的主要成分是二氧化硅，还包含少量化学添加物。处在纯氧气中的液态氯化硅（$SiCl_4$），是目前广泛使用的气相沉积法中提取硅的主要来源物。其他化合物，如四氯化锗（$GeCl_4$）和三氯氧磷（$POCl_3$），可用于制造具有特殊的光学性能的纤芯、外壳或包层。

玻璃的纯度和化学成分对生产出的光纤品质影响很大，尤其影响光纤最重要的特性——能量传输的衰减度。现在研究的重点是开发纯度尽可能高的玻璃。玻璃中含有大量的氟化物，是具有强腐蚀性的有毒气体混合物。这种混合物几乎在整个可见光频率范围内是透明的，所以有望通过它改善光纤的性能。这就使得玻璃对多模光纤特别有价值，因为多模光纤可以同时传输数百个不同的光波信号。

玻璃仍然是制造高质量光纤的最好材料，但是塑料光纤可以用含氟聚合物（如硅树脂）包层的丙烯酸纤维制成。虽然塑料光纤传输数据的速度比不上玻璃光纤，但是新型的塑料光纤是由全氟聚合物（一种具有碳–*键和碳–碳键的聚合物）制成的，可用于许多高速传输的应用，比玻璃纤维更柔韧。最佳的材料取决于其用途。

构造

在光缆中，许多根光纤被环绕着束缚在一根中心钢索或一根高强度的塑料承载体周围，并使用铝、凯夫拉纤维或聚乙烯等材料作为缆芯包层，起覆盖保护作用（见图1）。

由于光纤的纤芯和包层的组成材料稍有差异，因而光穿过这些材料时的速度不同。当光到达纤芯与包层之间的边界时，这些差异导致光被全部反射回纤芯。因此当光脉冲通过光纤时，就被不断地弹回，并远离包层，继续在纤芯内向前传送。理想情况下，光脉冲通过光纤的速度大约是光通过真空中的速度的三分之二（约为2.0×10^{8}米/秒）。其间的能量损耗仅是因被玻璃中的杂质及玻璃中的不规则结构吸收而造成的。

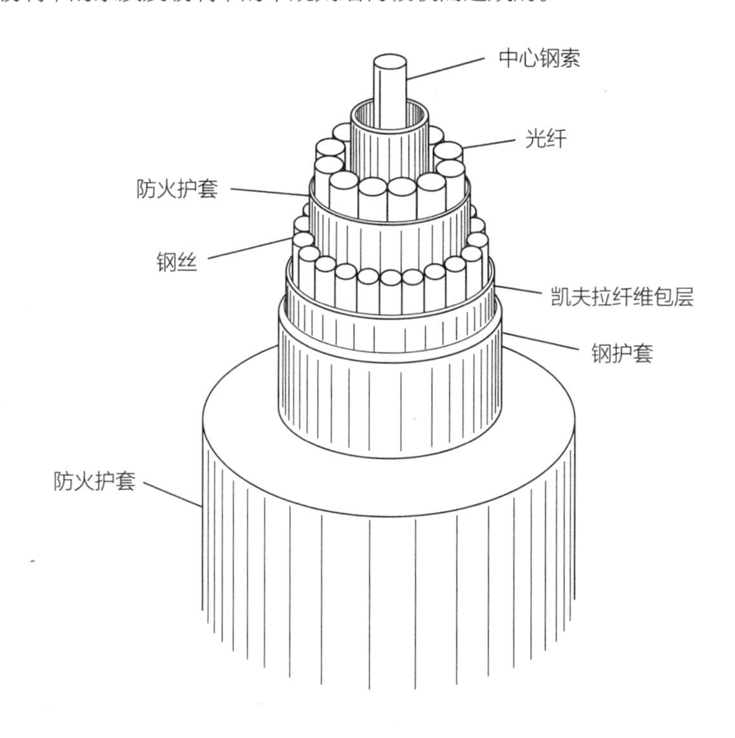

图 1　光缆构成图

光纤中的能量损耗（衰减）是用分贝（“相对功率电平”的单位）来表示的。通常情况下，长距离光纤的损耗低至0.2分贝/千米。这意味着经过一定距离后，信号还是会变得微弱，必须对信号进行增强或恢复。以目前的数据链技术，在长距离电缆中大约每隔100千米就需要一台光中继器。

光纤主要有两种类型：单模光纤和多模光纤。单模光纤的纤芯的直径通常为10微米，包层直径为100微米。单模光纤适用于长距离传输信号且只传送一种光波。单模光纤束被用作长途电话线和海底铺设的电缆。多模光纤能在较短的距离内传输数百个独立的光信号。多模光纤的纤芯的直径为50微米或62.5微米，包层直径为125微米。多模光纤适用于短距离通信系统。在这种系统中，许多信号必须传送到中央交换站并进行分发，如计算机数据中心或局域网。

通信及其他

最初，电话的电信号是通过铜线来发送的，但是这些信号不能携带太多信息。随着电话使用量增加，人们开始使用同轴电缆（一种由绝缘层包裹的导体，如有线电视使用的就是同轴电缆）传输信号，但是这种材料价格太贵。同样的规格，光纤能比铜线传输更多的信息。另外，光纤可用于医学手术使用的内窥镜和腹腔镜上，以及专业的照明器材和显示器上。

制造过程

光纤的纤芯和包层都是由高纯度的石英玻璃制成的。石英玻璃的化学成分是二氧化硅，由其制造光纤的方法有两种。第一种是坩埚法，将二氧化硅粉末熔化，制成较粗的多模光纤，用于短距离传输多种光信号。第二种是气相沉积法（见图2），将由纤芯和包层材料构成的实心圆柱体加热软化，然后拉成长丝制成单模光纤，单模光纤适用于远距离通信。

气相沉积法有好几种。本节重点介绍目前使用最广泛的制造工艺——改进型化学气相沉积法。使用这种方法生产的光纤损耗低，非常适合制造长距离光缆。

光纤是由预制棒拉制而成的，因而光纤的制造工艺包括制造预制棒和拉丝两个工艺。

改进型化学气相沉积法

1. 在玻璃管内表面沉积一层特制的二氧化硅（见图2），制成预制棒。将纯氧气与氯化硅、四氯化锗、三氯氧磷蒸气按特定的次序吹入玻璃管。在玻璃管下方，用喷灯来回加热，使玻璃管内壁保持很高的温度，并发生氧化反应，生成非常纯净的粉尘状的二氧化硅。粉尘状二氧化硅沉积在玻璃管内壁上，不断增加，逐渐填满玻璃管内部，最终生成纤芯。添加的化学蒸气不同，生成的纤芯的特性就不同。

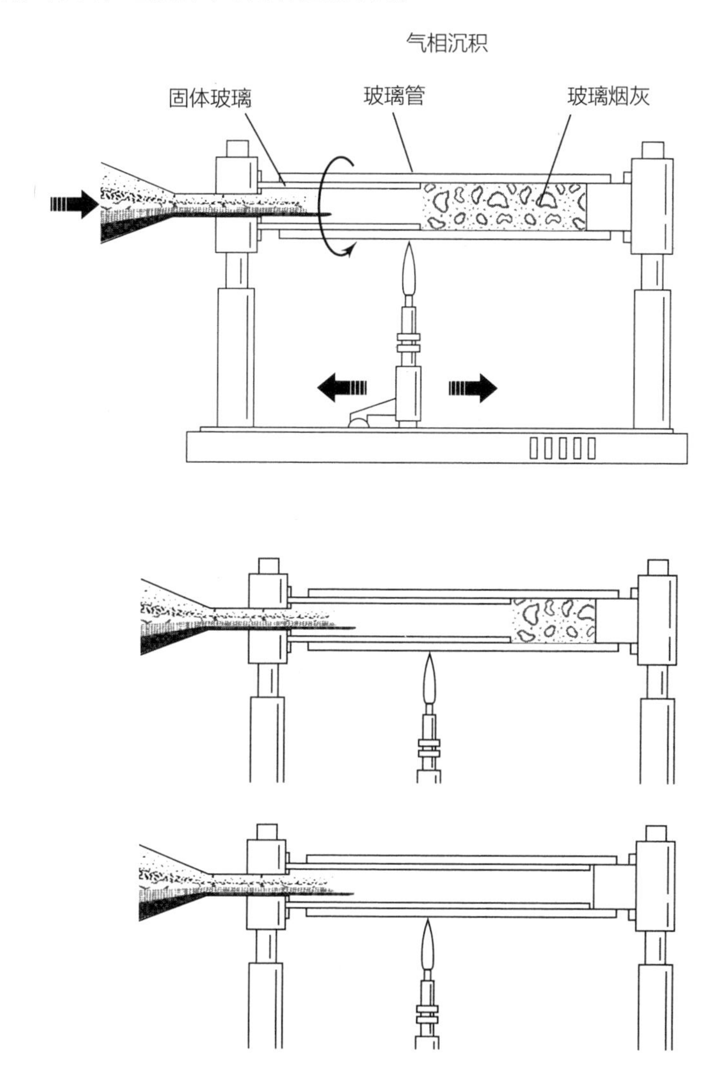

图 2　制造预制棒

将纯氧气与各种化学物质的蒸气相结合吹入玻璃管，在高温下，发生氧化反应，生成粉尘状的二氧化硅，直至填满玻璃管内部。

2. 在粉尘状二氧化硅沉积到一定厚度时，移动玻璃管并加热，以消除粉尘状二氧化硅中的水分和气泡。在加热过程中，玻璃管与内部的粉尘状二氧化硅凝结在一起，形成内部为高纯度的二氧化硅的预制棒。预制棒的直径通常为1~2.5厘米，长度为60~100厘米。
3. 通过机器对纤芯进行一系列的检查和加工：检查直径大小、涂保护层、热固化。

拉丝

4. 预制棒被自动转移到拉丝机中（见图3）。典型的拉丝机可达两层楼高，能连续生产长达300千米的纤维。拉丝机包括熔化预制棒尖端的加热炉、用于测量从预制棒上拉出纤维的线径测量仪、用于在光纤包层涂上保护层的涂覆固化装置。
5. 将预制棒尖端放入高温加热炉，将炉温升至大约2 000℃，使尖端软化。很快，在尖端出现一滴被称为“滴流头”的小球，就像凝聚在漏水水龙头出水口处的水滴。小球靠自身重量下垂，将单根光纤从预制棒中拉出，并逐渐变细，成为我们所说的裸光纤。从预制棒拉出而成的光纤，原玻璃管内粉尘状二氧化硅构成光纤的纤芯，原玻璃管构成光纤的包层。
6. 当光纤被拉出时，由线径测量仪即时监测其直径和中心位置。同时，由另一装置给光纤涂上保护层，然后通过固化系统固化，再由测量装置检测它的直径，最终将其缠绕在线轴上。

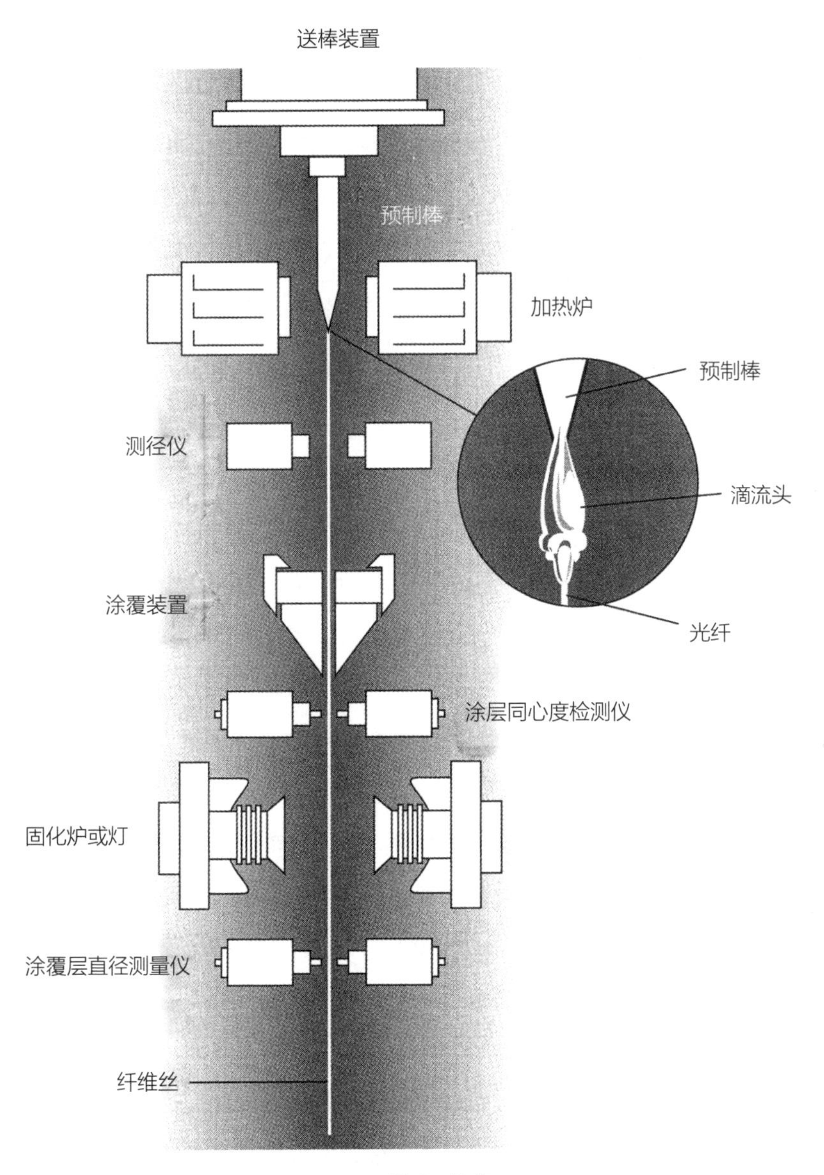

图 3 拉丝

将预制棒放入拉丝机中，高温加热。预制棒尖端软化形成熔融的小球，并依靠自身重量下垂，将里面的单根光纤拉出成细丝。

质量控制

从供应商提供预制棒材料和光纤涂层原料时就开始质量控制。供应商提供所用到的化学原材料的详细分析报告，并将这些报告连接到计算机，由在线分析仪进行检测。工程师和训练有素的技术人员密切关注密封的容器中预制棒的制造和拉丝过程。计算机通过操作复杂的控制系统来管理生产过程中的高温高压。精密测量设备可连续监测光纤直径，并为控制拉丝过程提供信息。

未来的光纤

随着对光学性能改善材料的研究不断深入，未来的光纤将进一步发展。目前，由含高氟化合物的石英玻璃制造的光纤应用前景最为广阔，其能量损耗甚至低于目前的高性能纤维。然而，目前制造石英玻璃光纤存在困难，因为产品很脆弱，容易出现水分问题。

除了使用更精制的材料外，人们还在研究如何提高可携带的数据量和传输距离。莫斯科物理与技术研究所和澳大利亚国立大学的研究人员发现了一种利用硅纳米粒子将光纤内的光散射效应增强100倍的方法。这将有助于提高发射强度，意味着可以扩大长途线路中中继器之间的距离。

另一技术突破涉及通过光纤控制信号传输，预测并校正通信路径之间的串扰。该技术允许在不引起信号失真的情况下增加发射功率。加利福尼亚大学圣迭戈分校的研究人员在没有中继器的情况下，通过光纤将信号传输至1.2万千米远，并且成功解码。

吉　他

起源：16世纪和17世纪（有共鸣箱的弦乐器可追溯到古代）

美国吉他年度销售量：230万把

吉他销量排行榜冠军：美国吉他中心（Guitar Center）

发声原理

吉他是现代音乐舞台上的重要组成部分，被誉为“摇滚的中坚力量”。

原声吉他

吉他是弦乐器家族中的一员，是通过拨动一根根琴弦来发出美妙声音的演奏乐器。弹奏时一只手的手指拨动琴弦，另一只手的手指抵住琴颈上的指板，指板上附有金属制的品柱。弹奏出来的声音通过吉他的共鸣箱得到增强扩大。最常见的原声吉他是平面钢弦吉他，其外形有多种风格，可以演奏不同的曲风。古典吉他使用尼龙弦，用来演奏古典音乐。弗拉门戈（Flamenco）吉他就使用尼龙弦，演奏时通常配有一块敲击片，用来敲打吉他的顶部以形成节奏。拱形的吉他通常被用于演奏爵士音乐。

电吉他

电吉他的发声原理与原声吉他不同，但是又密切相关。电吉他的琴身是实体的木头，没有音孔，不是通过箱体的振动发声，而是运用电磁学原理，使用了一种被称为拾音器的装置。拾音器内的磁铁环绕着电磁线圈，当被磁化的吉他弦振动时，电磁线圈将弦振动产生的能量转换成电信号。电信号被传送到放大器，可放大数千倍。电吉他的琴身对音质影响很小，因为是放大器在同时控制着音质和音量。

也可以给原声吉他安装上电子拾音器，现在已经有了与原声吉他配套的内置拾音器。在大型音乐会上，往往需要提供很大的声音以让场馆内的观众都能听到。这时，如果吉他手喜欢使用原声吉他演奏，就可选择“原声吉他+拾音器”这种配置的吉他。

过去的琴弦

早期的猎人可能是发明吉他的功臣。当箭射向动物或敌人时，一定有人喜欢弓弦回弹发出的声音。事实上，早期的乐器就像打猎用的弓。

类似吉他的乐器，其历史可以追溯到许多世纪以前。有证据表明，历史上几乎每个时期使用过这种乐器，只是样式稍有变化。史前时期发展起来的单弦弓是今天的吉他的前身。在亚洲和非洲的某些地区，在有关古代文明的考古发掘中发现了这种类型的弓。其中一件赫梯人（Hittites）的雕刻品似乎验证了这一点。赫梯是一个位于叙利亚和小亚细亚的上古帝国，可以追溯到3 000多年前。这件雕刻品与今天的吉他有许多相同的特征：曲线的琴体、平坦的面板、两面各有五个音孔及长长的琴颈。

随着音乐技术的发展，早期的吉他上的弦数不断增加。13世纪后期，西班牙出现了一种名为“拉丁吉他”的四弦吉他。这种拉丁吉他与发掘的古代赫梯雕刻非常相似，但拉丁吉他增加了一块薄而细长的“木桥”，现在被称为“琴桥”。弦经过音孔后，就被固定在琴桥的适当位置上。16世纪初，当吉他上的弦被增加到五根时，其受欢迎程度急剧上升。17世纪末，吉他上被安上了第六根弦（低音E音符）。这时的吉他更接近现在的吉他模样。1810年，卡鲁里吉他［以当时的意大利作曲家卡鲁里（Garulli）的名字命名］是最早将六根单弦调整为今天仍在使用的音符的吉他。六根单弦对应的音符分别为E、A、D、G、B、E。

1833年，随着德国吉他制造商克里斯蒂安·弗雷德里克·马丁（Christian Frederick Martin）移居纽约，制作吉他的技术传入美国。20世纪初，位于宾夕法尼亚州拿撒勒（Nazareth）的马丁公司（Martin Company）生产的大型吉他遵循了古典吉他尤其是西班牙吉他的设计理念。另一家制造商吉布森公司（Gibson company）生产正面和背面呈拱形的大型钢弦吉他，被称为大提琴吉他，其演奏的声音非常适合爵士乐和舞蹈。

现代音乐大师

从莎士比亚时代到今天，吉他带来了许多鼓舞人心的情愫。吉他的现代形式起源于16世纪的西班牙，并在这个时期奠定了其在音乐发展中的举足轻重的地位。20世纪，随着电子放大技术应用于电子吉他，吉他俨然成为摇滚乐的象征。摇滚乐的灵感来源于吉米·亨德里克斯（Jimi Hendrix）、基思·理查兹（Keith Richards）和吉米·佩奇（Jimmy Page）等现代大师的作品。

吉他材料

吉他的面板或者说音板对吉他的音质影响最大。钢弦原声吉他的面板传统上是采用云杉制成的。生长在美国西北部的西卡云杉深受美国制造商欢迎，恩格曼云杉、卢茨云杉和阿迪朗达克云杉是较好的替代品。美国西部的红雪松经常被云杉所取代，云杉木比雪松木更适合制作古典吉他。像桃花心木或生长在夏威夷的寇阿相思树这样的硬木，有时也可以用来制作面板。吉他的背板和侧板经常使用与面板相同的材料。

传统上，吉他的背板和侧板是用巴西玫瑰木制成的。巴西玫瑰木是一种深色或微红色的硬木，具有来自热带树木的明显纹理。然而，根据《濒危野生动植物种国际贸易公约》（CITES）和《美国濒危物种保护法》（ESA），巴西玫瑰木现已被列为濒危物种。东印度玫瑰木是制作音板的最好的替代板材，有时也使用来自洪都拉斯、危地马拉和马达加斯加的玫瑰木。桃花心木的来源比玫瑰木的来源更广，只是已变得越来越稀少。此外来自非洲的枫树、红影木和核桃木，以及来自中美洲的寇阿相思树、胡桃木和黄檀都可用来制作音板。制作传统音板的木材已变得越来越少，吉他制造商们为此独辟蹊径，转向使用层压木或合成材料。

琴颈通常是由桃花心木或枫树制成的，并在第12品柱与第14品柱之间的位置与琴体连接固定。琴颈必须坚固方能承受拨弦时所产生的外力，以及因温度、湿度的变化而引起的弯曲或变形。指板和琴桥传统上是由黑檀木或玫瑰木制成的。非洲鸡翅木与巴西玫瑰木品质相似，有时候也被用来制造指板和琴桥。

大多数现代吉他的弦是由金属制成的，以钢弦最普遍。如前所述，古典吉他上通常使用尼龙弦。

制作过程

一些吉他制作大师在吉他面板上镶嵌上独特的装饰性拼花图案。它们包含成百上千种非常细小的染色木片、贝壳或珍珠，并排列成一种独特的图案，通常是花朵或环形图案。

制作吉他的第一步也是最重要的一步就是选择木材。木材将直接影响成品吉他的音质，必须没有瑕疵，并且有笔直的垂直纹理。由于吉他的每个部分都使用不同类型的木材，因此每个部分的制作过程因材质而异。下面介绍典型的原声吉他的制作过程。

纹理吻合拼配

1. 切割制作面板的木料，并采用一种“纹理吻合拼配”工艺来制作吉他面板。所谓纹理吻合拼配工艺指的是：将一块木板对切成两块，新的每块木板都保持原来的长和宽，只是厚度变为原来的一半，这样就产生了两块纹理对称的木板；将两块木板并排对齐平铺，并确保纹理图案相吻合，然后在中心线处涂胶，让两块木板黏合在一起。等胶水干透后，用砂纸将黏合后的木板打磨到合适的厚度，并进行严格的质量检查，然后根据颜色、纹理的紧密程度、匀称性及是否存在缺陷等进行分级。

2. 将黏合后的木板切削成吉他形状，切削后的面板尺寸要比最终面板的尺寸略大些，便于最后修整。用锯锯出音孔，接着在音孔周围的面板上刻上与音孔同心的圆形凹槽，用来粘贴或嵌入装饰品以美化吉他。

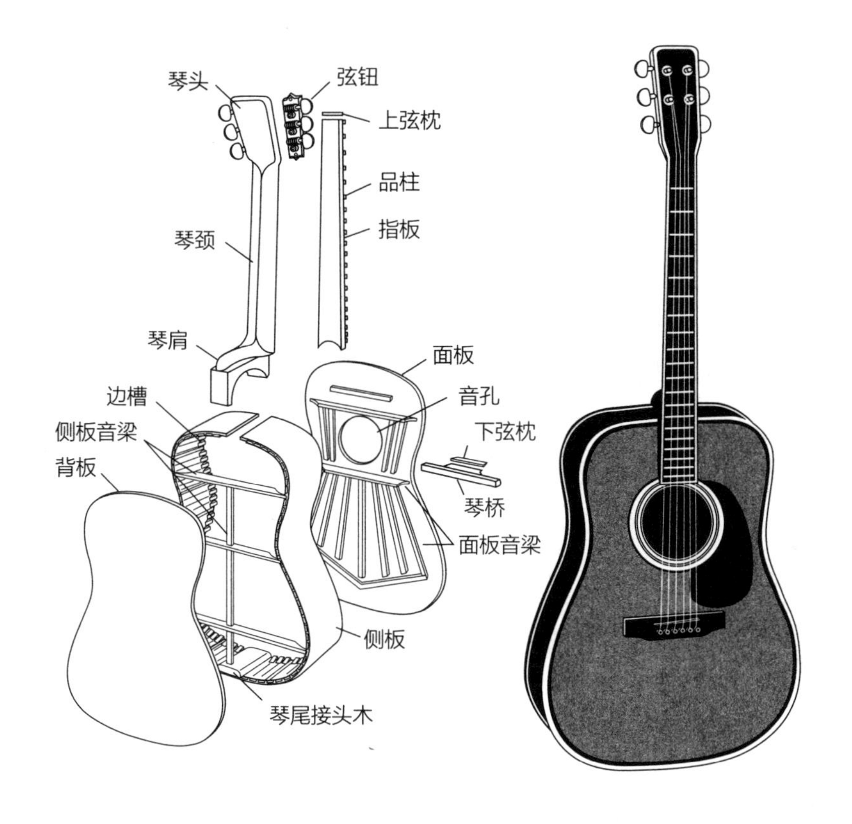

图 1 吉他结构

根据吉他结构，制作吉他一般包括选择木材、切锯木材和黏合部件以成型等步骤。

支撑

3. 将木支架粘贴在面板反面。这个过程通常被称为“支撑”。它有两个作用：一是增强面板强度，均衡琴弦拉力；另一是扩散琴声，控制面板的振动方式。“音梁”一词就是对这两个作用的最准确的诠释。吉他面板的“支撑”工艺因制作公司而异，支撑对吉他的音色有很大的影响。现在许多支架都采用X型，通过胶粘贴。这种X型的支架模式最初是由马丁公司设计的。尽管其他公司仍在通过试验来改进X型支架模式，但马丁公司以“产生最佳的声学效果”的理念而闻名于世。

4. 从声学角度来看，背板虽然不像面板那么重要，但是对吉他的发声仍然非常关键。背板是声波反射器，其背面也需要使用支架支撑，只是其木条是从左到右平行排列的，而中心胶接处的木条交接呈十字形。背板的制作工艺与面板的工艺相同：采用纹理吻合拼配工艺切割木材，把一块木板一分为二，让新形成的两块木板纹理图案相吻合，就像制作面板那样并排黏合在一起。

制作侧板

5. 先切割木片，接着把木片打磨到适当的长度和厚度，然后将木片浸泡在热水中进行软化。接下来，将木片放入与制作的吉他的曲面弧度相匹配的模压机中，经模压机按压，形成稳定的弧形，并确保侧板两边对称。在两块侧板的内侧面用胶水粘贴上椴木条作为侧支柱（见图1），它起着承重加固的作用。这样一来，当从侧面敲击时，侧板不会断裂。靠近琴颈和吉他尾部附近的琴身连接处是用两块接头木作为连接件。通过琴肩将琴颈、面板、背板、侧板连接在一起，通过接头木将面板、背板、侧板和音梁连接在一起。
6. 将两块侧板底部分别与接头木连接，接着将其用胶水与面板和背板黏合在一起，然后修剪掉板面多余的木头，沿着面板与侧板相接处、背板与侧板相接处挖出一定深度的槽，并沿槽镶上装饰条。这些装饰条不只是起装饰作用，还起到防止水分从侧面进入内部、防止吉他受潮变形的作用。

琴颈和指板

7. 吉他的琴颈是由一块硬木制成的，上面的刻度十分精准。在琴颈上插入一根调整杆，使琴颈更坚固，能适应来自不同琴弦施加的压力。将琴颈打磨后，接着将指板在琴颈上安装到位。然后进行精确的测量定位，在指板上切割出安装品柱的槽线，再将钢制的品柱置于槽线上安装到位。

8. 将琴颈安装完成后，接下来就将其组装到琴体上。大多数吉他制作公司是通过琴肩将琴颈与琴体固定在一起的。先将琴颈与琴肩连接在一起，再将其插入琴身上预先切削好的凹槽内。待连接处的胶水干了以后，就对琴身打磨抛光，然后涂上一层透明密封剂，刷上几层干燥后坚硬且有光泽的透明油漆以保护吉他板材。对于有些规格的吉他，还在其表面粘贴或镶嵌上五颜六色的装饰物。

琴桥和下弦枕

9. 将面板抛光后，在音孔下方靠近底部的地方安装上琴桥，然后将下弦枕安装在琴桥的凹槽里。下弦枕非常重要，它的质量直接影响音质。在吉他琴头处，将上弦枕安装在琴头与琴颈交接处。上弦枕是由木料或塑料制成的，琴弦经过上弦枕穿过琴头与卷弦器连接在一起。

卷弦器

10. 将卷弦器安装在琴头上。卷弦器是吉他最精致的部件之一，通常安装在吉他琴头背面。支撑每根琴弦的弦轴在琴头侧面伸出，弦轴和紧弦的齿轮都被密封在金属罩内。
11. 检查吉他品质，合格后包装起来以待出厂。完成一把吉他制作，可能需要三周到两个月时间，这取决于吉他面板上装饰细节的数量。

质量控制

制造吉他的大多数是小公司，它们注重细节和质量。每家公司都有自己的研究和测试方法，以确保提供给客户的吉他十分完美。在过去的几十年里，吉他制造变得越来越机械化，制造速度加快，标准化水平提高，价格降低。虽然纯粹主义者抵制机械化，但事实是，一个训练有素、使用机床的工人往往能比一个单凭手工的工匠制作出更高质量的乐器。

大多数制造商的最终检测流程都很严格，只将质量最好的吉他出厂。对于哪些吉他能发货、哪些吉他必须淘汰，并不是单个人能做出最终决定的。

吉他制造业的未来

随着制造吉他过程中使用的传统木材变得越来越稀少和濒危，吉他制造业将不得接受使用可持续使用的木材替代品，以及寻求替代木材的新材料和降低木材损失的制造技术。

永恒的手工制作工艺

制作和修理弦乐器的工匠被尊称为琴师。传统的吉他制作是一项艰苦而且精巧的技艺，只有少数经验丰富的琴师能胜任，但他们一年只能制作10~20把吉他。他们将从世界各地收集来的合适的木材放在自己的作坊里进行“陈化”，然后花费数月的时间来雕刻、造型、拉伸、粘接、夹紧木头和琴弦，最终制成一把漂亮但价格昂贵的吉他。一把由琴师手工制作的吉他，其成本有数千美元。

小　号

发明者：古埃及人（公元前1500年，发明金属小号）、海因里希·施特尔策尔（Heinrich Stolzel）和弗里德里希·布鲁梅尔（Friedrich Bluhmel）（1818年，发明实用活塞式小号）、弗朗索瓦·佩里内特（Francois Périnet，1839年，发明今天仍在使用的活塞小号）

美国乐器年销售额：约60亿美元

铜管乐器的开端

古人在战斗、部落集会或举行特殊仪式时，通过吹响低沉有力的号角或喇叭来号令大家。直到中世纪，号角的音乐潜力才被发掘出来。

小号是一种铜管吹奏乐器，以音色强烈而闻名。吹奏时，将嘴唇对准其杯形号嘴，通过嘴唇振动来带动管内气体发声。小号的主体由一根弯曲成椭圆形的圆管组成，其一端是杯形号嘴，另一端是喇叭口。现代小号有三个差不多大小的活塞筒（用于变换音高），还有几个调整音调的调音管构成。今天大多数的小号以降B调演奏。这是吹奏小号时自然发出的声音。它的音域介于中音C以下的升F调和中音B以上的2.5个八度音阶之间（以B结尾），比大多数其他铜管乐器更容易演奏。

最早的小号很可能是被昆虫掏空的树枝。在许多早期文明时期，如在非洲和大洋洲，人们制作出中空的直管用作宗教仪式中的号角。这些早期的“喇叭”是由植物的藤条、动物的角或长牙制成。

到公元前1400年，古埃及人已经发明铜制和银制的小号，它们带有一个宽大的喇叭口。而发明于印度、中国西藏地区的小号通常是由长长的可伸缩的铜管组成的，有些像将喇叭口一端放在地上演奏的阿尔卑斯号角。

铜管乐队

在美国南北战争期间（1861—1865），铜管乐器在大范围内流行开来。当时，每个部队都有自己的军乐队。当战争结束迎来和平时，乐手们不愿意“解散”乐队。于是，他们返回家后，在全国各地的城镇组建社区铜管乐队，每个星期天在附近公园举行音乐会。这成为每周一次的例行活动。

早期生活于亚洲和欧洲的亚述人、以色列人、希腊人、伊特鲁里亚人、罗马人、凯尔特人和条顿人都拥有某种形式的号角，其中许多号角还被加以装饰美化。这些号角发出低沉有力的声音，主要被用于战斗或典礼中，它们通常并不被认为是乐器。

人们使用失蜡浇铸法来制造小号。在这个过程中，将蜡放入一个小号形状的空腔（空心区域或孔）中制成一个铸件模具，再用耐火材料围绕该模具形成型芯，然后加热模具，使蜡熔化形成铸型，再在铸型中浇上熔化的青铜，便得到一个乐器铸件。

在中世纪中期（1095—1270）十字军东征期间，阿拉伯文化被引入欧洲。据说，在这个时期，欧洲人才第一次看到用金属锤打成的小号。当时，制作这种小号的金属管的方法是，将一块金属片包裹在一根杆子上并焊接起来。制作喇叭口的方法是，将一块弯曲的、形状有点像有弧度的留声机唱片的金属片从中间折弯，接着将一边切割成锯齿状，将另一边绕过来固定在齿间，再用锤敲打，使其平整接合。

大约在公元前1400年，小号由最初的长而直的管子被改成更小、更方便的弯管，而发出的声音没什么变化。制作弯管的方法是，先将熔化的铅倒进直管中，待其固化后将其弯曲成所需要的形状，然后加热管子，使里面的铅熔化后流出来。最早的弯管是S形的，但很快就演变成与现代小号形状相近的椭圆形。

18世纪后半叶，乐师和小号制作者都在寻找使小号功能更多的方法，各种各样的小号因此应运而生。18世纪时的小号有一个局限性，即只能吹奏泛音，不能吹奏半音阶。1750年，德国德累斯顿市的安东·约瑟夫·汉佩尔（Anton Joseph Hampel）建议将手放在小号的喇叭口来解决这个问题。1777年左右，迈克尔·沃格尔（Michael Woggel）和约翰 ·安德雷亚斯·施泰因（Johann Andreas Stein）为了让吹奏者的手更容易接触到喇叭口，他们使小号喇叭弯曲了一些。但吹奏者发现，这样一来造成的新问题比要解决的问题还要多。

紧接着出现的是锁眼小号，但一直没有流行起来，取而代之的是活塞小号。英国人发明了滑管小号，但乐师们发现滑管很难被控制。

爱尔兰音乐家和乐器发明家查尔斯·克拉格特（Charles Claggett）发明气阀装置，并在1788年取得半音小号专利。但第一个实用装置是由海因里希·施特尔策尔和弗里德里希·布鲁梅尔于1818年发明的活塞筒。1832年，约瑟夫·里德林（Joseph Riedlin）发明旋转活塞，这种活塞现在只在东欧使用。

1839年，弗朗索瓦·佩里内特改进管状活塞，发明活塞小号，它是现在最受欢迎的小号。佩里内特发明的活塞能确保通过有效地改变管子的长度来让小号完美演绎半音阶。吹奏时，打开一个活塞，可以让气流完全通过管道；关闭一个活塞，在气流被送回主管道之前，将其通过附加的短管道分流，从而延长其路径。三个活塞组合使用，能满足吹奏半音阶所需要的所有变化。

1842年，阿道夫·萨克斯（Adolphe Sax）在巴黎建立了第一家小号工厂。很快这家工厂被英国和美国的大型制造商模仿。1856年，古斯塔夫-奥古斯特·贝松（Gustave-Auguste Besson）开发的用于小号的标准化零件问世。1875年，C.G.康恩（C.G.Conn）在美国印第安纳州的埃尔克哈特市建立了一家乐器工厂。直到今天，大多数来自美国的铜管乐器都是由埃尔克哈特市的这家工厂制造的。

尽管小号在音乐上取得如此多的进展，但这并不妨碍现在的一些音乐人回归使用从前的小号。如今很多管弦乐队觉得降B调小号的局限性太大。自然小号、旋转小号和比标准降B调声音更高的小号已经复兴。总体而言，现代小号声音嘹亮，音色强烈锐利，能吹奏半音阶，与过去的低沉有力、乐音不准的小号形成鲜明对比。

爵士乐时代档案

留声机、收音机和电影的发明改变了美国人听音乐的方式。随之而来的是，军乐式铜管乐队逐渐衰落，人们对舞蹈风格的爵士乐队的热情日益高涨。20世纪20年代、30年代和40年代，小号吹奏者很受欢迎，当时的年轻人边欣赏着红极一时的“摇摆乐队”（swing bands）和管弦乐队演奏的铜管乐，边疯狂地跳着吉特巴（jitterbug）度过夜晚。

小号材料

纵观小号的发展史，制作小号的材料有竹子、藤条、银、贝壳、象牙、木头或骨头，且形状多样。中国西藏的铜管乐器铜钦，有些长达4.5米，至今仍在使用。1835年，法国使用的旋转活塞小号取代了原先欧洲人使用的上下活塞小号。旋转活塞小号发出的声音较低沉，吸引了如理查德·瓦格纳（Richard Wagner）和理查德·施特劳斯（Richard Strauss）等作曲家。现在，大多数小号是降B调的。

铜管乐器大都是由黄铜制成的，但有时也会因特殊场合的需要而制作纯金或纯银的小号。小号所使用的黄铜，最常用的类型是由70%的铜与30%的锌所组成的合金。其他颜色的黄铜，如金色的黄铜（由80%的铜与20%的锌所组成的合金）和银色的黄铜（由铜、锌、镍所组成的合金）。合金中存在少量的锌，能保证由黄铜制成的小号在低温时正常吹奏。有些小型制造商使用特殊的黄铜，如“Ambronze”（美国安布罗兹公司生产的一种黄铜，含85%的铜、2%的锡、13%的锌）来制作小号的某些部件（如喇叭口）。这种黄铜受到撞击时，会发出更丰富、更深沉、更响亮的声音。有些制造商会在铜管乐器上镀上一层薄的金或银。

虽然大多数小号是用黄铜制作的，但小号上面的螺丝通常是由钢制作的，排水键内衬通常是由软木制作的，活塞与活塞筒发生摩擦处通常镀铬或镀不锈钢镍合金（如蒙乃尔）。另外，活塞上可镶上毛毡层，活塞按键上可镶上珠母层。

小号设计

为初学的学生定制的小号数量大，可进行批量化生产。这样不仅能降低成本，提供合理的价格，还能确保相当高的质量。批量化生产能产出足够精确、性能卓越的小号。另一方面，专业的小号吹奏者需要价高质好的小号，上面镶有华丽的图案或点缀着饰品，常被用于一些特殊场合的吹演。

号管

定制小号是高度个性化的乐器。专业的吹奏者通常有自己最喜欢的号嘴，并会要求制造商将其安装在定制小号上。

为了满足对定制小号的需求，制造商必须事先知晓吹奏者所吹奏的音乐风格、使用小号的管弦乐队或音乐团体的类型，以及吹奏所需要的音质。制造商可以为他们提供具有独特的喇叭管、特定形状的调音管及不同的合金材质或镀层的小号。小号制作完成后，交由乐师吹奏，由此判断还需要做出哪些调整。

制造过程

1. 小号的号管是由可直接用于加工的标准黄铜制成的。先将标准黄铜管穿在一根杆状锥形芯轴上并进行润滑（见图1），再将一个像甜甜圈的圆环状铣削刀具对整根管子进行铣削，使管子逐渐变细并被加工成正确的形状。接下来，将其以退火的方式加热到538℃，此时管表面形成一层氧化物。冷却后，将管子放入稀硫酸中浸泡，以去除管子表面的氧化层。

2. 弯曲号管的方法有三种，可任选一种。一些制造商使用液压装置。将号管放在模具中，并使其有轻微弯曲，放入液压装置后以高压的方式推动水流经号管。这时，水挤压管道，与模具完全吻合。有些制造商在号管中放入滚珠来弯管。规模较小的制造商则将加热的沥青倒入管中，待其冷却后，用杠杆将管子弯曲成标准的曲线，然后再锤打成型。

喇叭口

3. 按照精确的纸样剪切黄铜薄片，用作喇叭管的材料，再将这些扁平的、剪切成型的薄片锤打在一根杆子上。在连接号管一端，将薄片两端对接并锤打成圆柱状。在另一端，也就是形成喇叭口的一端，将薄片两端重叠形成榫头连接。然后用氧–丙烷火焰在816~881℃下对整个接头进行钎焊密封。
4. 制作出喇叭口的粗略形状，将形成喇叭口的一端环绕着铁砧的角进行锤打，再放在芯轴上，将圆柱端拉出与号管相匹配的形状，然后旋转芯轴。接下来，为加固喇叭口边缘，将一根细金属丝环绕喇叭口一周放置在喇叭口边缘，然后将喇叭口折边，再与号管焊接在一起。

活塞

5. 将转向管和辅助管装在芯轴上，像号管和喇叭管那样塑型。可将转向管弯曲成30度、45度、60度和90度角，对于较小的管子（可使用液压或滚珠填压的方法）进行弯曲，然后以退火的方式加热，冷却后用稀硫酸清洗，以去除氧化物和焊剂（加入焊剂以方便焊接）。
6. 将实心管截成一定长度的活塞坯，并在其末端攻丝，然后在其上面钻出符合要求的孔。如今，即使是小制造商，也使用计算机程序来精准确定钻孔的位置。可在钻床上对活塞坯钻孔，一般使用精制的旋转锯齿钻来钻孔，并及时清除钻头边出现的金属丝。接着将转向管、调音管和钻孔后的活塞放入夹具中，并在它们的连接处用喷枪喷上焊料与焊剂的混合物。

7. 将活塞组件放入酸液中清洗，然后使用抛光机抛光。抛光机上安装不同粗糙度的细平布（粗布）抛光盘，并用不同特性的蜡作为抛光剂。抛光时，抛光盘高速旋转（通常转速为2 500转/分钟）。

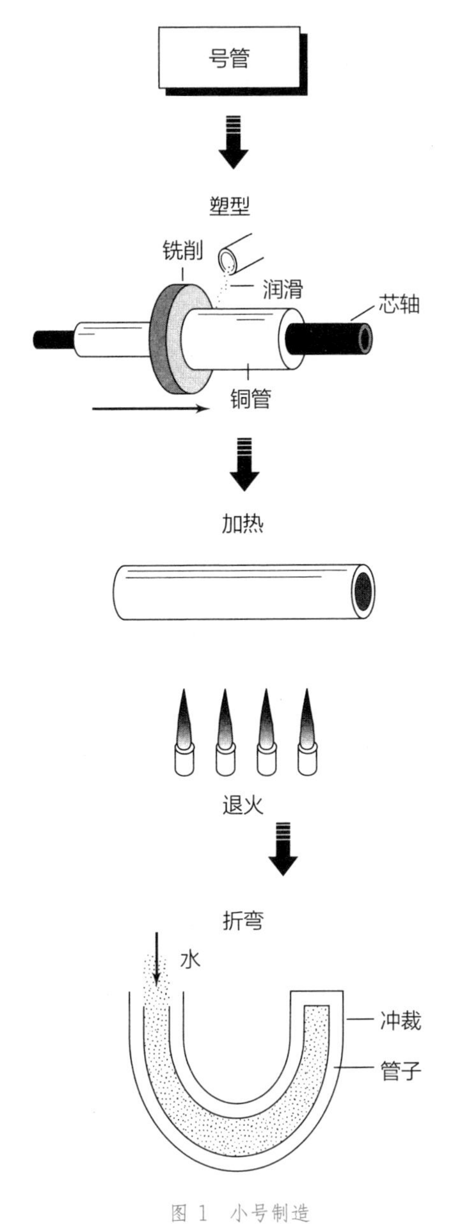

图 1 小号制造

小号的各个部分是通过塑型、锤击、折弯和退火工序来制造的。

装配

8. 接下来进行小号装配。将活塞筒连接到转向管上，在与号管首尾相连处重叠放置垫圈（围绕着管或轴放置的金属环，以使连接处严实）并焊接到一起。接下来，将活塞插入活塞筒，然后将整个活塞组件用螺丝固定到号管上，再插上号嘴。

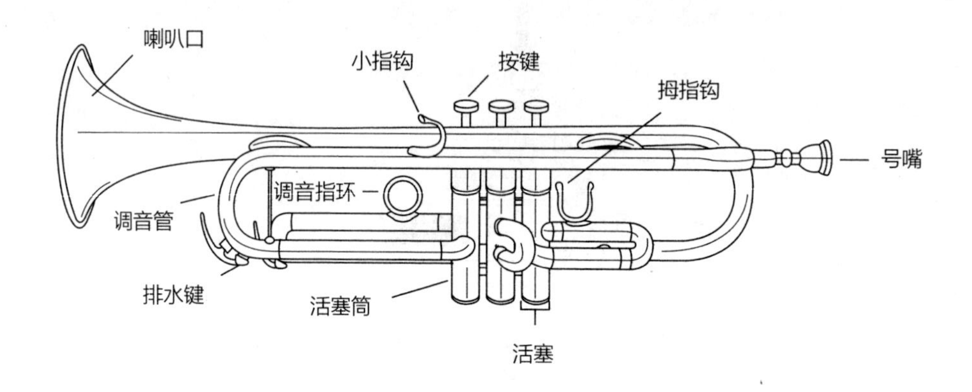

图 2 小号结构

小号大都是用黄铜制作的，但也有应对特殊场合需要而用纯金或纯银制作小号。最常用的黄铜型小号采用的是70%的铜与30%的锌组成的合金。

9. 清洗安装好的小号，擦拭干净后上漆（使表面有光泽），也可进行电镀。最后的润饰是在管子显眼的位置刻上公司的名称和徽标。具体做法是，先将需要雕刻的公司名称和徽标绘制在复写纸上，然后由熟练的雕刻师将复写纸上的名称和图案复印到管子上的相应位置，再照样子雕刻。
10. 根据用户需要装运发货，可单独发货，也可为特殊订单用户小批量发货，或者为高中乐队大批量发货。使用厚厚的塑料泡沫或其他隔离材料将小号小心翼翼地包装起来，再放在装有隔离材料的结实厚重的箱子里，然后邮寄或通过卡车、火车发送给客户。

质量控制

小号最重要的特性是音质。其各种金属管的公差必须严格限定在0.01毫米，每一个制作完成的小号都要经由专业乐师测试。他们通过倾听来检查音调和音高，以及它们是否在所需的动态调谐范围内。根据小号的最终演奏场合，从小型礼堂到大型音乐厅，乐师们还在不同的声学环境中测试吹奏效果。大型小号制造商雇用专业乐师作为全职测试人员，小型制造商则依靠自己或客户来测试他们的产品。

客户责任

制造和保养一个声音清亮的小号，至少有一半的工作需由客户来完成。精密的小号需要特殊对待，马虎不得。小号非常精密且具有不对称性，很容易出现失调情形，所以必须非常小心，以避免损坏。为了防止磕碰挤压而产生凹痕，小号一般都被保存在一个特殊设计的盒子里。盒内已加工成恰好容纳小号的空间，可固定小号，并且还内衬天鹅绒以起缓冲保护作用。

每天或每次吹奏后都需要给小号上油润滑。通常给活塞润滑的油是石油制品，类似于煤油；给按键润滑的油一般是矿物油；给滑块润滑的油是机油。应每月清洗一次号嘴和号管，每三个月将整个小号在肥皂水中浸泡15分钟，然后用特制的小刷子刷净、冲洗、晾干。

为了维持使用寿命，保证正常吹奏，必须不时地对小号进行修理。对大的凹痕，可通过先退火再锤打来消除；对小的凹痕，可直接通过锤打来消除；对凹痕修复效果，可用小球能否顺利通过管内来测试；对出现的裂缝进行修补；对磨损的活塞，可拆下打磨成合适的尺寸，然后重新装上。

参考书目

尊敬的读者朋友们，如果本书介绍的产品和内容能引起你的兴趣，或者说你想更全面、更深入地做进一步探究，那么，这些参考书目或许对你有所帮助。为了方便查找，这里按照书中产品排列顺序，尽可能地列出相关文献和期刊，敬请参考。

交通工具及部件

直升机（Helicopter）

- Cooper，Chris，and Jane Insley.*How Does It Work?* Orbis Publishing，1986.
- Kerrod，Robin.*Visual Science：METALS*. Silver Burdett Company，1982.
- *Library of Science Technology*. Marshall Cavendish Corporation，1989.
- Macaulay，David.*The Way Things Work*. Houghton Mifflin Company，1988.
- Patrick，Michael. “Roto Scooter”，*Popular Mechanics.* February 1993，pp.32–35.
- *Reader's Digest：How in the World?* Reader's Digest，1990.

汽车（Automobile）

- Evans，Arthur.*Automobile*.Lerner Publications Company，1985.

◆ *How Things Are Made*. National Geographic Society, 1981.

◆ Kalogianni, Alexander. "The Next 10 Years in Car Tech Will Make the Last 30 Look Like Just a Warm-up." *Digital Trends*. January 12, 2016. Retrieved April 14, 2017 from http://www.digitaltrends.com/cars/the-future-of-car-tech-a-10-year-timeline/.

◆ *Reader's Digest: How in the World?* Reader's Digest, 1990.

◆ Skurzynski, Gloria. *Robots*.Bradbury Press, 1990.

◆ Tamarelli, Carrie M.*AHSS 1010-The Evolving Use of Advanced High-Strength Steels for Automotive Applications*. Steel Market Development Institute, 2011. Retrieved April 13, 2017 from http://www.autosteel.org/~/media/Files/ Autosteel/Research/AHSS/AHSS%20101%20-%20 The%20Evolving%20 Use%20of%20Advanced%20High-Strength%20 Steels%20for%20 Automotive%20Applications%20-%20lr.pdf.

◆ *Timeline: A Path to Lightweight Materials in Cars and Trucks*.Office of Energy Efficiency & Renewable Energy. August 25, 2016. Retrieved April 13, 2017 from https://energy.gov/eere/articles/Timeline-path-lightweight-materials-cars-and-trucks.

◆ Willis, Terri, and Wallace Black. *CARS: An Environmental Challenge*. Children's Press Chicago, 1992.

◆ Young, Frank.*Automobile: From Prototype to Scrapyard*. Gloucester Press, 1982.

邮轮（Cruise Ships）

◆ Ardman H.*Normandie: Her Life and Times*. New York/Toronto: Franklin Watts, 1985.

◆ Berger W., and A.G.Corbet.*Ship Stabilizers: Their Design and Operation in Correcting the Rolling of Ships-A Handbook for Merchant Marine Officers*. Oxford, UK: Pergamon Press, 1966. Retrieved March 9, 2017 from

GoogleBooks, https: //books.google.com/books? id=ipVlAwAAQBAJ.

◆ "Azimuth Thruster," *Wikipedia*.Wikipedia.org. Retrieved March 18, 2017, from https: //en.wikipedia.org/wiki/Azimuth_thruster. "Azipod," Wikipedia. Wikipedia.org. Retrieved March 18, 2017, from https: //en.wikipedia.org/wiki/Azipod.

◆ "Battle of the Super Liners," *Popular Science.* May 1937, p.44. Retrieved March 9, 2017, from Google Books, https: //books.google.com/books? id=WScDAAAAMBAJ.

◆ "Carnival Elation," *Wikipedia*. Wikipedia.org. Retrieved March 18, 2017, from https: //en.wikipedia.org/wiki/Carnival_Elation.

◆ Chakraborty, S.*Shipbuilding Process: Plate Stocking, Surface Treatment and Cutting*. May 9, 2016. Retrieved from http: //www.marineinsight.com/naval-architecture/shipbuilding-process-plate-stocking-surfacetreatment-and-cutting/. Retrieved July 23, 2017.

◆ Chakraborty, S.*Ship Construction: Plate Machining, Assembly of Hull Units And Block Erection*.June 28, 2016.Retrieved from http: //www.marineinsight.com/naval-architecture/ship-construction-platemachining-assembly-hull-units-block-erection/. Retrieved July 23, 2017.

◆ Chakraborty, S.*Shipbuilding Process: Finalising and Launching the Ship.* July 4, 2016.Retrieved from http: //www.marineinsight.com/naval-architecture/Shipbuilding-process-finalising-the-ship/. Retrieved July 23, 2017.

◆ Copeland, C. "CRS Report for Congress-Cruise Ship Pollution: Background, Laws and Regulations, and Key Issues." February 6, 2008. Retrieved from https: //web.archive.org/web/20081217143715/http: //www.ncseonline.org/NLE/CRSreports/07Dec/RL32450.pdf. Retrieved July 23, 2017.

◆ "Cruise Liner: Big, Bigger, Biggest." *National Geographic*. September 1, 2009.Television.

◆ "Fins to Stop Ship's Rolling Governed by Gyro", *Popular Mechanics*. April 1933, p.509.

◆ "Francis Ronalds", Wikipedia. Wikipedia.org. Retrieved March 18, 2017, from https://en.wikipedia.org/wiki/Francis_Ronalds.

◆ "Making Megaships-How the Biggest Cruise Ships Are Built," *New Zealand Herald*. September 13, 2014. Retrieved July 23, 2017.http://www.nzherald.co.nz/business/news/article.cfm? c_id=3&objectid=11323488.

◆ "Oceangoing Steamships", *The Columbia Electronic Encyclopedia*, 6th ed. Copyright © 2012 on Infoplease. Retrieved from http://www.infoplease.com/encyclopedia/history/steamship-oceangoing-steamships.html.Retrieved July 23, 2017.

◆ "Prinzessin Victoria Luise", *Wikipedia*. Wikipedia.org. Retrieved March 18, 2017, from https://en.wikipedia.org/wiki/Prinzessin_Victoria_Luise.

◆ "Propulsion-Azimuth Thrusters", *International Marine Consultancy*. February 14, 2007. Retrieved March 18, 2017, from http://www.imcbrokers. com/blog/overview/detail/propulsion-azimuth-thrusters on March 18, 2017.

◆ "QM_2 Superliner", Megastructures. National Geographic channel, July 16, 2007.Retrieved from https://www.youtube.com/watch?v=hnUfwa6SPlg. Retrieved July 23, 2017.

◆ "SS Great Western," Wikipedia. Wikipedia.org. Retrieved March 18, 2017, from https://en.wikipedia.org/wiki/SS_Great_Western.

◆ "SS Normandie", Wikipedia.Wikipedia.org. Retrieved March 18, 2017, from https://en.wikipedia.org/wiki/SS_Normandie.Wise, J.

◆ "Building the World's Biggest Ship: Behind-the-Scenes First Look."

Popular Mechanics December 17, 2009. Retrieved from http: //www.popularmechanics.com/adventure/outdoors/a3634/4282360/. Retrieved July 23, 2017.

安全气囊（Airbag）

◆ Casiday, Rachel, and Regina Frey. "Gas Laws Save Lives: The Chemistry Behind Airbags." *Washington University in St. Louis–Department of Chemistry*, October 2000. Web. Retrieved April 6, 2017.

◆ Chaikin, Don. "How It Works–Airbags", *Popular Mechanics*. June 1991, p.81.

◆ Evans, Arthur. *Automobile*. Lerner Publications Company, 1985.

◆ Grable, Ron. "Airbags: In Your Face, By Design", *Motor Trend*. January 1992, pp.90–91.

◆ *How Things Are Made*. National Geographic Society, 1981.

◆ Koscs, Jim. "Understanding Air Bags", *Home Mechanix*. October 1994, pp.30, 32, 79.

◆ Nikkell, Cathy. "Air Bags Work!" *Motor Trend*. July 1995, p.31.

◆ Reader's Digest: *How in the World*? Reader's Digest, 1990.

◆ Reed, Donald. "Father of the Air Bag", *Automotive Engineering*. February 1991, p.67.

◆ Sherman, Don. "It's in the Bag", *Popular Science*. October 1992, pp.58–63.

◆ Skurzynski, Gloria. *Robots*. Bradbury Press, 1990.

◆ Spencer, Peter L. "The Trouble with Air Bags", *Consumers'Research*. January 1991, pp. 10–13.

◆ Wickens, Barbara. "Pillow Power", *Maclean's*. April 18, 1994, p.66.

◆ Willis, Terri, and Wallace Black. CARS: *An Environmental Challenge*. Children's Press Chicago, 1992.

◆ Young， Frank. Automobile: *From Prototype to Scrapyard*. Gloucester Press，1982.

喷气发动机（Jet Engine）

◆ Cawthorne，Nigel.*Engineers at Work: Airliner*. Gloucester Press，1988.
◆ “Going with the Flow in Jet Engines”, *Science News*.July 30，1988，p.73.
◆ Hewish，Mark.*Jets*. Usborne Publishing Ltd.，1991.
◆ Kandebo，Stanley W. “Engine Makers，Customers to Discuss Powerplants for 130-Seat Transports” ，*Aviation Week & Space Technology*. June 17，1991，p.162.
◆ Moxon，Julian.*How Jet Engines Are Made*. Threshold Books，1985.
◆ Ott，James.*Jets: Airliners of the Golden Age*. Pyramid Media Group，1990.

轮胎（Tire）

◆ Jacobs，Ed. “Black Art”, *Popular Mechanics*. February 1993，pp.29–31+.
◆ Kovac，F.J.*Tire Technology*. Goodyear Tire and Rubber Co.，1978.
◆ Lewington，Anna. *Antonio's Rainforest*. Carolrhoda Books，1993.
◆ Shepherd，Paul. “Wheels”, *Omni*. January 1993，p.11.

机械及数码设备

割草机（Lawn Mower）

◆ Buderi，Robert. “Now，You Can Mow the Lawn from Your Hammock，” *Business Week*. May 14，1990，p.64.
◆ Davidson，Homer L.*Care and Repair of Lawn and Garden Tools*. TAB Books，1992.
◆ Macaulay，David.*The Way Things Work*. Houghton Mifflin Company，

1988.

◆ Panati，Charles. *Extraordinary Origins of Everyday Things.* Harper & Row，1987.

◆ *Visual Dictionary of Everyday Things*. Dorling Kindersley，1991.

密码锁（Combination Lock）

◆ *All about Locks and Locksmithing*. Hawthorne Books，1972.

◆ *Combination Lock Principles*. Gordon Press Publishers，1986.

◆ *The Complete Book of Locks and Locksmithing*. Tab Books，1991.

◆ Tchudi，Stephen. *Lock and Key*. Charles Scribner's Sons，1993.

地震仪（Seismograph）

◆ Golden，Frederic.*The Trembling Earth：Probing and Predicting Quakes.* Charles Scribner's Sons，1983.

◆ Knapp，Brian J.*Earthquake*. Steck–Vaughn Library，1989.

◆ Macaulay，David.*The Way Things Work*. Houghton Mifflin Company，1988.

◆ Reader's Digest：*How in the World?* Reader's Digest，1990.

◆ VanRose，Susanna. Eyewitness Books：*Volcano and Earthquake*. Dorling Kindersley，1992.

感烟探测器（Smoke Detector）

◆ Andrews，Edmund L. "Central System for Smoke Detection"，*New York Times.* February 1，1993，sec.D2.

◆ Kump，Teresa. "What You Must Know about Fire Safety"，*Parents.* January 1995，pp.44–46.

◆ "Listening for Hidden Fires"，*Science News.* July 24，1993，p. 63.

◆ "Smoke Detectors：Essential for Safety"，*Consumer Reports.* May 1994， pp. 336–339.

◆ “Sounds Like Fire”, *Discover.* May 1994, p.16.

◆ Walker, Bruce. *Earthquake.* Time–Life Books, 1982.

条码扫描器（Barcode Scanner）

◆ Adams, Russ.*Reading between the Lines: An Introduction to Bar Code Technology*, 4th ed.Helmers.

◆ Silverman, Larry. “Laser Scanner or Imager for Barcode Asset Tracking–Which Is Better?” *TrackAbout.com*, March 9, 2016. Web. Retrieved July 17, 2017.

◆ Guissi, Sofiane. “CMOS Image Sensors （CIS）: Past, Present & Future.” Coventor.com, June 14, 2017. Web. Retrieved July 17, 2017.

服饰穿戴

牛仔裤（Denim Jeans）

◆ Adkins, Jan. “The Evolution of Jeans: American History 501,” *Mother Earth News.* July/August 1990, pp.60–63.

◆ “Blue Jeans”, *Consumer Reports.* July 1991, pp. 456–461.

◆ Caney, Steven.*Invention Book.* Workman Publishing Company, 1985.

◆ Finlayson, Iain. *Denim.* Simon & Schuster, 1990.

◆ Panati, Charles. *Extraordinary Origins of Everyday Things.* Harper & Row, 1987.

◆ *Reader's Digest: How in the World?* Reader's Digest, 1990.

跑鞋（Running Shoe）

◆ Caney, Steven. *Invention Book.* Workman Publishing, 1985.

◆ Panati, Charles. *Extraordinary Origins of Everyday Things.* Harper &

Row, 1987.

◆ Rossi, William A., ed.*The Complete Footwear Dictionary*. Krieger Publishing, 1993.

◆ "Running Shoes: The Sneaker Grows Up", *Consumer Reports.* May 1992, pp.308–314.

◆ *The Visual Dictionary of Everyday Things.* Dorling Kindersley, 1991.

手表（Watch）

◆ Aust, Siegfried. Clocks! *How Time Flies.* Lerner Publications, 1991.

◆ Billings, Charlene W. *Microchip Small Wonder.*Dodd Mead & Company, 1984.

◆ *How Things Are Made.* National Geographic Society, 1981.

◆ Macaulay, David. *The Way Things Work.* Houghton Mifflin Company, 1988.

◆ *The Visual Dictionary of Everyday Things.* Dorling Kindersley, 1991.

眼镜（Eyeglass Lens）

◆ Gordon, Lucy L. "Eyeglasses Yesterday and Today", *Wilson Library Bulletin.* March 1992, pp.40–45.

◆ *How Your Eyeglasses Are Made*. Optical Laboratories Association. Retrieved June 24, 2017.

◆ Macaulay, David.*The Way Things Work*. Houghton Mifflin Company, 1988.

◆ Panati, Charles. *Extraordinary Origins of Everyday Things.* Harper & Row, 1987.

◆ Reader's Digest: *How in the World?* Reader's Digest, 1990.

隐形眼镜（Contact Lens）

◆ “Extending Extended-Wear Contacts”, *Science News*. September 5, 1992, p. 153.

◆ “Extending Your Risk of Corneal Infection”, *Consumer's Research Magazine*. May 1995, p.7.

◆ “Extra for the Eyes: Contact Lenses May Filter Out Harm”, *Prevention Magazine*. July 1995, p.29.

◆ Hamano, Hikaru, and Montague Ruben. *Contact Lenses: A Guide to Successful Wear and Care*. Arco Publishing, 1985.

◆ “Making Eye Contact”, *Ad Astra*. September–October 1993, p.5.

◆ “This Contact Lens Is a Sight for Sore Corneas”, *Business Week*. April 20, 1992, p.94.

防弹衣（Body Armor）

◆ Free, John. “Lightweight Armor”, *Popular Science*. June 1989, p.30.

◆ Tarassuk, Leonid, and Claude Blair, eds.*The Complete Encyclopedia of Arms and Weapons*. Simon & Schuster, 1979.

◆ *The Visual Dictionary of Military Uniforms*. Dorling Kindersley, 1992.

生活日用

温度计（Thermometer）

◆ Gardner, Robert.*Temperature and Heat*. Simon & Schuster, 1993.

◆ Macaulay, David.*The Way Things Work*. Houghton Mifflin Company, 1988.

◆ Meehan, Beth Ann. “Body Heat,” *Discover*. January 1993, pp. 52–53.

◆ Parker, Steve. *Eyewitness Science: Electricity*. Dorling Kindersley, 1992.

◆ Rocoznica, June. “Fast Fever Readings,” *Health*. March 1990, pp.38+.

灯泡（Light Bulb）

◆ Adler, Jerry. "At Last, Another Bright Idea", *Newsweek.* June 15, 1992, p.67.

◆ "Bright Ideas in Lightbulbs", *Consumer Reports.* October 1992, pp.664–670.

◆ Coy, Peter. "Lightbulbs to Make America Really Stingy with the Juice", *Business Week.* March 29, 1993, p.91.

◆ Macaulay, David.*The Way Things Work.* Houghton Mifflin Company, 1988.

◆ Panati, Charles. *Extraordinary Origins of Everyday Things.* Harper & Row, 1987.

◆ Parker, Steve. *Eyewitness Science: Electricity.* Dorling Kindersley, 1992.

铅笔（Pencil）

◆ Schifman, Jonathan. "The Write Stuff: How the Humble Pencil Conquered the World." PopularMechanics.com, August 16, 2016. Web. Retrieved June 30, 2017.

邮票（Postage Stamp）

◆ Briggs, Michael.*Stamps.* Random House, 1993.

◆ *Introduction to Stamp Collecting.* US Postal Service, 1993.

◆ Lewis, Brenda Ralph.Stamps! *A Young Collector's Guide.* Lodestar Books, 1991.

◆ Olcheski, *Bill. Beginning Stamp Collecting.* Henry Z.Walck, 1991.

◆ Patrick, Douglas.*The Stamp Bug.* McGraw–Hill, 1978.

橡皮筋（Rubber Band）

◆ Cobb, Vicki.*The Secret Life of School Supplies.* J.B. Lipincott, 1981.

◆ Gottlieb, Leonard. Factory Made: *How Things Are Manufactured.* Houghton–Mifflin, 1978.

◆ Graham, Frank, and Ada Graham. *The Big Stretch: The Complete Book of the Amazing Rubber Band.* Knopf, 1985.

◆ McCafferty, Danielle. *How Simple Things Are Made.* Subsistence Press, 1977.

◆ Wulffson, Don L.*Extraordinary Stories behind the Invention of Ordinary Things.* Lothrop, Lee & Shepard Books, 1981.

强力胶（Super Glue）

◆ Hand, A.J. "Secrets of the Super Glues", *Popular Science.* February 1989, pp. 82–83+.

◆ "What to Know about Super Glues," *Consumers'Research.* November 1990, pp.32+.

◆ *Reader's Digest: How in the World?* Reader's Digest, 1990.

拉链（Zipper）

◆ Caney, Steven.*Invention Book.* Workman Publishing, 1985.

◆ Macaulay, David. *The Way Things Work.* Houghton Mifflin Company, 1988.

◆ Panati, Charles. *Extraordinary Origins of Everyday Things.* Harper & Row, 1987.

◆ Petroskey, Henry.*The Evolution of Useful Things.* Alfred A. Knopf, 1992.

◆ *Reader's Digest: How in the World?* Reader's Digest, 1990.

◆ *Zipper! An Exploration in Novelty.* W.W.Norton & Co., 1994.

食品及美妆护肤

奶酪（Cheese）

◆ Battistotti，Bruno. *Cheese: A Guide to the World of Cheese and Cheese Making.*Facts on File，1984.

◆ O'Neil，L.Peat. "Homemade Cheese"，*Country Journal.* March/April 1993，pp.60–63.

◆ *Reader's Digest: How in the World?* Reader's Digest，1990.

巧克力（Chocolate）

◆ Morton，Marcia. *Chocolate: An Illustrated History.* Crown Publishers，1986.

◆ O'Neill，Catherine. *Let's Visit a Chocolate Factory.* Troll Associates，1988.

◆ *The Story of Chocolate.* Chocolate Manufacturers' Association of the U.S.A.

莎莎酱（Salsa）

◆ Birosik，P.J.*Salsa.* Macmillan Publishing，1993.

◆ Fischer，Lee*Salsa Lover's Cook Book*. Golden West Publishers.

◆ McMahan，Jacqueline H.*The Salsa Book*. Olive Press，1989.

◆ Miller，Mark.*The Great Salsa Book.*Ten Speed Press，1993.

糖（Sugar）

◆ Burns，Marilyn. *Good for Me.* Little，Brown and Company，1978.

◆ Greeley，Alexandra. "Not Only Sugar Is Sweet"，*FDA Consumer.* April 1992，pp.17–21.

◆ Mintz，Sidney W.*Sweetness and Power.* Viking，1985.

◆ Nottridge，Rhoda. *Sugar*. Carolrhoda Books，1990.

◆ Perl，Lila. *Junk Food，Fast Food，Health Food*. Houghton Mifflin

Company, 1980.

口红（Lipstick）

◆ Brumber, Elaine*Save Your Money, Save Your Face.* Facts on File, 1986.

◆ Cobb, Vicki.*The Secret Life of Cosmetics.* Lippincott, 1985.

◆ "New Lipstick Line Cuts Rejects in Half", *Packaging.* August 1992, p.41.

◆ Panati, Charles. *Extraordinary Origins of Everyday Things.* Harper & Row, 1987.

◆ *Reader's Digest: How in the World?* Reader's Digest, 1990.

指甲油（Nail Polish）

◆ Balsam, M.S., ed.*Cosmetics: Science and Technology.* Krieger Publishing, 1991.

◆ Boyer, Pamela. "Soft Hands, Strong Nails", *Prevention.* February 1992, pp.110–116.

◆ *Chemistry of Soap, Detergents, and Cosmetics.* Flinn Scientific, 1989.

◆ Cobb, Vicki.*The Secret Life of Cosmetics.* Lippincott, 1985.

◆ Panati, Charles. *Extraordinary Origins of Everyday Things.* Harper & Row, 1987.

防晒霜（Sunscreen）

◆ "Sunscreen FAQs." American Academy of Dermatology. Web. Retrieved June 7, 2016 from https: //www.aad.org/media/stats/prevention–and–care/ Sunscreen–faqs.

◆ "The Trouble with Ingredients in Sunscreens." EWG.org.Environmental Working Group. Web. Retrieved June 7, 2016 from http: //www.ewg.org/sunscreen/report/the–trouble–with–sunscreen–chemicals/.

其他

光盘（CD、DVD、蓝光光盘）［Optical Oisc（CD，DVD，Blu-ray）］

◆ *Library of Science Technology.* Marshall Cavendish Corporation，1989.

◆ Macaulay，David.*The Way Things Work.* Houghton Mifflin Company，1988.

◆ Pohlmann，Ken C.*The Compact Disk Handbook*，2nd ed. A-R Editions，1992.

◆ *Reader's Digest：How in the World?* Reader's Digest，1990.

◆ Straw，Will. "The Music CD and Its Ends." Researchgate.net，March 2009.Web. Retrieved June 21，2017.

◆ "The Formats Of The Future." http：//blog.cdrom2go.com，October 6，2016. Web. Retrieved June 21，2017.

太阳能电池板（Solar Panel）

◆ Burgess，M. "Polysolar Wants to Turn Windows into Transparent Solar Panels." *Wired* magazine. April 5，2016. Retrieved March 27，2017，from http：//www. wired.co.uk/article/polysolar-startup-solar-panels-renewable-energy.

◆ "Effect of Light on Selenium during the Passage of an Electric Current"，*Nature.* 7（173）：303. 1873. doi：10.1038/007303e0.

◆ Lojek，B. *History of Semiconductor Engineering.* Springer-Verlag，2007. Retrieved March 28，2017，from Google Books，https：//books.google.com/ books?id=2cu1Oh_COv8C.

◆ Lukasiak，L.，and A.Jakubowski. "History of Semiconductors." *Journal of Telecommunications and Information Technology.* January 2010. Retrieved March 28，2017，from https：//djena.engineering.cornell.edu/hws/history_of_semiconductors.pdf.

◆ Ohl, R. "Light-Sensitive Electric Device-US Patent 2402662 A." Bell Telephone Laboratories, Incorporated, 1941. Retrieved March 28, 2017, from https: //www.google.com/patents/US2402662.

◆ Pern, J. "Module Encapsulation Materials, Processing and Testing." National Center for Photovoltaics (NCPV), National Renewable Energy Laboratory (NREL).December 4-5, 2008. Retrieved March 31, 2017, from http: //www. nrel.gov/docs/fy09osti/44666.pdf.

◆ Riordan, M., and L. Hoddeson. "The Origins of the p-n Junction", *IEEE Spectrum* 34, no. 6 (1997), p.46.

◆ "Solar Industry Data-Solar Industry Growing at a Record Pace." *Solar Energies Industries Association.* Retrieved March 27, 2017, from http: // www. seia.org/research-resources/solar-industry-data.

◆ "This Month in Physics History-April 25, 1954: Bell Labs Demonstrates the First Practical Silicon Solar Cell." APS News. April 2009. Retrieved March 28, 2017, from http: //www.aps.org/publications/ apsnews/200904/ physicshistory.cfm.

◆ Smith, Willoughby. "Effect of Light on Selenium During the Passage of an Electric Current." *Nature: A Weekly Illustrated Journal of Science.* Volume 7, 1873 February 20, London/New York: Macmillan Journals, Thursday, February 20, 1873. p.303.

光纤（Optical Fiber）

◆ Billings, Charlene. *Fiber Optics.* Dodd, Mead & Company, 1986.

◆ French, P., and J.Taylor.*How Lasers Are Made.*Facts on File, 1987.

◆ Griffiths, John. *Lasers and Holograms.* Macmillan Children's Books, 1980.

◆ Lambert, Mark.*Medicine in the Future*. Bookwright Press, 1986.

◆ *Library of Science Technology.* Marshall Cavendish Corporation, 1989.

◆ Macaulay, David.*The Way Things Work*. Houghton Mifflin Company,

1988.

◆ Paterson，Alan. *How Glass Is Made.* Facts on File，1986.

◆ *Reader's Digest：How in the World?* Reader's Digest，1990.

吉他（Guitar）

◆ Ardley，Neil. *Eyewitness Books：Music.* Alfred A. Knopf，1989.

◆ Evans，Tom，and Mary Anne Evans. *Guitars：Music，History，Construction，and Players from the Renaissance to Rock.* Facts on File，1977.

◆ *How It Works：The Illustrated Science and Invention Encyclopedia.* Vol. 9. H. S.Stuttman，1983.

◆ Klenck，Thomas，"Shop Project：Electric Guitar"，*Popular Mechanics.* September 1990，pp. 43–48.

◆ Macaulay，David. *The Way Things Work.* Houghton Mifflin Company，1988.

小号（Trumpet）

◆ Ardley，Neil.*Music：An Illustrated Encyclopedia.* Facts on File，1986.

◆ *Eyewitness Books：Music.* Alfred A.Knopf，1989.

◆ Barclay，Robert. *The Art of the Trumpet–Maker.* Oxford University Press，1992.

◆ Macaulay，David.*The Way Things Work.* Houghton Mifflin Company，1988.

◆ Weaver，James C. "The Trumpet Museum"，*Antiques and Collecting Hobbies.* January 1990，pp.30–33.